UF DEN SPUREN . . .
gen mit lebendiger Geschichte
uchreihe im Paul List Verlag
n von Prof. Dr. Hermann Schreiber

Bereits erschienen:

Hermann Schreiber
UF DEN SPUREN DER GOTEN
N SPUREN DES FRÜHEN MENSCHEN

Fernand Niel
EN SPUREN DER GROSSEN STEINE

Peter Lahnstein
UF DEN SPUREN VON KARL V.

Anke Kröning
DEN SPUREN DER JEANNE D'ARC

Georg Schreiber
AUF DEN SPUREN DER TÜRKEN

In Vorbereitung:

Gustav Faber
AUF DEN SPUREN HANNIBALS

Hermann Schreiber
F DEN SPUREN DER HUGENOTTEN

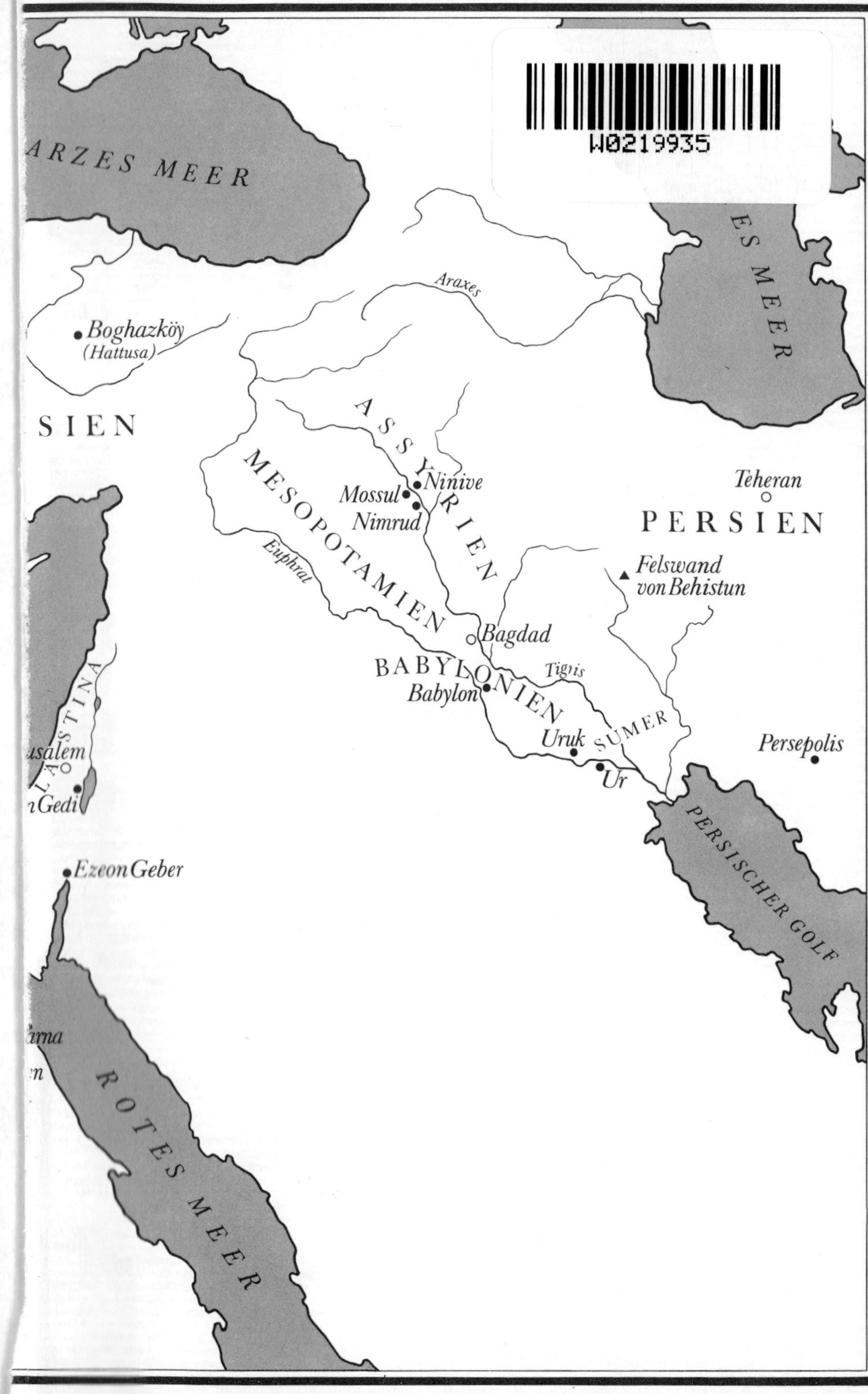

A

Begegnur
Eine B
Herausgegebe

AUF DE

AUF D

A

AUF

AU

Humbert Fink

AUF DEN SPUREN GROSSER ARCHÄOLOGEN

List Verlag München

Umschlagentwurf: Design Team, München
Umschlagbild: Im Palast von Phaistos auf Kreta
(Foto: Humbert Fink)

ISBN 3-471-77521-8

Satz: Bruno Leingärtner, Nabburg
Druck- und Bindearbeit: May & Co., Darmstadt

INHALT

Für Ulrike und Gregor

I
DAS ZEITALTER DES ZUFALLS

Wann beginnt man sich eigentlich für Geschichte zu interessieren? Also für das, was man als eine immer noch wirksame, in ihren Auswirkungen auf die Gegenwart spürbare Vergangenheit und zugleich aber auch als ein Abenteuer begreift, das ebenso aufregend sein kann wie die Auseinandersetzung mit der Gegenwart? Ich erinnere mich an meine Kindheit, als ich etwa dreizehn, vierzehn Jahre alt war und eines Tages gemeinsam mit den Nachbarkindern aus der Wohnsiedlung in der kleinen südösterreichischen Stadt, wo ich damals lebte, in einer Sandgrube, die als provisorischer Spielplatz diente und die heute längst verschwunden ist, zu graben begann; und daß wir gleich am ersten Tag unserer naiven archäologischen Tätigkeit einen völlig verrosteten Metallsporn fanden, wie er an Reitstiefeln verwendet wird. Wir wußten zwar alle nur ungefähr, wozu ein solcher Sporn gebraucht wird, aber wir redeten voll Sachverstand über Kavallerieattacken und Ritterturniere und drehten das kleine, fremdartige Stück ehrfurchtsvoll in unseren Händen, bevor wir weitergruben. Wir fanden natürlich nichts mehr. Wir durchwühlten die Sandgrube noch tagelang, stießen auf einige blankgescheuerte Knochensplitter, die von irgendwelchen Tieren stammten, von Wildkaninchen etwa oder auch von einem elend zugrundegegangenen Kater; aber sonst gar nichts. Und schließlich beendeten wir unsere Tätigkeit genauso abrupt, wie wir sie begonnen hatten.

Hätte ich damals schon eine Ahnung davon gehabt, was zwanzig Jahre später ein italienischer Professor namens R. Bianchi Bandinelli über das sagen würde, was wir in aller Unschuld zu bewerkstelligen suchten, wer weiß, ob ich bei unserem Sporn aus der Sandgrube nicht auch an die Möglichkeit gedacht hätte, es könnte sich dabei um ein ganz gewöhnliches Schnitträdchen handeln, wie es die Frauen verwenden,

um Schnitte für Kleider und Kostüme abzupausen. Und ob ich dann nicht eine andere Einstellung zur Archäologie gehabt, die Archäologen mit ganz anderen Augen betrachtet haben würde? – »Der Begriff ›Archäologie‹ kann bei dem, der ihn hört«, schrieb Bandinelli, »verschiedene Reaktionen hervorrufen. Sie mögen negativ sein, sieht man auf das Sichabmühen an verstaubten Dingen um abwegiger und unnützer Fragen willen. Andererseits mögen die Reaktionen auch positiv sein, erfüllt von romantischer Begeisterung für eine verklärte und zugleich immer etwas rätselhafte Vergangenheit.« – Es ist selbstverständlich gar keine Frage, daß wir Kinder uns mit der zweiten Möglichkeit einverstanden erklärt hätten; zumindest so lange, als wir noch im Bann unseres ersten Fundes standen und auf weitere Ergebnisse hofften. Später hätten wir uns vielleicht eher solidarisch erklärt mit Bandinelli, der zwanzig Jahre nach unseren dilettantischen Versuchen abschließend festgestellt hatte: »In Wirklichkeit beruhen beide Haltungen auf einem oberflächlichen Mißverständnis; beide sind verfehlt.«
Jetzt, während ich das niederschreibe, woran ich mich erinnere, weiß ich auch, daß wir damals gehofft hatten, irgend etwas Großartiges aus der Ritterzeit, die in unserer Vorstellung noch gar nicht so weit zurücklag, etwas, mit dem sich unsere Phantasie beschäftigte, zu finden; ein Schwert vielleicht oder einen Harnisch; und der Metallsporn, der vielleicht wirklich nur ein Schnitträdchen war, scheint uns in dieser Richtung noch beflügelt zu haben. Ich weiß auch noch ziemlich genau, aus welchen sozialen Verhältnissen die Kinder stammten und was aus ihnen später geworden ist: ein Eisenbahnbediensteter, ein Lehrer, ein Richter, ein Vulkaniseur, ein notorischer Faulpelz und Tagedieb; und ich, der sich erst ziemlich spät und äußerst theoretisch mit Archäologie zu beschäftigen begann. Nein, zukünftiger Archäologe war keiner darunter. Ich bin überzeugt, daß niemand in dieser Siedlung wirklich wußte, was ein Archäologe eigentlich ist, was er treibt, wozu seine Existenz nützlich sein sollte. Es waren eher einfache Leu-

te, die dort lebten; Rentner, Arbeiter, Handwerker, auch Arbeitslose; und ihre Interessen drehten sich um ganz andere Probleme als um die ratlose Beschäftigung mit einem verrosteten Sporn. Geschichte war etwas, das man in dieser Siedlung mit tiefem Mißtrauen betrachtete und als einen Anlaß zu permanenter Sorge verstand. Trotzdem war das, was wir Kinder damals getan hatten, der Beweis für das Vorhandensein eines archäologischen Urinstinkts, der sich – und das wissen wir schließlich durch Zeugnisse aus der Geschichte – seit Jahrtausenden der Menschen bemächtigt. Außerdem war es ein weiterer, wenngleich winziger und so gut wie bedeutungsloser Abschnitt in diesem Zeitalter des Zufalls, wie ich das nennen möchte, was die Voraussetzungen dafür schafft, daß heute Hunderttausende Menschen in die Museen und an die berühmten Ausgrabungsplätze getrieben werden.
Damit ich nicht mißverstanden werde: Geschichte hat natürlich nichts mit Zufall zu tun. Erst die Rekonstruktion des Vergangenen, das Wiederauffinden von Geschichte, die Erbringung von Beweisen, wann sich etwas wie und an welchem Platz abgespielt hat, erst das, was wir heute ein wenig verallgemeinernd unter Archäologie verstehen, hat in der Regel auch mit Zufall zu tun. Oder sagen wir, der Zufall ist die Schulter, an die sich der Archäologe hilfesuchend lehnt, wenn er auszieht, unsere Vergangenheit zu suchen.
Übrigens, C. W. Ceram muß damals, als wir verzückt auf unseren Fund aus der Sandgrube blickten, noch über dem Manuskript zu seinem Buch *Götter, Gräber und Gelehrte* gesessen haben; an der Westküste der Peloponnes würde bald ein amerikanischer Archäologe nach einer Möglichkeit suchen, um den sagenhaften Palast des Nestor aufzuspüren; in England begann sich ein junger Architekt allmählich Gedanken darüber zu machen, wie man die Schriftzeichen, die es auf zahlreichen minoischen Tonscherben gab, endlich entziffern könnte. Und in der Jordansenke unterhalb Jerusalems hatte ein junger Beduinenhirte auf der Suche nach entlaufenen Ziegen in einer Höhle einen gutverschlossenen Tonkrug ge-

funden, darin er, nachdem er den Fund ins heimatliche Zeltlager gebracht hatte, einige engbeschriftete Rollen entdeckte, die Jahre später und nach teilweise absurden Umwegen als *Schriftrollen vom Toten Meer* Weltruhm erlangen sollten.

Man sieht, daß es zumindest theoretisch keine besonderen Schwierigkeiten bedeutet, die Arbeit der Archäologen in einen Konnex zur eigenen Existenz zu bringen, der uns wissen läßt, daß die Vergangenheit nie aufhört, uns einzuholen. Nur die Funktion, die der Zufall dabei hat, sollte man nie übersehen.

Ich möchte ein Beispiel erzählen, das die Rolle des Zufalls in der Archäologie etwas allgemeiner charakterisiert. Es war das in jenen Jahren, als diese Griechenlandsehnsucht, von der dann der halbe Kontinent befallen wurde, sich gerade erst abzuzeichnen begonnen hatte. Ich hielt mich damals längere Zeit in der Ägäis auf, vor allem auf Kreta, das mich neben seiner natürlichen Schönheit auch deshalb tief beeindruckte, weil ich hier gleichsam auf Schritt und Tritt den Spuren jener »Großen Muttergottheit« zu begegnen glaubte, die bei vielen Intellektuellen durch die plausible Interpretation einiger archäologischer Fundstücke richtiggehend in Mode gekommen war. Man konnte, längst angesteckt von dem Fieber, das Dichter wie Henry Miller in einem entfacht hatten, an keiner kretischen Bäuerin mehr vorübergehen, kein kretisches oder griechisches Museum mehr betreten, ohne nicht sogleich eine faszinierende Vorstellung von uralten Fruchtbarkeitsriten und matriarchalischen Beschwörungsformeln zu haben, wobei einige bronzezeitliche Figürchen, die man 1969 auf Kreta gefunden hatte, eine ganz entscheidende Rolle spielten. Sie waren sogar der Stein des Anstoßes. Denn selbstverständlich nahm man das, was über diese Figürchen mit ihren üppigen Brüsten und ausladenden Hüften höchst offiziell gesagt wurde, als bare Münze; daß die unbekannten Schöpfer der Statuetten bei der Herstellung »besonderen Wert auf die Fortpflanzungsfunktionen« gelegt hätten; und daß dies der Beweis für die Existenz eines lange vergessenen, ja fast verschollenen

Kultes sei, der im Weiblichen Anfang und Ende aller Schöpfung begreife. Man glaubte das um so eher, als Griechenland die ebenso sinnliche wie herbe Landschaft besaß, darin diese frühe Form eines Matriarchats existiert haben sollte.
Durch einen Zufall kam mir dann sechs oder sieben Jahre später ein Essay des britischen Althistorikers M. I. Finley in die Hände, der sich mit den kretischen Figürchen und ihrer bis dahin als unwiderlegbar geltenden Interpretation beschäftigte, daß es sich dabei um uralte Symbole für die weibliche Kraft handle. Es dauerte nur wenige Augenblicke, bis mich Finley vollkommen von meinen romantischen Vorstellungen geheilt hatte; bis ich die »Große Muttergottheit«, die ich bis dahin ein wenig verklärt, ein wenig pathetisch in Kretas Fluren beheimatet gesehen hatte, mit nüchternen, vielleicht sogar mit enttäuschten Augen ansah. Finley zerpflückte in seinem Essay nämlich erbarmungslos die von Jaquetta Hawkes vertretene Annahme, daß die berühmten Figürchen irgend etwas mit matriarchalischen Kultvorstellungen zu tun haben könnten; er informierte seine Leser mit ein paar realistischen Worten darüber, daß man 1969 tatsächlich 103 solcher geschnitzter oder modellierter Statuetten gefunden hatte, von denen aber nur 28 als sicher weiblich, 5 als männlich, weitere 28 als neutral und der Rest überhaupt nicht bestimmbar waren. Ebenso rief er nachdrücklich in Erinnerung, daß nur zwei dieser Symbole eindeutig kretischer Herkunft seien, daß sich also die poetische Meinung von einer »Großen Mutter Kreta« in einem literarischen Werk ganz wirkungsvoll anhört, aber weder durch Funde noch durch eine exakte Interpretation erhärtet sei. Ich aber war um eine Erfahrung reicher; und um eine hübsche Metapher ärmer.
Natürlich meine ich mit dem Zufall, der sich der Archäologie bemächtigt, der den Archäologen die Arbeit erleichtert, etwas anderes als diese eher privaten Erfahrungen, die ich wie jeder Mensch, der nicht als Historiker oder Archäologe arbeitet, mit der Archäologie machte. Der Zufall, den ich meine, sieht so aus, daß zum Beispiel ein süditalienischer Fischer, der an

der Straße von Messina seine Fanggründe hat, sich eines Tages über einige Fische in seinen Netzen wundert, die es nur bei felsigem Meeresboden gibt; hier aber kennt man lediglich Sand- und Schlammböden. Der Fischer bittet einen Taucher, ihm bei der Klärung des Phänomens behilflich zu sein. Er vermutet ein Riff, das durch ein unterirdisches Beben entstanden sein könnte. Aber der Taucher findet kein Riff, sondern in 35 Metern Tiefe die Überreste eines Frachtschiffes aus dem 4. vorchristlichen Jahrhundert; rund 200 Amphoren, aber auch schwarzglasierte Keramiken bedecken den Meeresboden.
Nun waren aber der Taucher und der Fischer keine besonders ehrenwerten Männer. Sie beschlossen, die Entdeckung geheimzuhalten und die Funde gewinnbringend zu verwerten. Es wurden andere Taucher angeheuert, man hob die Amphoren, man fand eine beträchtliche Anzahl zerbrochener Bronzestücke, die sich als Überreste zweier riesiger Statuen herausstellten; und schließlich stieß man auch noch auf drei große Ankerbalken aus Blei sowie auf etwa 20 laibförmige Bleibarren. Alles ging gut, bis die Fischer und Taucher über die finanzielle Seite ihres Unternehmens in Streit gerieten; je mehr man aus der Tiefe emporholte, um so mehr wollte man an Bargeld sehen; aber die Menge des Materials drückte die Preise auf dem römischen Schwarzmarkt für Antiquitäten. Und so erfuhr der Direktor des Nationalmuseums von Reggio di Calabria plötzlich von einem handfesten Streit, der in einem Fischerdorf an der Küste irgendwelcher Fundstücke wegen ausgebrochen sei. Er ging der Sache nach, fand rasch die Wahrheit heraus, und 1970, zwölf Monate, nachdem der Fischer sich über eine bestimmte Fischart in seinen Netzen gewundert hatte, begannen amerikanische Taucher und italienische Archäologen gemeinsam mit der Sicherstellung dessen, was noch übriggeblieben war.
Der Zufall, der den Archäologen auf die Sprünge hilft, hat viele Gesichter. Ein arbeitsloser amerikanischer Fotoreporter namens Peter Throckmorton treibt sich in den fünfziger Jah-

ren an der türkischen Südküste herum; er ist zufällig auch Amateurarchäologe, das heißt, er interessiert sich für Altertümer, für alte Geschichte, ohne aber daran zu denken, daraus eine ständige Beschäftigung zu machen. Eines Tages hört er, daß in Izmir ein antiker Bronzekopf, den Fischer in ihrem Fangnetz entdeckten, verkauft worden sei. Throckmorton macht sich sogleich auf den Weg; er hofft auf einige interessante Fotos, die er einer Agentur verkaufen könnte. Was dann tatsächlich daraus entstand, hat in den wenigen Jahren seit damals buchstäblich Geschichte gemacht.

Es sind ja auch Pompei und Herculaneum, diese beiden altvertrauten Schaustücke der europäischen Archäologie, mehr oder weniger nur durch einen Zufall entdeckt worden; Brunnenbauer stießen auf die Überreste der im erstarrten Schlamm und Aschenstaub eingeschlossenen römischen Städte; das auf eine groteske Weise Erheiternde aber war, daß man am Golf von Neapel immer schon gewußt hatte, daß es da irgendwelche untergegangenen Städte gab. Ein anderes Beispiel ist Aphrodisias im gebirgigen Hinterland von Izmir, eine der schönsten und besterhaltenen Römerstädte auf kleinasiatischem Boden; es wurde 1958 nur deshalb wiederentdeckt, weil ein türkischer Fotograf eine gewisse Vorliebe für das einfach Leben auf dem Lande hatte und weil dieser Mann einen ausgesprochen hartnäckigen Charakter besaß, das heißt, daß er, wenn er eine Sache erst einmal begonnen hatte, sie auch zu Ende führte. Die Biographie von Aphrodisias ist ja überhaupt ein Musterbeispiel dafür, welche entscheidende Rolle der Zufall im Leben der Archäologen spielt. Es begann damit, daß der Fotograf Ara Güler, er stammte aus Istanbul, im südtürkischen Aydin, einer Landstadt von etwa 70 000 Einwohnern, einen Auftrag zu erledigen hatte; und daß er keine Lust hatte, in Aydin zu übernachten, sondern aufs Geratewohl hinausfuhr ins anatolische Bergland. »Der Zufall führte mich nach Geyre«, schrieb er später über den ereignisreichsten Tag seines Lebens. Geyre ist ein typisch anatolisches Bauerndorf, liegt auf einer Hochebene im Schatten eines mächtigen Berges, des »Vaterberges«, umkreist von kahlen, rötlichfarbenen Hügel- und Bergketten, immer wieder bedroht durch Erdbeben, die das Dorf in der Vergangenheit schon mehrmals zerstört hatten; nach einem neuerlichen schweren Beben im Jahre 1956 veranlaßten die Behörden die Umsiedlung der Bewohner. Geyre hatte bis dahin mitten im Schutt einer uralten Stadt existiert, von der höchstens ein paar Spezialisten den Namen kannten.

Aphrodisias, das sozusagen das Fundament bildete für das Bauerndorf Geyre, war in der Römerzeit berühmt für seinen Marmor gewesen – in den Bergen rundum gab und gibt es große Marmorvorkommen von hervorragender Qualität, milchigweiß die eine, blauschimmernd mit feiner Maserung die andere Spielart –, und damals, etwa im 1. Jahrhundert vor Christus, scheinen sich hier einige Bildhauer angesiedelt zu haben, die dann innerhalb weniger Jahre den Namen ihrer Heimatstadt im ganzen Imperium berühmt gemacht hatten. Sie überschütteten die großen Städte mit den Produkten ihrer Kunstfertigkeit, mit Skulpturen und auch mit Sarkophagen, auf die man sich spezialisiert hatte; und weil Bescheidenheit nicht zu den hervorragendsten Charaktereigenschaften dieser Bildhauer aus Aphrodisias gehörte, signierten sie im Gegensatz zur damals herrschenden Gewohnheit ihre Werke. Heute kennt man jedenfalls mehr als dreißig Namen von Bildhauern, die alle in Aphrodisias ihre Werkstätten hatten.

Das kleine Bauerndorf namens Geyre wurde also umgesiedelt. Ein paar hartnäckige Familien blieben in ihren alten Häusern, an denen sich nichts von zehntausend anderen Häusern in anatolischen Dörfern unterscheidet bis auf den etwas merkwürdigen Umstand, daß Türschwellen, Türrahmen, Futtertröge, Dachbalken, Brunnengehäuse aus reinem Marmor sind und unzweifelhaft von der überwachsenen Trümmerstätte kommen, um die sich aber in jener Zeit, 1956, weiter niemand kümmerte. Das neue Geyre wurde einige Kilometer entfernt wieder aufgebaut. Das wiederum machte die

Anlage eines neuen Bewässerungssystems erforderlich; man mußte einen Zubringerkanal bauen, und es dauerte nicht lange, bis die Spitzhacken der Bauern auf römische Skulpturen, Säulen, Marmorblöcke und Friese stießen. Die lokalen Behörden betrachteten die Bescherung anscheinend mit gemischten Gefühlen, man sammelte die schönsten Stücke, versperrte sie in einem baufälligen Schuppen und ließ die Sache auf sich beruhen. Und genau das ist der Augenblick, da der Fotograf aus Istanbul in Erscheinung tritt, ein Mann mit Ambitionen, der zwar keinerlei archäologische Interessen hatte, der aber regelmäßig das unbekannte Hinterland türkischer Distriktstädte nach originellen Motiven für seine Kamera abzusuchen pflegte. Er war sozusagen ein Liebhaber anatolischen Lokalkolorits. Aber hören wir ihn selbst: »Der Zufall führte mich nach Geyre. Ich hatte noch nie im Leben davon gehört. Und ich konnte meinen Augen nicht trauen. Da standen diese großartigen Säulen einfach so da. Die Statuenfragmente nahmen mir den Atem. Auf dem Boden lagen Säulen herum. Einige hatte man gegen die zusammensackenden Mauern dieses baufälligen Dorfes gestützt. Ein herrlicher, skulpierter Sarkophag griechischen Stils diente als Trog für den Dorfbrunnen, und auf einem anderen spielten ein paar Bauern Karten. Ich holte meine Kamera und machte Aufnahmen. Die schickte ich meinem Agenten nach Paris.«

Aber damit war Aphrodisias noch lange nicht aus seinem Dornröschenschlaf erweckt. Denn der Agent in Paris, der gleichfalls kein Fachmann für Archäologie gewesen sein dürfte, forderte Farbaufnahmen an, die leichter bei den großen Journalen unterzubringen waren. Und Ara Güler fuhr von Istanbul eine Nacht lang bis in den Süden, um die gewünschten Farbaufnahmen machen zu können. Doch auch das genügte dem Agenten noch nicht. Jetzt forderte er einen Begleittext an, weil er der Meinung war, daß kein Mensch irgendwelche Säulen aus einem anatolischen Bauerndorf zu sehen wünschte, wenn es dazu nicht auch eine gute Story gab; ob denn Güler keinen Texter zur Hand hätte . . .

Güler hatte nicht. Aber er hatte eine Idee. Er suchte einen der vielen Direktoren archäologischer Museen auf, die es in Istanbul gibt, und erzählte ihm seine Geschichte. »Ich fragte ihn, ob er etwas über Aphrodisias schreiben könne«, erzählte Güler. Der Direktor lehnte ab. Aber er habe einen Vetter in Amerika, sagte er, der sei Archäologe; sein Name sei Kenan Erim; und vielleicht würde er ein paar Zeilen über diese unbekannte Römerstadt schreiben . . .

Kenan Erim, damals Universitätsdozent in New York, wußte im Gegensatz zu seinen türkischen Freunden und Kollegen zumindest theoretisch alles über Aphrodisias; er war allerdings bis zu diesem Augenblick, da ihn die Nachricht aus Istanbul erreichte, der Meinung gewesen, Aphrodisias sei inzwischen längst schon durch Erdbeben, Überschwemmungen, Feuersbrünste und kriegerische Einwirkungen unwiederbringlich verlorengegangen. Im Jahre 1959 flog Erim jedenfalls für einige Wochen in die Türkei hinüber, ließ sich vom Fotografen Güler nach Geyre bringen und erblickte erstmals die versunkene Stadt, von der er, wie er später schrieb, seit seiner Studentenzeit in Princeton geträumt hatte, »wie man von einem Ideal träumt, von dem man weiß, daß man es nie wirklich erreichen werde«.

Heute ist Aphrodisias ungefähr zu zwei Dritteln wiederhergestellt; ich weiß, daß dies eine merkwürdige Bezeichnung für eine archäologische Ausgrabungsstätte ist, aber als ich in den siebziger Jahren zum erstenmal nach Geyre hinauffuhr und plötzlich den weißen Marmor von Aphrodisias vor mir aus dem rötlichbraunen Erdreich emportauchen sah, im Hintergrund das schneebedeckte Riesenhaupt des Baba-Dagh, des Vaterbergs, dem an diesem Tag eine schrägstehende Dezembersonne ein rosafarbenes Leuchten schenkte, da hatte ich vom ersten Augenblick an das Gefühl, ein Wunder betrachten zu dürfen. Denn war es nicht in der Tat ein Wunder, daß eine ganze Stadt aus weißem, blauschimmerndem, rötlichbraun geädertem Marmor wie von einer unsichtbaren Zauberhand aus der Tiefe der Erde, aus überwachsenen

Schutthalden wieder an die Oberfläche zurückgeholt worden war? Und sich auf eine Art und Weise präsentierte, die man nicht anders als mit »strahlend« oder »triumphal« bezeichnen konnte! Erst wenn man das weitläufige Areal – allein das Stadion war für 30 000 Zuschauer gedacht, es gab ein prachtvolles Theater, dessen amphitheatralisch geordnete Sitzreihen aus blankpoliertem Marmor bestanden, ferner einen eleganten und dabei riesigen Tempel der Aphrodite, jener griechischen Göttin, deren Namen die römische Stadt angenommen hatte –, erst wenn man die noch immer unterm Schutt der Jahrtausende begrabenen Ruinenhügel und das Labyrinth der Gassen, Fluchtwege, Plätze abschritt, wobei man unversehens mitten in der Marmorlandschaft vor der Hütte eines türkischen Bauern oder vor einem primitiven Schafstall stehen konnte, erst dann begriff man die wahren Ausmaße Aphrodisias' und hatte eine Vorstellung davon, was noch alles an archäologischer Arbeit getan werden müßte, um die Stadt vollends auszugraben.
Was für Gefühle muß dieser Anblick in Kenan Erim, dem Dozenten für Kunstgeschichte und Klassische Archäologie, hervorgerufen haben? Er hatte bis 1959, als er erstmals den Wahrheitsbeweis für diese seltsame Geschichte sah, bis 1961, als er endlich in Geyre mit einer Grabungskampagne beginnen durfte, sein halbes Leben damit zugebracht, die Biographie Aphrodisias' – der Stadt, die es seiner Meinung nach gar nicht mehr gab – bis ins kleinste Detail zu studieren. Und nun durfte er den »Traum seines Lebens«, das Ideal seiner Besessenheit eigenhändig aus dem jahrhundertelangen Dämmerschlaf in der anatolischen Erde zurückholen ans Tageslicht! Es muß für ihn eine ähnliche Empfindung gewesen sein, wie sie die Kinder in jener österreichischen Kleinstadt gehabt hätten, wenn sie in der Sandgrube nach dem verrosteten Sporn noch etwas anderes, womöglich Antikes, entdeckt haben würden.
Und das bringt mich wieder auf meine ursprüngliche Frage zurück, die ich jetzt noch erweitern möchte: Wann man sich

denn eigentlich für Geschichte zu interessieren beginne, sie begreifend als etwas, das die Gegenwart nachhaltig beeinflußt; und was das wohl für Menschen, für Charaktere, Temperamente sein müssen, die sich an eine Schulter namens Zufall lehnen, wenn sie ausziehen, um die verschüttete Vergangenheit zu rekognoszieren? Archäologie sei, wenn wir dem italienischen Professor für Klassische Archäologie, Ranuccio Bianchi Bandinelli, beistimmen wollen, weder eine positive noch eine negative Sache, sondern nichts weiter als eine wichtige Disziplin jener historischen Wissenschaft, die uns über das Vergangene eine möglichst lückenlose Auskunft zu geben wünscht. Archäologie habe also gar nichts mit Romantik zu tun; und Archäologen seien alles andere als Abenteurer, die, mit einem Zauberspruch bewaffnet, in der Erde oder unter Wasser nach den Anfängen unserer Träume und Hoffnungen forschen. Nun klingt das natürlich recht einleuchtend, es hört sich wissenschaftlich und realistisch an; und wenn man sich ein wenig mit den Methoden beschäftigt, die der moderne Ausgräber heute anwendet, um ans Ziel zu kommen, dann bleibt in der Tat nicht mehr viel von dieser romantischen Atmosphäre übrig, die noch durch eine Persönlichkeit wie Schliemann, durch tollkühne Abenteurer wie Layard, Rawlinson und Botta oder durch ein Genie wie Champollion dem begeisterten Publikum vermittelt wurde. Aber kann sich nicht auch ein italienischer Professor einmal irren? Stimmt diese barsche, alle Träumer und Idealisten zurechtweisende Definition wirklich? Ich bin mir nicht so sicher; und daß meine Skepsis – bei allem Respekt vor Bandinelli, bei aller Hochachtung vor so raffinierten Geräten wie dem »Differential-Proton-Resonanz-Magnetometer« oder dem Einsatz von Röntgenstrahlen bei der wissenschaftlichen Erfassung altägyptischer Mumien –, daß meine Hartnäckigkeit in Sachen Romantik und Abenteuer in Verbindung mit der Archäologie noch immer nicht zum Verstummen gebracht werden konnte, hängt wieder einmal mit persönlichen Erfahrungen zusammen, bei denen, wie könnte es auch anders sein,

der Zufall eine nicht unbedeutende Rolle spielte. Es war sozusagen wie gehabt; oder wie sich ein Laie eine solche Geschichte eben vorstellt. Aber da ich ein Laie bin und nicht daran denke, auf meine Ideale und Träume zu verzichten, da auch ich mir irgendein Aphrodisias einbilde, dessen Biographie ich auswendig hersagen könnte, obgleich es mein Aphrodisias wahrscheinlich nicht mehr gibt, also kurz und gut, ich werde meine Geschichten so erzählen, als befehle Schliemann immer noch seiner Sophia, den gerade erst gefundenen »Schatz des Priamos« zu verbergen; oder als ob jener bärenstarke Riese aus Padua, der Friseurgehilfe Belzoni, der vorübergehend die Attraktion britischer Cabarets war, immer noch gigantische Kolosse nilabwärts auf die Reise nach London schickte. Ich werde nichts dazutun, aber auch nichts verschweigen. Ich werde ein altmodischer Geschichtenerzähler sein, wenn ich die Archäologen auf ihren entlegenen, staubigen Schauplätzen, in ihren Arbeitszimmern, auf ihren Reisen und Expeditionen zu beschreiben versuche. Und ich werde stets ein wenig von dem, was ich für dieses Handwerk des Forschens, Grabens, Spekulierens an romantischer Zuneigung empfinde, in die Erzählung miteinfließen lassen.
Im Sommer 1978 unternahm ich eine meiner regelmäßigen Reisen nach Griechenland, Kleinasien, Kreta; ich hielt mich zum Beispiel lange in Pergamon auf, wanderte über die menschenleere Trümmerstätte von Priene, wartete in Mykene stundenlang auf den einen entscheidenden Augenblick, an dem einmal kein Besucherschwarm sich durch das Löwentor drängt – ich wartete vergeblich, und mein dilettantischer Fotografeneifer ließ mich das berühmte Tor ausgerechnet in dem Augenblick fotografieren, als mindestens ein Dutzend Touristen in den bläulichen Schatten der beiden minoischen Löwen trat –, und die ganze Zeit, die vier oder fünf Wochen lang, die ich damals unterwegs war, nistete in meinem Hinterkopf ein verwegener Gedanke. Ich hatte vor meiner Abreise – wie übrigens jedermann, der sich für derlei Dinge inter-

essiert – davon gehört oder gelesen, daß in Mazedonien, genauer im griechischen Mazedonien, etwa 70 Kilometer von Saloniki entfernt, ein griechischer Archäologe namens Andronikos das Grabmal Philipps II. entdeckt haben sollte, also des Vaters jenes Alexanders des Großen, dessen Name heute noch genügt, um eine Heerschar von Literaten, Philosophen, Historikern und Lesern dramatischer Abenteuerromane mit historischem Hintergrund in Aufregung zu versetzen. Ich war gleichfalls aufgeregt; allerdings nicht Alexanders wegen; und ich war es auch nicht auf eine laute, direkte Weise. Irgendein zweites Ich stand während dieser ausgedehnten Reise neben mir und blickte mich prüfend an; und wenn ich genau hinhorchte, glaubte ich, einen Namen zu hören. »Und Vergina«, sagte das zweite Ich und sah mich unverwandt an. »Und Vergina!« – Vergina war der Name des kleinen Dorfes, in dessen Mitte Manolis Andronikos einen Erdhügel von beträchtlichen Ausmaßen öffnen und umgraben ließ; wo es schon im Sommer zuvor jene außerordentliche Entdeckung gegeben hatte, ein Grab aus dem 4. vorchristlichen Jahrhundert – Philipp wurde bekanntlich 336 vor Chr. ermordet – sowie wertvolle Grabbeigaben, darunter eine ganze Reihe von Stücken aus purem Gold, die so kostbar waren, daß es nicht verfehlt schien, sie als Grabbeigaben für einen König zu betrachten. Und warum sollte dieser König nicht tatsächlich Philipp sein?
Ich mache mir auf meinen Reisen meist Notizen, die gelegentlich die Form eines Tagebuches annehmen. Ich erinnere mich auch noch, daß ich damals im Sommer 1978 nach mehr als 8 000 Kilometern, die ich bis in die syrischen Küstenprovinzen und bis an die Südküste Kretas unterwegs war, schließlich genau an dem Tag mit meinem Wagen in Saloniki einfuhr, als dort die Ausstellung des »makedonischen Königsschatzes aus Vergina« feierlich eröffnet wurde. War es Zufall? Oder steckte eine Absicht dahinter, von der ich allerdings nur eine rudimentäre Vorstellung hatte? Ich will das Verfahren abkürzen und einfach aus meinen Aufzeichnun-

gen zitieren, die ich damals teils in einem Hotel in Saloniki und teils in Vergina selbst gemacht hatte.

»Nirgends bewahrheitet sich das Wort von der Verächtlichmachung des Volkes auf signifikantere Weise als ausgerechnet im archäologischen Gewerbe«, schrieb ich in jenem Sommer 1978, wobei ich gar nicht verhehlen will, daß ich Bandinellis Traktat über *Klassische Archäologie* im Reisegepäck hatte und von den skeptischen Äußerungen des italienischen Professors zumindest einige Wochen lang gebührend beeindruckt war. Aber lesen wir weiter, was ich damals geschrieben habe: »Die Bürger von Pergamon und die Bauern von Mykene waren und sind nur in dieser einen Funktion interessant, daß ihre historischen Lebensgewohnheiten und die verschüttet gewesenen Beispiele ihres Fleißes aus der Erde gegraben werden konnten. Die Arbeit ihrer heutigen Nachfahren im türkischen Bergama und in der peloponnesischen Argolis hat diese Bedeutung nie gehabt, obgleich es erst der Schweiß der einfachen Sandschaufler und Steineklopfer ist, der den Ruhm der Archäologen festigt. Denn wie vor zwanzig oder dreißig Jahrhunderten eine bevorzugte Minderheit über die Masse der Menschen verfügte, so degradieren auch heute noch einige wenige Bevorzugte das Volk zur namenlosen Statisterie. Und als am 22. August 1978 gegen elf Uhr vormittags der griechische Archäologe Manolis Andronikos nach einjähriger Grabung mitten im mazedonischen Dorf Vergina das dritte Grab öffnete, hatte am Tag zuvor Prinz Bernhard von den Niederlanden die Ausgrabungsstätte besichtigen dürfen, einen Schauplatz, der im Grunde nichts anderes als ein riesiger Erdhaufen ist, durch den sich Bulldozzer wühlen; für den nächsten Tag, für den 23. August, war übrigens der hochherrschaftliche Besuch der Königin Juliana angesagt, die unter der persönlichen Führung des Professors und betreut von seiner blonden, zierlichen Frau die Stätte des vielleicht sensationellsten Fundes aufsuchen würde, der auf europäischem Boden im 20. Jahrhundert gemacht wurde.«

»Nur das Volk von Vergina, die Bauern, Landarbeiter,

Handwerker und kleinen Händler, die Menschen also aus diesem verschlafenen Dorf und der näheren Umgebung, darunter viele Gastarbeiter, die aus Deutschland zurückgekommen waren«, schrieb ich im August 1978, »sie alle wurden beharrlich ausgeschlossen. Dabei belagerten täglich Dutzende, ja Hunderte von ihnen den Schauplatz, an dem ihre eigene Vorvergangenheit entdeckt wurde; sie hingen mit stoischer Beharrlichkeit am Stacheldrahtzaun, der den immer kleiner werdenden Erdhügel von Vergina gegen die Außenwelt abschloß; sie unterhielten sich im einzigen Kafenion, das direkt gegenüber der Grabungsstätte liegt, über Gerüchte, die vom Verschwinden eines Teiles des Goldschatzes wissen wollten, den man im Vorjahr im Grab Philipps gefunden hatte; und es fiel auch manches böse Wort gegen die hochmütigen Ausgräber, die nur gekrönten Häuptern und Staatspräsidenten den Zutritt erlaubten.«

Ich war in einer merkwürdigen Verfassung; es machte mir nichts aus, eine subjektive Meinung zu haben; ich schrieb: »Ich weiß, wovon ich rede und was ich erzähle, denn ich war an diesem 22. August 1978 schon frühzeitig in Vergina, hatte mich anfangs zwischen den imponierenden Ruinen des Fürstenpalastes umgesehen, der oberhalb des Dorfes auf einer terrassenförmig gegliederten Plattform ausgegraben worden war; und zwar schon in den dreißiger Jahren. Und ich war durchs sommerlich verbrannte Gras der Felder geschritten, aus denen sich immer wieder kleine Grabhügel aufbuckelten. Immerhin war Vergina – oder Palaititsia, wie die bisher bekannte archäologische Stätte eigentlich heißt – den Wissenschaftern durchaus vertraut. Plutarch hatte schon über den erinnerungsträchtigen Landstrich berichtet – allein in der näheren Umgebung liegen fünf weitere archäologische Schauplätze, darunter Pella, von dem man bisher angenommen hatte, daß es die einzige Hauptstadt des mazedonischen Königreiches gewesen sei –, Xenophon war mit seinem berühmten »Zug der Zehntausend« durch diese Landschaft gekommen, und stets hatte es in der Vergangenheit irgendwelche überraschenden Funde gegeben, die vor Jahren schon einen britischen Archäologen die Behauptung aufstellen ließen, die letzten Entscheidungen über die historische Wahrheit würden erst dann fallen, wenn man den großen Hügel von Vergina öffnete. – Manolis Andronikos hatte genau das getan! Und ich konnte ihm, wie zwei, drei Dutzend Dorfbewohner, dabei zusehen; das heißt, ich sah aus einer Entfernung von etwa 15 oder 20 Metern, wie in einer durch Wellblech und Sackleinen geschützten Erdgrube ein weiteres Grab geöffnet wurde. Und weil die zwei Dorfpolizisten, aber auch ein Sicherheitsbeamter für die Grabungsstätte, der perfekt deutsch sprach, das geduldige Publikum bewachten; weil mit der gesteigerten Aktivität auf dem Ausgrabungsgelände auch gelegentlich Nachrichten über den Stand der Dinge durchsickerten; weil allein schon ein so simpler Vorgang wie das Herbeischleppen eines Stativs, auf dem man eine Kamera mit Blitzlichtgerät befestigt hatte, eine ungeheuere Erregung hervorrief, da man ja wußte, daß die Ausgräber in der Erdgrube auf etwas Wichtiges gestoßen waren, das es jetzt an Ort und Stelle zu fotografieren galt . . . also kurz und gut, es verflogen die Stunden an diesem Tag wie ein einziger bedeutungsvoller Augenblick; es war die heiße Augustsonne fast nebensächlich geworden; und es schmerzte nicht einmal mehr der Stacheldraht, in den ich immer wieder griff, um mich etwas hochzuziehen und besser sehen zu können.«

Ich schrieb: »Später freilich, als die ersten Funde dieses Tages in zwei Spezialbehältern fortgebracht wurden, als Andronikos dem griechischen Staatspräsidenten telefonisch Bericht erstattete – unser Nachrichtendienst funktionierte ausgezeichnet –, später wünschte ich mir einen Augenblick lang, irgend etwas mit einer niederländischen Königin zu tun zu haben, damit ich wie sie unter Wahrung eines gewissen Zeremoniells alles das zu sehen bekäme, was dem Volk so hartnäckig vorenthalten wurde.«

Hier enden meine Aufzeichnungen aus Vergina, die ich lediglich geringfügig gekürzt, im übrigen aber unverändert be-

lassen habe. Ich erinnere mich, daß ich am nächsten Tag noch einmal von Saloniki hinüberfuhr, aber schon am Dorfeingang an den Absperrungen scheiterte, die man für den erwarteten Besuch errichtet hatte. Königin Juliane wurde standesgemäß mit einem Hubschrauber eingeflogen. Ich aber hatte damals wieder einmal begriffen, welche Kraft die Vergangenheit besitzt, welche Faszination sie auf uns ausübt, wenn wir uns ihr über dem Umweg einiger fortgeschaufelter Tonnen Erde, einiger zur Seite gewälzter Felsblöcke zu nähern versuchen. Ich ahnte an jenem Abend, was ich ein Vierteljahrhundert zuvor als Kind empfunden haben mußte, als mein Blick auf den verrosteten Sporn in der Sandgrube gefallen war. Ich habe allerdings keine Ahnung, wie ich dieses Gefühl, das sich in Vergina wieder eingestellt hatte, beschreiben soll. Anteilnahme oder Neugier wären zu wenig. Es war eine Art Zittern, ein Freisetzen von Emotionen – wenn ich die Aufzeichnungen von damals lese, sehe ich, daß ich sogar klassenkämpferische Töne angeschlagen habe –, es war eine körperlich spürbare Sehnsucht, eine erschreckende Gier, teilnehmen zu können an den Zusammenhängen, die da vor meinen Augen, wenn auch mehr oder minder unsichtbar, hergestellt wurden. Vor allem aber war es auch eine romantische Empfindung, die diese Fügung des Zufalls in mir ausgelöst hatte. Und es war ja schließlich tatsächlich ein Zufall gewesen, daß ich gegen alle Pläne schließlich doch nach Vergina gefahren war; wie ich an jenem 22. August von der Frau des Archäologen erfahren hatte, die freundlich genug gewesen war, sich mit mir über den Stacheldrahtzaun hinweg ein paar Minuten zu unterhalten, war es aber auch eine Fügung des Zufalls gewesen, daß gerade dieser eine Erdhügel in Vergina und nicht ein anderer geöffnet worden war.
Ist es nicht überhaupt so, daß der Zufall in den verschiedensten Formen immer dort auftritt, wo ein paar Besessene mehr als nur einen flüchtigen Blick auf die Vergangenheit werfen wollen? Ich habe in der letzten Zeit noch einmal meine Aufzeichnungen überprüft, soweit sie mit Archäologie und Ar-

chäologen in irgendeinem Zusammenhang stehen; ich habe eine Unzahl von Büchern, Zeitschriften, Aufsätzen zu diesem Thema gelesen, manches davon nur flüchtig, anderes wieder mehrfach und mit großer Aufmerksamkeit. Stets stieß ich auf diesen roten Faden, wobei es völlig gleichgültig zu sein schien, ob die betreffende Geschichte im August 1978, in den fünfziger Jahren oder im 19. Jahrhundert spielte, ob sie etwas mit einem makedonischen Königsgrab, mit einer römischen Marmorstadt oder mit hethitischen Überresten zu tun hatte. Man kann natürlich bestreiten, daß dieser rote Faden, der die einzelnen Geschichten miteinander verbindet, wirklich immer etwas mit Zufall zu tun haben muß. Man kann sagen, daß es eine Sache der Intuition sei, gleichsam Begabung gemischt mit Phantasie, was so viele Archäologen im richtigen Augenblick die richtige Fahrkarte kaufen, in den richtigen Zug einsteigen, die richtige Entscheidung treffen läßt. Vielleicht aber sollte man auch davon ausgehen, daß Genialität gelegentlich die Mithilfe des Zufalls nicht verschmäht. Und einige der Archäologen, der Wissenschafter, mit deren exzentrischen Methoden, die Zeit um Jahrtausende zurückzudrehen, wir uns heute noch beschäftigen, waren zweifellos Genies. Man könnte sogar die Vorsehung in Anspruch nehmen und sagen, daß das, was in der Archäologie wie Zufall aussieht, in Wahrheit eine Art metaphysischer Fingerzeig sei . . .

Die Tatsache selbst ist nicht aus der Welt zu schaffen: Wer von Archäologie redet, den Archäologen auf der Spur bleiben will, nimmt in der einen oder anderen Form teil am eigenartigen Wirken eines »Zeitalter des Zufalls«. Daran ändern auch die modernen wissenschaftlichen Grabungsmethoden nichts. Glücklichen Zufallsfunden verdanken die Archäologen manche ihrer aufregendsten Entdeckungen; und die Zeit der archäologischen Zufallsfunde sei keineswegs vorüber. Das schreibt ein Historiker und Archäologe in einem Buch über moderne Methoden in der Archäologie, nämlich Franz Georg Maier in seinem 1977 veröffentlichten Werk *Neue Wege in die alte Welt*. Es mag sich das Wesen der Archäologie ein wenig, ihre Bedeutung ziemlich und ihre Technik grundlegend verändert haben; der Zufall spielt nach wie vor eine dominierende Rolle. Ein Artist geht nach Malta und wird plötzlich zu einem der Ahnherren der ägyptischen Archäologie. Der Sohn eines deutschen Flickschusters will die Antike mit der Seele suchen; aber während er noch als Schreiber der Vatikanischen Bibliothek tätig ist, avanciert er, ohne je selbst als Archäologe tätig gewesen zu sein, zum Vater der modernen Bodenforschung. Ein lungenkranker Ingenieur geht auf eine ägäische Insel, um sich im milden Klima auszukurieren, er gräbt Priene, Pergamon aus, entdeckt als einer der ersten die verwischten Spuren der Hethiter. Ein kretischer Bauer flucht, weil seine Pflugschar gegen etwas Hartes knirscht; heute staunen die Touristen, die bis an die äußerste Ostspitze Kretas kommen, vor den Ruinen der Palastanlage von Kato Zakros. Ein Hund, der sich im September 1940 in einer französischen Höhle verirrt und mühsam gerettet werden muß, führt seine Helfer gleichsam nebenbei auf die Spur prachtvoller altsteinzeitlicher Wandmalereien.

Alles Zufall? Man könnte diese Aufzählung beliebig fortsetzen. Ein Rabbi aus dem nordspanischen Tudela nimmt die gefahrvolle Reise in den Orient auf sich, um die Stätten seiner jüdischen Ahnen, »als sie weinend an den Ufern Babylons saßen«, aufzusuchen; der Rabbi Benjamin findet im Zwischenstromland freilich keine jüdischen Gemeinden mehr, aber dafür sieht er als einer der ersten Europäer staunend die Ruinenhügel von Ninive und Babylon; das war im Jahre 1165. Mehr als sechs Jahrhunderte später erfolgt durch ausgesuchte Mitarbeiter der East India Company eine erste genaue kartographische Erfassung Mesopotamiens, weil man den Landweg nach Indien sichern will; der Weg über Land bleibt auch in den nächsten Jahrzehnten äußerst gefährlich, aber die Kartographen bringen Berichte über riesige Erdhügel und Trümmerstätten mit nach England, die noch außerordentliche Folgen haben sollten. Und an der Küste des Libanon verursachen heftige Regenfälle einen Erdrutsch, der fast ein Dorf zerstört; gleichzeitig wird aber auch ein Sarkophag mit einer sensationellen Inschrift freigelegt. Und immer wieder tritt der pflügende Bauer in Erscheinung, ohne den die Archäologie nicht auszukommen scheint: An der syrischen Mittelmeerküste wird dadurch ein Palast mit 67 Zimmern und Hallen freigelegt; die Funde, die man in dieser Anlage macht, revolutionieren das Wissen der Archäologen.

Das Zeitalter des Zufalls hört niemals auf. Ein Kind findet in einer Sandgrube einen verrosteten Metallsporn und träumt davon, etwas Größeres, Gewichtigeres zu entdecken. Ein Vierteljahrhundert später blickt der Mann, der zufällig von ferne an einer Grabung teilhaben darf, mit den Augen dieses Kindes auf den Erdhügel von Vergina. Und der Mann versteht plötzlich die romantische Geschichte Heinrich Schliemanns, der jahrzehntelang von Homers Versen verzaubert war, bis er sich eines Tages aufmachte, um die Schauplätze zu finden, von denen diese Verse handelten und an denen sie entstanden waren.

II

DIE ERBEN HERODOTS

Der italienische Kunsthistoriker Giorgio Vasari, der im 16. Jahrhundert in Florenz lebte und dessen vielbändige *Kunstgeschichte* zu den großen Beispielen abendländischer Intelligenz zählt, erwähnt eine Anekdote aus dem Leben des Malers und Baumeisters Filippo Brunelleschi, dessen Arbeiten man heute noch überall in der Toskana begegnen kann. Brunelleschi, so berichtet Vasari, hörte eines Tages, daß sich im Dom von Cortona, einer kleinen altertümlichen Stadt oberhalb des Trasimener Sees, ein römischer Sarkophag von außerordentlicher Schönheit und vollendeter Harmonie befinden sollte. Sogleich machte sich der Künstler auf den Weg nach Cortona, suchte den Sarkophag und fertigte, nachdem er ihn gefunden und eingehend besichtigt hatte, sogleich eine Zeichnung von ihm an, die er dann in Florenz seinen Freunden zeigte.

Ich habe ein wenig gezögert, diese Anekdote zu erzählen, weil mir natürlich bewußt war, daß es sich dabei noch nicht um Archäologie im ursprünglichen Sinne des Wortes handelt; aber eine Vorstufe dazu, ein Ausgangspunkt für Archäologie scheint mir in dieser kleinen Geschichte doch enthalten zu sein. Jemand hört etwas von einem Gegenstand, der sehr alt und ungemein reizvoll sein soll; er macht sich sogleich auf den Weg, um diesen Gegenstand aus eigener Anschauung kennenzulernen. Ähnliches gilt ja zum Teil auch für die Archäologen, und zwar seit es Gelehrte, Historiker oder auch Abenteurer gibt, auf die diese Berufsbezeichnung zutrifft; zugleich beschreibt es die hauptsächlichen Motive des Publikums, sich mit den Leistungen der Archäologen zu beschäftigen. Ich besuchte in den vergangenen Jahren gelegentlich das Britische Museum in London, wanderte im Erdgeschoß durch die langgestreckte Halle mit den ägyptischen und assyrischen Altertümern, stand wie Hunderttausende vor und nach mir ergriffen, neugierig vor dem berühmten

schwarzen Basaltstein von Rosette mit seinen verwischten Schriftzeichen. Ich folgte der Menge der Besucher über eine breite Treppe hinauf ins erste Stockwerk, wo hinter bruchsicherem Glas dem Tod eine dekorative Ausstellung gewidmet ist und man sich nach wenigen Augenblicken schon vor den Alpträumen ängstigt, die diese in Reih' und Glied geordneten ägyptischen Mumien verursachen könnten. Ich beugte mich über die zahllosen Tonscherben und Steine mit diesen rätselhaften Zeichen, deren Existenz möglicherweise wirklich auf die Erfindung eines überforderten sumerischen Buchhalters zurückzuführen ist, der vor rund fünf Jahrtausenden erstmals stenogrammartige Kürzel in eine weiche Lehmtafel zeichnete, weil sein Gedächtnis nicht mehr ausreichte, Zahl und Herkunft der Geschenke, die für den Tempel, für den König bestimmt waren, mit der nötigen Sorgfalt zu notieren. Und stets empfand ich die stumme Aufmerksamkeit des Publikums vor diesen Exponaten, die viele Jahrtausende Menschheitsgeschichte dokumentieren, als einen feierlichen Salut zurück in die Dunkelheit der Vergangenheit.
Aber galt dieser Salut auch den Männern, die erste Lichtschächte in diese Dunkelheit gegraben hatten? Interessieren sich die Menschen, die in unseren Museen vor den ägyptischen, persischen, hethitischen, sumerischen oder griechischen Skulpturen, Mumien, Münzen, Tontafeln stehen, auch für die Archäologen, die diese bewundernswerten und für unser Selbstverständnis so wichtigen Dinge gesucht, gefunden und geborgen haben? Als ich kürzlich in einem Buch, das von italienischen Landschaften handelte, auch ein paar Bemerkungen über die Grabräuber machte, die nicht nur zahllose etruskische Nekropolen in der Toskana und im Lazio, sondern auch Schauplätze wie Elea, Pompei, das griechische Syrakus, die Ruinen von Agrigent systematisch ausplündern, da erhielt ich zu meiner Überraschung etliche Zuschriften, denen etwas gemeinsam war: die unmißverständliche Bitte, mehr und Genaueres über diese Grabräuber zu erzählen; von den Archäologen wisse man ohnedies alles; und das meiste

sei wenig interessant, schrieb mir eine junge Frau aus München.

Alles; und das meiste wenig interessant ... schaut so das Bild wirklich aus, das wir uns von den Archäologen machen? Ist nur die Tatsache bemerkenswert, daß es den Stein von Rosette in einem Museum gibt – und ist es nicht auch die unerhörte Geschichte rund um diese schwarze Steintafel? Interessieren sich die Besucher im Israelischen Nationalmuseum zu Jerusalem lediglich für den futuristisch anmutenden »Schrein des Buches« und nicht auch für die Menschen und Schicksale, die dahinterstecken? Ist nicht das abenteuerliche Leben eines Heinrich Schliemann verschiedentlich beschrieben und verfilmt worden? Oder war seine Biographie wirklich die Ausnahme, die die Regel bestätigt? Ich persönlich glaube nicht daran; und ich werde versuchen, das auch zu beweisen. Nicht der Umstand, daß ein bestimmter Gegenstand aus dem Niltal, aus dem Boden Kretas oder Kleinasiens ein Alter von vier- bis sechstausend Jahren habe, mache uns besonders empfänglich für den Reiz dieses Gegenstandes, sondern es sei die überraschende Erkenntnis, daß man sich in solchen Gegenständen selbst wiederfinden könne, daß man eine sehr persönliche Beziehung zu ihnen herstellen dürfe. Der das mit anderen Worten einmal gesagt hat, war selbst Archäologe; und die, die ihm zustimmen, wissen ganz genau, wovon ihr Handwerk handelt, wann und wie es angefangen hat, was seine Sternstunden waren und welche Opfer das alles kostete. Aber weiß das auch das Publikum, das die Museen stürmt und in den Sommermonaten die berühmten Ausgrabungsstätten rund um das Mittelmeer belagert?

Ich habe vor einiger Zeit, als ich das Material für dieses Buch zu ordnen begann, aus einer augenblicklichen Laune heraus einige meiner Freunde und Bekannten gefragt, wann ihrer Meinung nach die ersten archäologischen Leistungen erbracht worden seien. Die Mehrheit der Befragten antwortete spontan mit dem Namen Schliemanns. Einige zögerten, machten ein nachdenkliches Gesicht und meinten dann eher fragend, ob es nicht jener deutsche Gelehrte namens Winckelmann gewesen sei, der in einem Triestiner Gasthof unter den Messerstichen eines Raubmörders verblutet war. Einer der Befragten, von dem ich wußte, daß er ein sehr gewissenhafter Charakter ist, ein bis zur Lästigkeit penibler Mensch sozusagen, bat mich um ein paar Tage Zeit, um meine Frage zu beantworten; nach dieser Frist überreichte er mir schweigend ein engbeschriebenes Blatt; sein Gesicht drückte Zufriedenheit aus. Das sei die Antwort auf meine merkwürdige Frage, sagte er, und es sei eine Antwort, die mich hoffentlich zufriedenstellen würde. Ich warf einen Blick auf das Blatt. »Ancona, 15. Jahrhundert«, las ich da, »ein Schiffsausstatter namens Ciriaco Pizzecolli beginnt mit der Erforschung der römischen Inschriften an einem Triumphbogen des Kaisers Trajan. Der Schiffsausstatter entdeckt seine wahre Neigung, gibt seinen Broterwerb auf, beschäftigt sich nur noch mit antiken Inschriften und Kunstgegenständen, nennt sich Cyriakus von Ancona, ist für die florentinischen Medici als Antikensammler tätig, geht nach Kleinasien, bringt es zum kunsthistorischen Berater des türkischen Sultans und wird der Ahnherr der Inschriftenforschung.«

Ich war gebührend beeindruckt; noch dazu fanden sich auf diesem Blatt auch andere Hinweise und Namen, so etwa der des Papstes Sixtus IV., der 1471 mit einer Gruppe antiker Skulpturen den Grundstein zu den Vatikanischen Museen gelegt hatte; oder der Name eines gewissen Joachim Strüppe, der im Jahre 1574 ein Heilmittelbuch für den täglichen Hausgebrauch veröffentlichte; darin fand sich erstmals die Zeichnung einer ägyptischen Mumie. Und dann las ich zu meiner Überraschung: »Jakob Spon, Arzt und Kunstliebhaber, bereist im 17. Jahrhundert das Osmanische Reich; vielleicht war er der Schöpfer des Begriffes ›Archäologie‹!« – Ich steckte das Blatt schleunig in die Tasche, weil ich nicht in Versuchung geraten wollte, meinen gewissenhaften Bekannten zu fragen, in welchen lexikalischen Handbüchern er nachgeschlagen hatte.

Die kürzeste Antwort erhielt ich von einem Fernsehregisseur, der gerade eine dreizehnteilige Filmdokumentation über das Leben und die Reisen Herodots abgedreht hatte. Er sagte: »Wenn es nicht Herodot war, dann weiß ich auch nicht, wer oder was es gewesen sein soll . . .«

Was heißt eigentlich Archäologie? Der griechische Originalterminus, den man in allen antiken Schriftquellen findet, bedeutet soviel wie »Nachrichten über vergangene Zeiten«. Ein Archäologe des 20. Jahrhunderts sagte einmal, Archäologie mache die Geschichte von Menschen bildhaft und anschaulich. Im ausgehenden 19. Jahrhundert schrieb eine damals von der Wissenschaft anerkannte Autorität wie Adolf Furtwängler ebenso lapidar wie apodiktisch: »Archäologie ist nichts anderes als antike Kunstgeschichte.« – Schliemann, Cyriakus von Ancona, Herodot, Joachim Strüppe, Jakob Spon, Sixtus IV., die Medici, der jüdische Rabbi Benjamin aus dem spanischen Tudela, aber auch ein Reiseschriftsteller wie Pausanias, ein Historiker wie Thukydides wären demnach Vertreter ein- und desselben Handwerks? Archäologen auch dann, wenn sie nicht einmal daran gedacht haben, eine Handbreit Erde umzuschaufeln, einen Stein zur Seite zu schieben, um darunter eine Spur in die Vergangenheit zu finden?

Die Antwort lautet uneingeschränkt: »Ja!« – Jeder dieser Männer, und es kommen noch viele andere dazu, auch Frauen, hat einen Teil dazu beigetragen, daß Archäologie – also die »Nachrichten über vergangene Zeiten« ebenso wie die Beschäftigung mit antiker Kunstgeschichte – überhaupt entstehen, sich entwickeln, ein Begriff werden konnte. Selbst jene anonymen ägyptischen Grabräuber, die vor Jahrtausenden schon die prachtvollen Pharaonengräber plünderten und dadurch bewirkten, daß die verzweifelten Baumeister der Götterkönige immer genialere, schwerer zugängliche Grabkonstruktionen schufen, haben in direkter Linie mit Archäologie zu tun. Sie waren immerhin Archäologen für die eigene Tasche und haben auf die Nachwelt gleichsam stilbildend gewirkt; wie übrigens auch der deutsche Ausgräber von Milet, Theodor Wiegand, der während des Ersten Weltkriegs das Beiboot eines Unterseebootes in die Yeri-Batan-Zisterne hinabließ, um so eine möglichst genaue Vermessung und Erforschung dieser riesigen unterirdischen Brunnenanlage zu erreichen. Alles, was uns die Vergangenheit näherbringt, indem es diese Vergangenheit bildhaft beschreibt, hat mit Archäologie zu tun. Jener jüdische Pilger aus Tudela, der unternehmungslustige Rabbi Benjamin, wurde in dem Augenblick zum Handlanger und Wegbereiter der Archäologie, als er dreizehn Jahre nach seinen mesopotamischen Abenteuern und Erfahrungen – in den zerstörten Palast des Nebukadnezar wagte damals kein Mensch aus Furcht vor Schlangen und Skorpionen einzudringen – einen ausführlichen Bericht in hebräischer Sprache verfaßte, der allerdings erst 1543 im osmanischen Istanbul veröffentlicht und gar erst 1575 ins Lateinische übertragen wurde. Und ein Handlanger der Archäologie war auch ein Ritter aus Bayern namens Schiltberger, der das Unglück hatte, um das Jahr 1400 als Kriegsgefangener der Osmanen bis in das Zwischenstromland zu kommen und dessen Augenzeugenbericht über die biblischen Schutthügel mit den Worten beginnt: »Im Königreich Babylonien bin ich auch gewesen. Die Mauer ist zweihundert Ellen hoch und fünfzig Ellen dick. Das Wasser des Euphrat rinnt mitten durch die Stadt. Sie ist aber nun ganz zerstört, und keine Wohnung ist mehr da.«

Wenn wir uns aber vorerst einmal auf das konzentrieren wollen, was der altgriechische Originalbegriff von der Archäologie verrät, daß sie nämlich nicht mehr und nicht weniger sei als »Nachrichten über vergangene Zeiten«, dann ist es gar keine Frage, daß Herodot, Vater der Geschichtsschreibung und Ahnherr aller mehr oder minder seriösen Reiseliteratur, selbstverständlich an den Anfang einer Geschichte der Archäologie gestellt werden muß. Herodot, der aus dem kleinasiatischen Halikarnassos stammt, dem Standort eines der ungewöhnlichsten Bauwerke der Antike, nämlich einer pompösen Grabanlage für einen König Mausolos, woraus sich für besonders anspruchsvolle Gräber der heutige Name Mausoleum entwickelte, Herodot also war ein Reisefeuilletonist und Geschichtsschreiber, der sich das Material für seine Arbeiten nach Möglichkeit selbst besorgte; das heißt, viele der Inhalte und Schauplätze seiner *Neun Bücher der Geschichte* hat er aus eigener Wahrnehmung kennengelernt. Zu seinen berühmtesten Leistungen auf diesem Gebiet zählt zweifellos die systematische Schilderung des Niltals, wobei er die erste Monographie dieser klassischen Landschaft schreibt. Er verwendet dabei durchaus auch Gehörtes, Nacherzähltes, Wahrheiten aus zweiter und dritter Hand für seine Arbeit, der er gleichwohl den Anschein zu geben vermag, als beruhe sie ausschließlich auf selbstgemachten Beobachtungen. Reiseschriftsteller sagen gelegentlich, das Beste seien seine historischen Anmerkungen und archäologischen Hinweise; Historiker verweisen auf die präzisen geographischen Beschreibungen, während einer der bedeutendsten Ägyptologen des 19. Jahrhunderts, der Franzose Auguste Mariette, voll Zorn über Herodot urteilte, daß er ihn verabscheue, denn wenn man bedenke, was er alles falsch gemacht habe, dann wäre es für die Ägyptologie besser gewesen, es hätte ihn nie gegeben. – Ähnliches haben die Historiker und Ausgräber, die Mesopotamien als ihr Arbeitsfeld betrachteten, allerdings nie über Herodot gesagt, sondern vielmehr seine Beschreibung des ausgedehnten Stadtgebietes von Babylon mit besonderem Interesse gelesen; immerhin haben die archäologischen Grabungen, die rund zweieinhalb Jahrtausende nach seinem Aufenthalt in Babylon stattfanden, diese Beschreibung dann weitgehend bestätigt. Im übrigen scheint es ungerecht, Herodot als Lügner und Scharlatan zu bezeichnen, denn er selbst hatte bei allem handwerklichen Raffinement, das er seinem Werk angedeihen ließ, nie einen Anspruch auf die alleinige Wahrheit erhoben. »Wer an die Geschichten der Ägypter glauben will, mag sie ruhig für Geschichte halten«, warnte er seine Leser und Interpreten.

Dennoch beginnt mit ihm, wenn wir zwei so fundamentale, außerhalb aller geläufigen Klassifizierung angesiedelte Werke wie die Epen Homers und das Alte Testament vorerst einmal ausklammern wollen, die Kontinuität der Beschäftigung mit archäologischen Gegebenheiten. Herodot, dessen Reise durch Ägypten damals bereits, im 5. vorchristlichen Jahrhundert, schon auf den touristischen Wanderpfaden stattgefunden hatte, die dann auch von den Römern, den frühmittelalterlichen Händlern und Heiligen und schließlich vom modernen Reisepublikum benützt werden sollten, Herodot machte sich nicht nur Gedanken über die jährlich wiederkehrende Überschwemmung durch den Strom, sondern auch über dessen Herkunft; der Nil fließe gewiß von außerhalb nach Ägypten, schrieb er lakonisch, ohne wahrscheinlich zu ahnen, wie richtig seine Hypothese war. Überaus genau sind seine Beschreibungen der Begräbnisriten und der Vorgänge beim Einbalsamieren; er erzählt, wie das Gehirn des Toten mit einem winzigen eisernen Haken durch die Nasenlöcher hervorgeholt wird und daß dann der sorgfältig gesäuberte Körper siebzig Tage lang konserviert werde. Er machte sich auch die Mühe, durch zahlreiche Gespräche mit Priestern, Hofbeamten, Soldaten, Händlern möglichst viel an authentischem Wissen über die Lebensgewohnheiten, den Alltag des durchschnittlichen Ägypters zu erfahren, was Jahrtausende später kulturbeflissenen Touristen, humanistisch gebildeten Journalisten und sogar dem einen oder anderen Archäologen die Aufgabe ein wenig erleichterte.

Dabei war Herodot eher durch Zufall an diese Art der literarischen Darstellung geraten. Ich bin mir nicht einmal sicher, daß seine ursprünglichen Intentionen wirklich in die Richtung zielten, ein Geschichtsschreiber und in Verbindung damit ein Weltreisender zu werden. Er stammte aus angesehener Familie, war materiell unabhängig und scheint sich besonders für Politik interessiert zu haben, was für einen ionischen Griechen in Kleinasien allerdings nahezu selbstverständlich anmutet. Herodot widerfuhr freilich das Mißgeschick, in eine politische Verschwörung gegen den regierenden Tyrannen von Halikarnassos verwickelt zu werden, die kläglich endete. Ferienreisende kennen übrigens Halikarnassos unter dem türkischen Namen Bodrum. Und jenes wuchtige Kastell aus der Kreuzritterzeit, das den kleinen Naturhafen der Stadt beherrscht, das noch die Johanniter auf einer winzigen Insel erbaut und dann kampflos den Türken überlassen hatten, die hier lange Zeit ein Zuchthaus unterhielten, jenes Kastell also hat einige Beziehungen zur Geschichte der Archäologie. Zum einen glaubt man zu wissen, daß ein Teil des Baumaterials dafür vom sagenhaften Mausoleum stammt, dem skandinavische Archäologen seit Jahren in Bodrum auf der Spur sind; zum anderen ist heute im Kastell ein Museum untergebracht, das einige wichtige Unterwasserfunde vom Kap Gelidonya enthält; und das wiederum erinnert uns an die merkwürdige Geschichte, die der arbeitslose amerikanische Fotograf Peter Throckmorton an dieser türkischen Südküste erlebt hat.

Aber zurück zu Herodot. Nach dem Scheitern seiner politischen Ambitionen mußte er seine Heimatstadt Halikarnassos Hals über Kopf verlassen. Er unternahm zuerst einmal ausgedehnte Reisen, besuchte Mesopotamien, Skythien, Ägypten, also Gebiete, die zu jener Zeit entweder unter griechischem Einfluß oder zumindest abhängig von der Ausstrahlung hellenistischer Zivilisation waren, ohne daß sie ihre eigene Kultur aufgegeben hätten, oder die, wie Mesopotamien, als historisches Aufmarschgebiet persischer Militärmacht und Kulturpolitik einen Griechen natürlich besonders interessieren mußten. Herodot hielt sich jedenfalls jahrelang in diesen Ländern auf, bevor er nach Athen ging, wo er sich für immer niederließ. Er befreundete sich mit vielen bedeutenden Zeitgenossen, darunter mit Perikles und Sophokles, schrieb seine Erinnerungen, von denen wir annehmen dürfen, daß sie während des Schreibens jene politischen und damit historischen Einschübe erhielten, die dann vor allem bei der Darstellung des griechisch-persischen Verhältnisses von dessen

Anfängen bis zur Schlacht von Platää aus dem Reise- und Kulturschriftsteller den Historiker und »Vater der Geschichtsschreibung« werden ließen. Herodot wurde für sein Wirken mehrfach geehrt. Er wurde es wohl auch für seine moralische Haltung, für sein Einbeziehen metaphysischer Vorgänge in das politische Geschehen der Welt; denn stets war er darum bemüht, aller Geschichte, so vordergründig sie auch wirken mochte, einen tiefen religiösen Sinn zu geben. Sein Ruhm wuchs ständig, und als er um das Jahr 430 vor Christus in Athen starb, war seine Position, war aber auch sein Rang als Intellektueller und Wissenschaftler längst unangefochten.

Ausgräber war Herodot natürlich keiner; er war es so wenig wie der Grieche Pausanias, der, wenn man Archäologie im Sinne der Definition Adolf Furtwänglers betrachtet, gemeinsam mit Plinius dem Älteren eine Hauptquelle für unser Wissen über antike Kunst ist. Pausanias war ein Reiseschriftsteller; Plinius eine Art Kulturkolumnist mit ausgeprägtem Stilgefühl, wobei das vielleicht ein wenig ungerecht gegen die handwerklichen und geistigen Qualitäten dieses römischen Meisterplauderers und Soldaten ist – er war Flottenkommandant von Misenum nahe Neapel, als er starb –, der von sich selbst einmal behauptete, daß sich in seinem Werk gut und gern 20.000 bemerkenswerte Angaben fänden, die er aus der Lektüre von etwa 2.000 Büchern gewonnen habe. Plinius war also wohl auch so etwas wie ein erlauchter Ahnherr jener Sachbuchautoren, die ihr Wissen, ihre Erfahrungen, ihre Inspiration hauptsächlich vom Schreibtisch aus beziehen und trotzdem glänzende Resultate erreichen können. Für die Archäologen des 19. Jahrhunderts, die noch völlig unter dem Eindruck Winckelmanns und damit auch der Furtwänglerschen Behauptung standen, Archäologie sei nichts anderes als antike Kunstgeschichte, war Pausanias wiederum ein Cicerone von großer Bedeutung, weil er, der aus dem kleinasiatischen Magnesia stammte und im 2. nachchristlichen Jahrhundert lebte, tatsächlich fast nichts anderes schrieb als Reise- und Kunstführer zu den großen Heiligtümern seiner Zeit. Man brauchte also, vereinfachend gesagt, nur eine Ausgabe des Pausanias in der Tasche zu haben, um bei einer archäologischen Spurensuche auch wirklich fündig zu werden. Dieser Erfahrung hat ein gewisser Johannes Overbeck im Jahre 1868 Rechnung getragen, indem er ein Buch unter dem Titel *Die antiken Schriftquellen zur Geschichte der bildenden Künste* veröffentlichte. Das war nun wirklich eine fast vollständige Anthologie aller nur möglichen Anhaltspunkte aus griechischen und lateinischen Texten, von denen man auf die Existenz eines antiken Kunstwerkes schließen durfte. Es war eine Art Bibel der antiken Kunst, denn so, wie man sich einen Archäologen mit der Bibel in der Hand vorstellen kann, war es auch denkbar, daß der eine oder andere Ausgräber seinen Overbeck bei sich hatte, wenn er auf den Spuren hellenistischer Kunst unterwegs war.

Aber Archäologen im Sinne des Wortes, wie wir es heute verstehen, waren sie alle nicht. Plinius der Ältere kann für sich wenigstens noch in Anspruch nehmen, daß er bei dem gewaltigen Vesuvausbruch im August 79 sogleich in Erfüllung seiner militärischen Pflicht an die Küste vor Pompei eilte und dort im herabfallenden Aschenstaub erstickte, was ein wahrhaft heroischer Tod für einen Wegbereiter aller archäologischen Forschung ist; und sein Neffe, Plinius der Jüngere, schilderte, immerhin aus sicherer Distanz, Vulkanausbruch und Sterben des Onkels. Aber alle anderen Literaten, Kolumnisten, Kunstliebhaber, Reiseschriftsteller, alle diese koketten Plauderer und tiefsinnigen Analytiker, die meist den Kopf in den Wolken hatten und völlig darauf zu vergessen schienen, daß nach zwanzig oder fünfundzwanzig Jahrhunderten ein Team von Archäologen verzweifelt darauf warten werde, wenigstens einen Fingerzeig zu erfahren, sie alle waren eher mit einer hübschen Formulierung beschäftigt als mit der präzisen Ortsangabe für eine erfolgversprechende Grabung. Überdies konnte es ja nicht die bevorzugte Beschäftigung eines erwachsenen Mannes sein, entweder die Inhalte des Overbeckschen Buches oder am besten die Originale aller antiken Autoren auswendig zu lernen, um daraus unter Umständen einen vernünftigen Anhaltspunkt dafür zu finden, an welcher Stelle der Spaten anzusetzen sei. Außerdem wurde allmählich bekannt, daß es nicht nur eine ziemlich große Anzahl von antiken Autoren gab, in deren Werk man fündig werden konnte, sondern daß auch noch andere, weniger weit zurückliegende Berichte von Augenzeugen existierten. Oder daß es überhaupt am besten sei, sich der ältesten Darstellungen zu bedienen, über die man verfügte: nämlich der Bibel und der homerischen Versepen. Eines begriffen freilich auch die frömmsten Ausgräber des 19. Jahrhunderts sehr rasch, daß nämlich das ursprünglich errechnete Datum der Erschaffung des Menschen, das man im 17. Jahrhundert noch auf einen 23. Oktober des Jahres 4.004 vor Christus gesetzt hatte, unmöglich haltbar sei. Die Menschheit und ihre Geschichte mußten wesentlich älter sein, als das der bibelkundigste Christ bislang angenommen hatte.

Doch wer sind die Erben Herodots nun wirklich? Also jene Männer, die zu einem Zeitpunkt, als man noch an das ominöse Datum des 23. Oktober 4.004 glaubte, den Wahrheitsbeweis für ein ganz anderes, ungleich älteres Datum wenn schon nicht in Händen hielten, so doch ahnungsvoll begriffen? Jener Arzt namens Leonhart Rauwolf zum Beispiel, der aus Augsburg kam, ein tiefgläubiger Christ war und keine andere Sehnsucht kannte, als das Gebiet, wo möglicherweise einst der Garten Eden gelegen war, mit eigenen Augen zu sehen; und der, als er 1575 von Mossul aus die Ruinen von Ninive und später auch Babylon besuchte, recht nachdenklich wurde. Rauwolf unterließ es gottlob nicht, eine ausführliche Schilderung dessen zu geben, was er in Mesopotamien sah; so etwa berichtet er von Stollen, die in den Hügel von Kujundschik gegraben worden seien, was nichts anderes bedeutet, als daß damals schon einheimische Schatzgräber die Überreste von Ninive nach Reichtümern absuchten, die man im verschütteten assyrischen Königspalast vermutete.

Eine andere bemerkenswerte Erscheinung der europäischen Kulturgeschichte, der römische Aristokrat Pietro della Valle, Humanist, Weltenbummler, materiell unabhängig und einer der vornehmsten römischen Familien entstammend, unternahm in der Zeit zwischen 1614 und 1626 eine ausgedehnte Reise in den Orient. Anfangs hatte er nur eine Pilgerfahrt ins heilige Land beabsichtigt, war aber bald vom Zauber der orientalischen Welt und ihrer fremdartigen Kultur so sehr beeindruckt, daß es buchstäblich eine Pilgerreise zurück bis zu den bekannten Anfängen der Menschheitsgeschichte werden sollte. Pietro della Valle, der sich der vernünftigen Mühe unterzogen hatte, die geläufigsten orientalischen Sprachen zu studieren, und dem in Bagdad sogar das Glück eines intensiven Liebeserlebnisses zuteil wurde, drang über das Gelände von Babylon weit nach Süden vor, bis in die Gegend von Muquajir, dem ehemaligen und inzwischen natürlich längst untergegangenen Ur, das bis vor wenigen Jahren noch als die Wiege aller menschlichen Kultur betrachtet wurde. Della Valles großes Verdienst dabei war, daß er sich nicht bloß mit der enthusiastischen Beschreibung der topografischen Gegebenheiten begnügte, was dadurch, daß er orientalische Dialekte sprach und eine arabische Lebensgefährtin besaß, unendlich viel an wertvollem Lokalkolorit enthielt, sondern daß er sowohl von Babylon als auch von Ur »beschriftete Ziegel« mit nach Europa brachte; als ob Hühner über ein Stück trocknenden Lehms gelaufen seien, spotteten daheim die Gelehrten. Aber es handelte sich dabei um die ersten altmesopotamischen Schriftdenkmäler, deren Existenz Europas Historikern und Sprachwissenschaftern noch einiges aufzulösen geben sollte. Pietro della Valle widerfuhr mehrere Menschenalter später die Ehre, von Johann Wolfgang Goethe in dessen *West-östlichem Divan* ausführlich beschrieben zu werden.
Der Orient hatte immer schon die unterschiedlichsten Temperamente und widersprüchlichsten Charaktere angezogen. Und wenn – ohnedies mehr dem Zufall gehorchend als wirklich exemplarisch – von jenen berühmten oder auch unbe-

kannten Wegbereitern der Archäologie die Rede ist, die durch ihre abenteuerlichen Reisen und ihre Berichte von dieser fremden Welt, von den exotischen oder sagenhaften Kulturen erzählten, die es zweifellos noch zu entdecken galt, so dürfen auch die Namen derjenigen Männer und Frauen nicht fehlen, die nicht wissenschaftliche Neugier oder bloß Abenteuerlust an die Küsten der Levante, nach Ägypten und in die Wüsten Arabiens getrieben hatte, sondern die als fromme Pilger aufgetreten waren; die Gott suchten und der irdischen Spur des Erlösers und den Stätten des frühen Christentums nahe sein wollten; und die dann gleichsam nebenbei, eher zufällig, von gewaltigen Bauwerken berichteten, von staunenswerten Dingen jedenfalls, denen sie selbst kaum eine tiefere Bedeutung schenkten, die aber manchem Zeitgenossen mehr als bloß einen Augenblick der Nachdenklichkeit wert waren. Etwa ein halbes Jahrhundert, nachdem Konstantin der Große das Christentum als Staatsreligion etabliert hatte, unternahm eine französische Einsiedlerin namens Etheria – eigentlich müßte es ja heißen: eine aus Gallien gebürtige Eremitin – eine solche Reise in den Orient. Ihr Ziel waren selbstverständlich die heiligen Stätten des Christentums; aber es ließ sich nicht vermeiden, daß die furchtlose Einzelgängerin unterwegs manches zu sehen bekam, was nicht unbedingt mit ihrem frommen Weltbild übereinstimmte. Etheria akzeptierte Geschichte nur als Basis für die Religion, der sie angehörte; aber manchmal schien ihr manches doch staunenswert genug, um es aufzuschreiben. Die ägyptischen Pyramiden bedachte sie noch mit achselzuckender Verwunderung; bei den Memnonskolossen von Theben jedoch schrieb sie, daß es einen großen Stein gebe, aus dem zwei Statuen ausgehauen seien, angeblich Abbilder heiliger Männer, möglicherweise sogar des Moses und des Aaron. Nun ist es heutzutage nicht weiter schwierig, über solche und ähnliche Bemerkungen zu lächeln, damals jedoch waren gerade sie die Ursache dafür, daß sich wissensdurstige Christen auf den Weg machten, um am Originalschauplatz Nachschau zu

halten. Auch das war ein Weg, der in direkter Linie zu den Arbeitsmethoden der modernen Archäologen hinführte.
Man darf ja nicht vergessen, daß ein Europäer, sofern er sich für fremde Länder und exotische Kulturen interessierte, vor ein paar hundert Jahren über Mesopotamien oder Ägypten nicht mehr wußte, als was bis dahin von heimkehrenden Kreuzrittern, Pilgern und einigen wenigen glücklichen Reisenden berichtet worden war. Natürlich waren die kolossalen Bauwerke Ägyptens schon vor vielen Jahrhunderten gebildeten Griechen und Römern zumindest dem Hörensagen nach bekannt gewesen; aber spätestens mit dem Ende des römischen Imperiums entfernte sich Ägypten noch weiter von Europa, als das geographisch ohnedies schon der Fall war. Ähnlich verhielt es sich mit Mesopotamien und Kleinasien. Alle diese Regionen, die noch im Zeitalter der griechischen Kultur oder während der Existenz eines so präzise funktionierenden Weltreiches wie des römischen eine Einheit zumindest in kulturpolitischer Hinsicht gebildet hatten oder aber überschaubar gewesen waren, waren längst auseinander- und in eine Anonymität zurückgefallen, von der man sich heute nur schwer eine Vorstellung macht. Palästina war den Europäern noch einigermaßen geläufig, was natürlich mit der Kreuzzugs- und Pilgerbewegung zusammenhing; auch der eine oder andere Hafen wie etwa Alexandria war zumindest venezianischen Händlern vertraut. Aber alles, was dahinter lag, was sich jenseits der Stadtgrenze Alexandrias, jenseits des Jordantals befand, blieb für das Abendland jahrhundertelang Terra incognita. Man kann sogar noch einen Schritt weitergehen und sagen, daß auch die Welt der Griechen in Gefahr geriet, weitgehend bis vollkommen vergessen zu werden; diese Gefahr war bis 1453, bis zur Erstürmung Konstantinopels durch die Osmanen, eher hypothetisch; danach war sie ein politisches Faktum. Aber auch so gab es noch genug Schwierigkeiten. Jener *Führer durch Griechenland* des kleinasiatischen Griechen Pausanias, entstanden im 2. nachchristlichen Jahrhundert, der trotz gewisser Eigenwilligkeiten des Autors ge-

meinsam mit den Schriften eines Herodot und des älteren Plinius zu den Lehr- und Hausbüchern aller Archäologen werden sollte, die das alte Hellas, das antike Rom auf ihren Ausgrabungsplätzen wiedererstehen lassen wollten, ist nur wie durch ein Wunder auf uns gekommen. Denn soviel bekannt ist, hatte sich lediglich eine einzige, um das Jahr 900 angefertigte Abschrift davon in Kleinasien erhalten; diese wurde im 15. Jahrhundert nach Italien gebracht, wo sich endgültig jede Spur verliert. Aber da hatte man bereits einige Kopien angefertigt; und 1550 finanzierte Johann Jakob Fugger eine erste Drucklegung des nunmehr ins Lateinische übersetzten Reiseführers des Pausanias, wodurch diese Arbeit endgültig für die Nachwelt gerettet war.

Die ersten Archäologen, die in Mesopotamien, Ägypten oder sogar in Kleinasien um die Mitte des 19. Jahrhunderts ernsthaft mit ihrer Spurensuche begannen, mußten sich ebenso als Abenteurer und Entdecker bewähren wie als Schatzsucher. Daher kam neben den klassischen Texten auch Augenzeugenberichten wie dem des deutschen Mönches Fabri oder jenem eines französischen Botanikers namens Pierre Belon eine so außerordentliche Bedeutung zu, denn es waren Blicke durch ein streng abgeschirmtes Fenster, die einem europäischen Augenpaar nur alle hundert Jahre vergönnt gewesen sind. Interessant ist in diesem Zusammenhang, daß sowohl der deutsche Mönch als auch der französische Gelehrte, die beide und unabhängig voneinander im 16. Jahrhundert Ägypten bereist hatten, zu recht übereinstimmenden Ergebnissen kamen: daß es sich bei den Pyramiden um die »wunderbaren Grabdenkmäler der Könige des alten Ägypten« handle. Belon etwa wagte sich 1533 sogar ins Innere der Cheopspyramide.

Solchen Berichten war es auch zuzuschreiben, daß man an den europäischen Fürsten- und Königshöfen zuerst neugierig und dann begierig zu werden begann, einige dieser unerhörten Dinge, von denen in solchen Erzählungen stets die Rede war, selbst zu besitzen. Kardinäle und Päpste hatten ja schon

in Italien ihr Kunstinteresse und ein wenig wohl auch ihren ausgeprägten Erwerbssinn dadurch demonstriert, daß sie alte Handschriften und antike Skulpturen sammelten. Vermögende Kaufleute, hochberühmte Gelehrte befanden sich bis ins auslaufende Mittelalter hinein auf der kostspieligen Jagd nach Kopien solcher Handschriften, die man meist in Klöstern aufspürte. Ein Bourbonenkönig unterstützte um die Mitte des 18. Jahrhunderts in Neapel aus einer Mischung von Neugier und Habsucht heraus die Erforschung von Pompei und Herculaneum. Der französische Adel war spätestens vom 17. Jahrhundert an damit beschäftigt, seine Raritätenkabinette, in denen es römische Münzen, persische Miniaturen, indianische Äxte und interessante Versteinerungen gab, jetzt auch durch Mumien oder durch Plastiken aus Ägypten, durch Tonscherben aus Mesopotamien zu vervollständigen. Schon hundert Jahre zuvor, im 16. Jahrhundert, hatte ein so mächtiger Mann wie der Medici Cosimo I. eine recht umfangreiche Antikensammlung angelegt; wir wissen, daß vorher bereits Cyriakus von Ancona für die Medici als Aufkäufer besonderer Raritäten unterwegs war. Ein gebürtiger Deutscher, der Pater Vansleb, der in die Dienste Ludwigs XIV. getreten war, bereiste in der zweiten Hälfte des 17. Jahrhunderts im Auftrag des französischen Hofes den Orient, um »guterhaltene Handschriften und alte Münzen für die Bibliothek seiner Majestät« einzukaufen; in Ägypten versuchte er, die Pyramiden mit langen Stricken abzumessen; dann ließ er sich in sogenannte Mumienschächte abseilen und erwarb einige mumifizierte Tiere. Vansleb erfuhr freilich wenig Dank für seine Bemühungen; zurückgekehrt nach Frankreich, wurde er dafür getadelt, daß er nicht bis nach Äthiopien vorgedrungen sei . . .
Pater Vansleb war natürlich weder der erste noch der einzige Antikenjäger und Handlanger für die bizarren Wünsche der europäischen Aristokratie. Da gab es zum Beispiel einen französischen Konsul in Istanbul, Benoit de Maillet, der mehr als vierzigmal das Innere der Großen Pyramide von Giseh aufge-

sucht und um 1700 einen Plan ausgearbeitet hatte, die Geschichte des alten Ägypten zu erforschen; denn man erzähle sich, so berichtete de Maillet nach Paris, daß es in Oberägypten Tempel und Götterbilder von ungeheuren Ausmaßen »und Säulen ohne Zahl« geben sollte. Er drängte in jedem zweiten diplomatischen Bericht, den er nach Frankreich sandte, beharrlich darauf, eine genaue Landkarte Ägyptens herzustellen und dann »mit ein paar gescheiten, wißbegierigen und geschickten Leuten« das Niltal wissenschaftlich zu erforschen. Hundert Jahre später fanden diese Anregungen in der »Ägyptischen Expedition« Napoleons, bei welcher neben den Soldaten auch einige Dutzend Gelehrte nach Ägypten kamen, ihren erfolgreichen Niederschlag.

Am Anfang aller wissenschaftlichen Leistung stand aber stets die Frage, wo der Spaten anzusetzen sei, in welchem Gebiet, auf welchem genau abgegrenzten Punkt eine Grabung Erfolg haben könnte. Und da waren Helfer wie Herodot oder Pausanias, Schiltberger oder Rauwolf, Rabbi Benjamin oder die fromme Etheria oder gar jener hochintelligente, universell gebildete Römer Pietro della Valle natürlich äußerst willkommen.

Ein Name, den man vielleicht mit einiger Überraschung auf dieser reichlich unvollständigen Liste finden wird, ist der des britischen Kunstsammlers Lord Elgin, der im Jahre 1799 als Gesandter Englands an die Hohe Pforte in Istanbul geschickt worden war und für den, wie seine Biographen übereinstimmend schreiben, »in dem Augenblick das Unglück begann, als er osmanischen Boden betrat«. Lord Elgin geriet bald nach seiner Ankunft in verschiedene ärgerliche Verwicklungen, die ihn sein diplomatisches Amt verwünschen ließen; außerdem litt er an einer Hautkrankheit, angeblich an einer besonders unangenehmen Art von Flechte, die ihn die Hälfte seiner Nase kostete und ihn außerdem dem schändlichen Verdacht aussetzte, geschlechtskrank zu sein. Jedenfalls war der Lord, der alles andere als heiter und gelöst seinen Dienst für England versah, heilfroh, daß er 1803 die Erlaubnis erhielt, nach

London zurückzukehren. Aber das Unheil heftete sich hartnäckig an seine Fersen. Im Vertrauen auf seine diplomatische Immunität wählte er den kürzesten Rückweg durch Frankreich; er wird jedoch gemeinsam mit seiner Frau und einem Schotten, der sie auf dieser waghalsigen Reise begleitet, festgesetzt und für längere Zeit ins Gefängnis geworfen. Die Frau und der Schotte dürfen nach wenigen Tagen Frankreich verlassen; Lord Elgin hingegen atmet erst zu einem Zeitpunkt wieder die freie Luft Englands, als er zu seiner Bestürzung erfahren muß, daß seine Frau mit dem Schotten ein Liebesverhältnis eingegangen ist. Es kommt zu einem peinlichen Scheidungsprozeß. Die politische Karriere Lord Elgins ist danach ruiniert.

Das alles würde selbstverständlich nicht ausreichen, um den Namen Lord Elgins in Verbindung mit Archäologie zu erwähnen. Seine einzigartige Leistung in dieser Hinsicht – oder auch seine Verwerflichkeit, je nachdem, wie man die Sache betrachtet – ist der Abbruch der antiken Figuren vom Parthenontempel auf der Akropolis zu Athen und die Versendung dieser Kunstwerke, gutverpackt in 200 Kisten, nach England, wobei zuerst einmal zwölf davon bei einem Schiffbruch an der Südküste der Peloponnes in der Tiefe versanken, während andere im Jahre 1807 von den Franzosen beschlagnahmt wurden. Die vor Kap Malea untergegangenen Kunstschätze konnten nach dreijähriger Arbeit durch Taucher wieder geborgen werden; auch die beschlagnahmten Skulpturen wurden bei den Friedensverträgen, die die Briten mit den Franzosen aushandelten, berücksichtigt; aber es dauerte immerhin bis zum Jahre 1812, daß auch die letzten 80 Kisten London erreichten. Und hier begann dann der unselige Streit um die Bedeutung, um den wahren künstlerischen Wert der Parthenonfiguren, der den bedauernswerten Lord Elgin mehr als einmal an den Rand seiner Selbstbeherrschung bringen sollte; ganz abgesehen von den enormen Kosten, die das alles bisher verursacht hatte und die sich nun als uneinbringlicher Verlust herauszustellen begannen. Letztlich waren es dann

Londons Künstler – und nicht die Wissenschafter, die Historiker –, die einer eilig gebildeten Parlamentskommission eindringlich den materiellen und ideellen Wert dieser Skulpturen vor Augen führten, so daß sich die Regierung schließlich doch noch entschloß, die Parthenonfiguren »zum außergewöhnlichen Ansehen des Britischen Museums« anzukaufen; und dort kann man sie auch heute noch zum Ärger der Griechen bewundern. Lord Elgin freilich erhielt nicht einmal die Hälfte dessen, was er im Verlaufe der Zeit ausgegeben hatte; außerdem traf ihn der Verdammungsfluch aller Philhellenen, deren Wortführer Lord Byron war, der durchaus überzeugend argumentierte, daß die Kunstwerke nicht in ein britisches Museum, sondern an ihren Originalschauplatz in Griechenland gehörten. Das Publikum freilich, darunter mancher angehende Altertumsforscher und zukünftige Antikenjäger, kümmerte sich herzlich wenig um dieser Vorwürfe, sondern strömte ins Britische Museum, um die »Elgin Marbles«, wie man sie jetzt nannte, zu bestaunen; und vielen Besuchern wurde erstmals eine Ahnung davon zuteil, welch eine großartige Kultur die hellenische gewesen sein mußte, wenn sie solche Leistungen wie diese Skulpturen hervorzubringen imstande war. Ob es nicht die Mühe lohnte, schrieben Londoner Zeitungen Anfang des 19. Jahrhunderts, einige wissenschaftlich ausgebildete Männer auf den Kontinent zu entsenden, um nach weiteren Beweisen für die Existenz einer so glänzenden Kultur zu forschen.
Die Tür, die zu den Ruinenhügeln Mesopotamiens, zu den versunkenen Tempeln Griechenlands und zu den Schätzen des pharaonischen Ägypten führte, war endgültig aufgestoßen. Die Erben Herodots konnten damit beginnen, nach den Verstecken zu forschen, in denen sich die fundamentalen Beweise für einige Jahrtausende unserer Menschheitsgeschichte verbargen.

III
DER SOHN EINES FLICKSCHUSTERS ZEIGT DIE RICHTUNG

Der eine Schauplatz ist vom anderen mehr als fünfzehnhundert Kilometer entfernt; das verursacht Unterschiede, die man nur dann wirklich nachempfinden kann, wenn man beide Schauplätze möglichst hintereinander aufsucht: das preußische Stendal am Ostrand der sogenannten Altmark und Pompei, die weltberühmte Ruinenstätte an der neapolitanischen Küste. Einmal im Winter das krachende Elbeis, denn der Strom fließt nicht weit von Stendal nach Norden; das Blasen des Ostwindes, die klamme Kälte unter einem verhangenen Himmel, der auch im Sommer nicht wie ein Himmel aussieht, sondern wie ein dünnes, löchriges Fell mit abgestumpftem, abgewetztem Blaugrau oder Taubengrau. Und im Gegensatz dazu das Aufdringliche einer Landschaft, die flirrt und glüht, ein schamloses Kokettieren mit der Fruchtbarkeit südländischer Natur. Das eine ist strenges preußisches Land, ein wenig melancholisch, flach unter offenen Horizonten. Das andere liegt eingebettet in eine landschaftliche Fleischlichkeit, der etwas Monströses anhaftet, und der Himmel ist wie ein Plakat mit knalligen Farben. Stendal, die Kreisstadt, liegt an der trübfarbenen Uchte, wie der Fluß heißt, der parallel zur Elbe und dünn, eingefärbt von den Abwässern irgendwelcher Industrien, die man nicht sieht, sondern nur riecht, nach Norden zieht, der auch die kleine Ortschaft Seehausen durchquert, wo der Sohn eines Schusters als Aushilfslehrer tätig sein durfte. Stendal also war damals, 1717, als Johann Joachim Winckelmann als Sohn eines bitterarmen Flickschusters und Gelegenheitsarbeiters zur Welt kam, ein armes Nest, halb elendes Preußendorf, halb städtische Siedlung mit einem gefrorenen Blick über die Elbufer hinweg nach Osten; und manchmal sah man dort durch den ständigen Nebel sogar die Sonne aufsteigen. Pompei war damals, 1717, noch nicht wiederentdeckt. Aber die Sonne feierte Triumphe auf den überwachsenen Höckern und Buckeln, unter denen die römische Stadt – oft nur einen halben Meter unter der dichten Grasnarbe – ihrer Auferstehung entgegensah.

Dieser andere Schauplatz, der für diese Erzählung von Bedeutung ist, heißt aber nicht nur Pompei; auch Herculaneum, einige Kilometer näher bei Neapel und direkt am Meer gelegen, heute eine tiefe Grube voll antiker Raritäten, ein dem steinharten Schlamm entrissenes Schaustück römischer Zivilisation, auf das die Nachkommen der Römer von den Fenstern der umstehenden Häuser eher gleichgültig hinabblicken, auch Herculaneum, mitten in der neapolitanischen Vorstadt Resina, wo man heute wie seit Jahrzehnten vom Schmuggel mit Zigaretten lebt, ist wichtig für diese Geschichte. Aber beginnen wir mit Pompei: Als Kinder sind wir manchmal von Neapel hinausgefahren und dann über das verfilzte Gelände, das sich zum Vesuv hin dehnt und darunter sich noch immer ein Rest der verschütteten Stadt verbirgt, bis ins Zentrum der Ausgrabungen vorgedrungen, wo wir, die günstigste Gelegenheit abwartend, in ein Haus mit erotischen Wandmalereien schlüpften. Ich habe nur eine verwischte Erinnerung daran; ich stolperte hinter den anderen, die mich um Kopfeslänge überragten, immer hinterdrein, an der Hand eines Luigi oder Pietro, der mich zerrte und antrieb; und wie wir das schafften, in das Kabinett mit den berüchtigten Bildern zu kommen, weiß ich auch nicht mehr. Aber meine Erinnerung an diese Malerei, die ich kichernd anglotzte, weil auch alle anderen kichernd glotzten, ist ziemlich genau. Und dann die Schläge der Sonne, wenn man nach draußen trat! Der leicht narkotisierende Geruch nach erkalteter Asche. Die Pinien und Kiefern, in deren Schatten man atemlos zusah, wie sich gewisse Figuren, die man kannte und respektvoll fürchtete, an die Touristen heranmachten. Und im Hintergrund die dunkle Wand des Vesuv, aus der es damals noch dünn und stetig qualmte; wenn man in Pompei steht und den Vesuv anblickt, sieht man ja weniger den Berg als eigentlich eine bewaldete, macchiabedeckte Wand, die sich vor den Himmel schiebt; und daraus stieg etwas Rauch empor. Im Winter, wenn vom kobaltblauen Meer herein ein Geruch nach Feuchtigkeit drang und sich seitlich des Vesurs ein Platzregen abzeichnete, der dann eine der Bauernstädte im Hinterland von Neapel zehn Minuten lang überschütten würde, sah man den Rauch; bis 1944 sah man ihn immer. Im Sommer, in der dicken glasigen Luft, entdeckte man ihn hingegen kaum; man tat nur so, als ob man ihn sah, weil es einfach ganz selbstverständlich war, daß man ihn sah; und wenn ein Wetterumschwung kam, der mit einem Platzregen nicht abgetan war, roch man ihn auch. Es roch dann schwefelig, faulig; wie draußen auf den Phlegräischen Feldern, die, allerdings in entgegengesetzter Richtung, ungefähr gleich weit von Santa Lucia entfernt sind wie Pompei.

Ich trieb mich zwischen den Ruinen von Pompei herum, ohne mir darüber Gedanken zu machen; das waren einfach irgendwelche Häuser, die ein wenig seltsam aussahen; das waren Gassen zwischen diesen seltsamen Häusern, die genau dieselben Steinplatten hatten, wie man das von Vietri, meinem Geburtsort, und den meisten anderen kleinen Bauern- und Fischerdörfern her gewohnt war. Das war alles. Der Sohn eines Flickschusters aus der preußischen Altmark, der im kargen Heidekraut nach Urnen grub und Hünengräber suchte, die es tatsächlich in der Umgebung von Stendal gibt, wußte nichts von Pompei. Johann Joachim Winckelmann, der Preuße mit der empfindsamen Seele, ausgestattet mit einer Neugier, die Glück und Verhängnis zugleich bedeuten kann, machte sich auf den beschwerlichen Weg durch die Institutionen preußischer und später sächsischer Provinz, um mehr als bloß eine Ahnung von einer bürgerlichen Karriere zu haben. Aber das, was den Knaben und Jüngling, den Aushilfslehrer in Seehausen und den schlechtbezahlten Bibliothekar auf dem gräflichen Besitz von Bünau bei Dresden wirklich bewegt, hat nichts mit einer Karriere im üblichen Sinne zu tun.

In Seehausen sagt er desinteressierten Kindern das Alphabet vor und »betet zu Homer«; und auf dem mühsamen Weg nach Bünau, das für ihn ein Sprungbrett in die Welt der makellosen Schönheit antiker Kunst werden sollte, wünscht er sich nichts sehnlicher, als »zur Kenntnis des Schönen« zu gelangen. Was für ein kurioser Preuße! Und homophil war er außerdem.
Von Pompei gab es damals, wie gesagt, noch kaum mehr als einen vagen Verdacht. Man hätte sich allerdings nur die Kopien altrömischer Straßenkarten anzusehen brauchen, um in Verbindung mit der Lektüre antiker Autoren ganz genau zu wissen, wo diese verschüttete Stadt tatsächlich lang, die im August des Jahres 79 bei einem der gewaltigsten Vesuvausbrüche der Geschichte gemeinsam mit Herculaneum und einigen kleineren Ansiedlungen zugrundegegangen war. In Wien zum Beispiel gab es eine solche Kopie, die sogenannte Peutingersche Tafel, die nach antiken Vorlagen angefertigt worden und in den Besitz des Augsburger Humanisten Peutinger gekommen war, ein wahres Prachtexemplar von einer römischen Straßenkarte, eine Art Generalstabskarte sogar, auf der nicht nur alle Orte, sondern auch die Entfernungen dazwischen eingetragen waren. Aber das alles nützte nichts. Es sah niemand nach, es verglich niemand dieses mit jenem, es interessierte sich niemand dafür. Pompei blieb vergessen. Lediglich die Bauern dieser Gegend vermuteten etwas. Sie nannten das Gelände, das sich voll üppiger Vegetation über die versunkenen Ruinen dehnte, einfach »Civita« oder »La Città«, die Stadt. Und mancher fand auch etwas, einen schönen Marmorstein zum Beispiel; aber den verwendete man stillschweigend als Baumaterial.
Freilich, schon 1488 erwähnte ein Gelehrter die versunkenen Städte, 1502 ein anderer, und 1551 kam Leandro Alberti in seiner umfangreichen *Beschreibung Italiens* gleichfalls darauf zu sprechen. Aber nicht einmal der Bau einer Wasserleitung, die Ende des 17. Jahrhunderts quer durch das Gebiet von Pompei verlegt wurde, führte zur Entdeckung der römischen

Stadt. Es waren wohl gewisse Funde gemacht worden, man hatte auch jahrelang mehr oder minder willkürlich und planlos Stollen in die Tiefe vorangetrieben; und in Neapel wurde jetzt schon ganz offenherzig davon geredet, daß man demnächst »Paläste aus purem Silber« aus dem Boden holen werde; aber wirklich geschehen ist nichts. Dabei hatte 1693 der neapolitanische Gelehrte Giuseppe Macrini nach einer ausführlichen Untersuchung des »Civita« genannten Hügels erklärt, daß man bloß zu graben brauche, um Pompei zu finden. Er habe mit eigenen Augen »ganze Häuser, Säulen und Ruinen« gesehen, sagte Macrini, ohne mehr zu erreichen als den Beifall römischer und das hämische Gelächter neapolitanischer Gelehrter. Außerdem kam es in dieser Zeit zu einschneidenden Veränderungen im Leben Neapels, das plötzlich wie ganz Süditalien von Vizekönigen regiert und von österreichischen Kavallerieregimentern besetzt wurde. Ein Obrist Emanuel Moritz von Lothringen, Prinz d'Elboef, ein entfernter Verwandter des Prinzen Eugen, befand sich beispielsweise unter den Offizieren, die im Sommer 1707 in Neapel an der Spitze ihrer Soldaten einmarschierten. Von welch enormer Bedeutung das Auftauchen dieses Herrn d'Elboef wirklich war, sollte sich bald herausstellen. Mit Pompei allerdings, dessen ungefähre Existenz zumindest den Einheimischen bekannt war und von dem man eigentlich annehmen mußte, daß es nur noch eine geringfügige Anstrengung brauchte, um es aus seiner Vergessenheit zurückzuholen, mit Pompei würde die überraschende archäologische Karriere des österreichischen Reiteroffiziers nichts zu tun haben.
In jener Zeit, also nach 1707, vermutlich um das Jahre 1710, arbeitete ein Bauer aus Resina, einer pittoresken Vorstadt Neapels, an seinem Brunnen; das war nichts Besonderes, denn öffentliche Wasserleitungen gab es damals nur wenige; und oft genug blieben die winterlichen Regenfälle hinter den Erwartungen zurück, was bedeutete, daß der Grundwasserspiegel absank und man die Brunnenschächte um ein paar Meter vertiefen mußte. Und genau das tat der Bauer Noceri-

no, bis er eines Tages während seiner Arbeit auf kostbare Marmorblöcke stieß. Nocerino scheint ein praktisch veranlagter Mann gewesen zu sein, denn er verkaufte umgehend die schönsten Stücke, die er nach und nach aus der Tiefe seines Brunnenschachtes förderte. Abnehmer war ein sogenannter Marmoraro; das ist eine Art Steinehändler, der besonders ansehnliche Steine für öffentliche Brunnenanlagen oder Heiligenstatuen suchte und stets gut bezahlte. Und hier stoßen wir auch wieder auf den österreichischen Kavallerieoffizier d'Elboef, der, weil er zu heiraten beabsichtigte, ein ufernahes Stück Land kaufen wollte, um darauf ein Haus zu errichten. Zu diesem Zweck hatte er sich aus Frankreich auch einen Spezialisten geholt, der aus pulverisierten Steinen Porzellankitt herzustellen verstand, aus dem man einen marmorähnlichen und sehr widerstandsfähigen Stuck formen konnte. Eines kam zum anderen, bald stieß man auf der Suche nach besonders brauchbaren Steinen auf den Marmoraro und damit auf den Bauer Nocerino, der eine ganze Ladung solcher Mamorblöcke anzubieten hatte. Und d'Elboef, der gewiß kein Dummkopf war, ahnte sogleich die ungefähre Identität dieser Stücke; kurzentschlossen kaufte er dem Bauern das Land mit dem darauf befindlichen Brunnen ab und begann auf eigene Faust in die Tiefe zu graben.

Es würde nun zu weit führen, alle die grotesken Mißverständnisse, Irrtümer, Fehlspekulationen aufzuzählen, die im Zusammenhang mit der Auffindung Herculaneums passierten; denn Herculaneum war es, das unter dem Grundstück lag, das d'Elboef so spontan gekauft hatte. Er selbst hatte freilich lange Zeit keine Ahnung davon, sondern war einfach überglücklich, als seine Arbeiter aus dem steinhart zusammengepreßten Gestein der ehemaligen Schlammströme, die im Jahre 79 vom Vesuv herab und dem Meer entgegengeflossen waren, unter ziemlichen Mühen drei prachtvolle Statuen zutage förderten, drei Frauengestalten, die überlebensgroß waren und deren makellose Schönheit auch einen Reitergeneral – d'Elboef war inzwischen avanciert – zu entzücken vermochte; dies um so mehr, als er sich dadurch imstande sah, seinem entfernten Verwandten und Oberstkommandierenden, dem Prinzen Eugen zu Wien, ein respektables Präsent zu machen, was man nicht gerade als Bestechung, aber doch wohl als eine ziemlich übertriebene Liebenswürdigkeit betrachten könnte. Und tatsächlich gelang es d'Elboef, in einer der umständlichsten und dubiosesten Aktionen, die jemals in Verbindung mit archäologischen Fundstücken vorgekommen sind, die drei Statuen in aller Heimlichkeit aus Neapel hinaus und zuerst nach Rom, wo man sie restaurierte, und dann weiter über Ancona und Triest bis nach Wien zu bringen. Prinz Eugen, der bekanntlich nicht nur als Feldherr, sondern auch als Kunstsammler einen internationalen Ruf besaß, war so angetan von diesem kostbaren Geschenk, daß er sogleich einen eigenen Saal für die drei antiken Statuen errichten ließ, damit diese vom kunstinteressierten Publikum der Kaiserstadt bestaunt werden konnten. Man wußte zwar nicht genau, woher diese Figuren, die man »die drei Vestalinnen« nannte, eigentlich stammten, aber man war beeindruckt von ihrer Schönheit.

Diese Geschichte geht noch weiter, so merkwürdig und gegen alle Vernunft gerichtet, wie solche Geschichten wahrscheinlich sein müssen, damit sie letztlich doch noch glaubhaft werden. In Resina grub man unverdrossen weiter, fand man immer neue Stücke von auserlesener Schönheit, an denen auch der spanische Bourbone Don Carlos, der von den europäischen Großmächten jetzt als König beider Sizilien bestätigt war, höchstes Interesse zeigte, bis man im Dezember 1738 durch eine aufgefundene Inschrift den Namen der Ansiedlung entdeckte, die man da mehr schlecht als recht – die Archäologie steckte noch in den Kinderschuhen, begann jetzt erst eine praktikable Wissenschaft zu werden – aus den erstarrten Lavamassen heraushämmerte. Es war Herculaneum.

Und in Wien, wo 1736 Prinz Eugen starb, ohne einen seriösen Erben hinterlassen zu haben, verschleuderte eine habgierige Zufallserbin unter anderem auch die Kunstsammlung des

Prinzen. Die drei antiken Statuen zum Beispiel erwarb der Kurfürst von Sachsen – Friedrich August II., als polnischer König später August III. –, der sie seiner sehenswerten Kunstsammlung in Dresden einverleibte. Und hier stoßen wir wieder auf Johann Joachim Winckelmann, der gegen den Wunsch seines Vaters Lehrer geworden war und ein Gelehrter zu werden versuchte, der vom preußischen Stendal über Seehausen nach Bünau bei Dresden gekommen war und dessen vorerst noch instinktive Sehnsucht nach klassischer Schönheit eine erste Entsprechung erfuhr, als er die Statuen aus der Erbschaft des Prinzen Eugen zu sehen bekam. Jahre später würde er einmal sagen: »Es verdient der Welt bekanntgemacht zu werden, daß diese drei göttlichen Stücke die ersten Spuren gezeigt haben zur nachfolgenden Entdeckung der unterirdischen Schätze von Herculaneum.« – Damit die Geschichte gänzlich abgerundet wird, muß man noch erwähnen, daß die Frau jenes Don Carlos, der jetzt über Neapel herrschte, eine Tochter des sächsischen Kurfürsten war; und daß Ansuchen um ein Stipendium nach Italien allein schon deshalb meist erfolgreich waren. Freilich gab es da noch die Schwierigkeit der konfessionellen Frage; nur Katholiken konnten damit rechnen, in den innersten Kreis römischer Gelehrsamkeit und als bezahlte Mitarbeiter an den Vatikanischen Sammlungen und Bibliotheken aufgenommen zu werden. Und Winckelmann war Protestant. Aber das, so war er überzeugt, sollte die geringste Hürde sein, die es zu überspringen galt.

In Neapel, und zwar vorerst einmal in Zusammenhang mit Herculaneum, spielte sich inzwischen eine Komödie ab, die der venezianischen Commedia dell'arte eines Goldoni würdig gewesen wäre. Da war einmal der König, Don Carlos, über den man heute meist Ärgerliches, ja Schlechtes lesen kann und der doch die treibende Kraft, der politische und materielle Mäzen war, der die Ausgrabungen überhaupt erst ermöglichte. Es ist richtig, daß er wie ein eifersüchtiger Liebhaber die Funde von Resina vor aller Welt verbarg und daß er noch zu einem Zeitpunkt, da Neapel bereits über die schönste und reichhaltigste Antikensammlung der Welt verfügte, diese mit einer an Hysterie grenzenden Aufgebrachtheit vor den neugierigen Augen eben dieser Welt zu verbergen suchte. Aber er war weder ein Dummkopf, wie viele Autoren behaupten – schließlich hatte ein Mann wie d'Elboef bewiesen, wie verhältnismäßig einfach es war, kostbare Funde außer Landes zu schaffen –, noch war der König, wie heute gern angenommen wird, ein despotisches Ungeheuer. Im Gegenteil! Seine leutselige Gutgläubigkeit ermöglichte es den meisten halsbrecherischen Figuren, die nun rund um Herculaneum auftauchten, überhaupt erst auf eine Art und Weise in Erscheinung zu treten, die ihnen sowohl einkommensmäßig als auch für das, was sie als ihre wissenschaftliche Tätigkeit betrachteten, überaus nützlich war; und das wiederum sollte sich mehr als einmal verhängnisvoll für den Fortgang der Grabungen erweisen. Allerdings muß man auch hier der Entrüstung heutiger Autoren erwidern, die auf dieser bizarren Bühne von Resina und später auch von Pompei außer Schurken und fragwürdigen Kreaturen, denen die Sache nichts und der eigene Vorteil alles bedeutete, kein anderes, charakterlich besseres Personal erkennen wollen, daß damals in den dreißiger und vierziger Jahren des 18. Jahrhunderts kein Mensch wirklich wußte, wie man archäologisch sachgerecht vorgeht. Es war nicht allein die Besitzgier des Königs, die kostbare Funde zerstörte; es war nicht nur die verhängnisvolle Planlosigkeit dieser dilettierenden Archäologen und erbarmungswürdigen Historiker, die gelegentlich fast den Ruin der Ausgrabungen herbeiführte; es war rundum und schlichtweg eine allgemeine Unvernunft und Unwissenheit, potenziert durch die neapolitanische Lust am Intrigieren, was diese ganze Angelegenheit zur tragikomischen Farce werden ließ.

Die Männer, die jetzt Herculaneum aus der Tiefe der erstarrten Lavamassen stückweise herausbrechen mußten, waren keine ausgebildeten Archäologen, sondern Soldaten, Bauern und Handlanger. Die Gelehrten, die sich wichtigtuerisch über die Funde beugten und in einer »herkulaneischen Akademie« ihren fragwürdigen Geist sprühen ließen, entpuppten sich mitunter als erschreckende Karikaturen dessen, was sie zu sein vorgaben. Da gab es einen sogenannten Bildhauer namens Canart, der vom König persönlich als Restaurator und künstlerischer Leiter der Ausgrabungen bestellt worden war und dessen vornehmste Leistung darin bestand, daß er regelmäßig Verwirrung stiftete und wertvolle Funde systematisch zerstörte. Da gab es einen Monsignore Ottavio Antonio Bayardi, einen alten eitlen Laffen, gebürtig aus Parma, den auch der Priesterrock nicht daran hinderte, ein unverschämter Lügner zu sein; gefährlicher war noch, daß er auch ein notorischer Dummkopf zu sein schien; er war von Don Carlos dazu bestellt worden – allerdings, wie man zur Ehrenrettung des Königs sagen muß, auf Betreiben seines Ministerpräsidenten, der ein Verwandter des unseligen Bayardi war –, um eine wissenschaftliche Darstellung der Funde zu schreiben. Da gab es einen gewissen Martorelli, der auf einigen hundert Seiten ein antikes Tintenfaß beschrieb, das man in der römischen Bibliothek von Herculaneum gefunden hatte, und der nun schlüssig nachzuweisen suchte, daß die Römer nicht Schriftrollen, sondern viereckige Bücher besessen haben mußten. Da gab es einen unfähigen, aber dafür bösartigen Scharlatan namens Antonio Piaggi, der ein Jesuit und Kustos der Vatikanischen Bibliothek war und der dem König eingeredet hatte, er habe eine Maschine, einen Apparat erfunden, womit man die verkohlten, zusammengepreßten Schriftrollen, die man in der herkulaneischen Bibliothek gefunden hatte, mühelos lösen konnte. Es ist überflüssig zu sagen, daß dieser mysteriöse Apparat so gut wie wertlos war, daß er genausowenig leistete wie Bayardi oder Canart. Allerdings sollte der Jesuit Piaggi sehr bald zur zweiten Hauptfigur dieser Geschichte aufrücken, denn »er beeinflußte Winckelmann in höchst einseitiger und gehässiger Weise gegen alle Beteiligten«, wie Egon Cäsar Conte Corti in seinem Buch über Pompei das Problem auf die kürzeste und prägnanteste Formel gebracht hat.

Wie ging die Sache am Golf von Neapel eigentlich weiter? Der König hatte als technischer Leiter der Ausgrabungen einen spanischen Offizier nach Herculaneum abkommandiert, einen Pionier-Oberst namens Alcubierre, der hervorragend in diese Kompanie halbverrückter, eitler und schmarotzerischer Figuren paßte, die da auf Kosten des ahnungslosen Don Carlos Archäologie betrieben; oder eigentlich das, was sie sich darunter vorstellten. Das einzige Verdienst des Herrn Alcubierre war, daß er erstens immer wieder unverschämtes Glück und zweitens in der Person seines Stellvertreters, des Schweizer Ingenieurs Karl Weber, einen umsichtigen Systematiker gefunden hatte, der alsbald eine vernünftige Methode zu entwickeln begann, antike Funde sorgfältig freizulegen. In Herculaneum selbst war man Mitte der vierziger Jahre an einem toten Punkt angelangt. Man hatte viel und Prachtvolles gefunden. Aber nun schien es, als ob eine Atempause vonnöten wäre. In dieser Situation erwies es sich als vorteilhaft, daß die alten, nie gänzlich verstummten Gerüchte über das Gelände namens »La Città«, also über Pompei, wieder in Umlauf kamen. Auch der Pionier-Oberst Alcubierre drängte auf eine Verlegung des Schauplatzes. Don Carlos war einverstanden und erklärte sich bereit, die Kosten dafür zu übernehmen. Am 23. März 1748 gab er den Befehl, mit Grabungen entlang jener Wasserleitung zu beginnen, die einige Jahrzehnte vorher im Gebiet von Pompei angelegt worden war. Am 1. April 1748 begannen zwölf angeworbene Landarbeiter mit der Arbeit; eine Woche später kamen zwölf Schwerverbrecher, die zu Zwangsarbeit verurteilt worden waren, dazu. Und am 19. April 1748 stieß man auf den ersten Toten, dessen erstarrten Händen im Augenblick seines qualvollen Sterbens eine größere Anzahl von Gold- und Silbermünzen entglitten sein mußte. Jedenfalls lagen die Geldstücke ganz in der Nähe des Skeletts, das auch nach so vielen Jahrhunderten von der Qual erzählte, die der Erstickungstod verursacht hatte.

Und von Norden her, aus Preußen, Sachsen und Rom, kam Winckelmann jetzt in Eilmärschen, nachdem er seine preußische Herkunft fast abgeschüttelt, das sächsische Intermezzo beinahe vergessen und nunmehr sogar die katholische Religion angenommen, also die protestantische abgelegt hatte; leichten Herzens, wie wir annehmen dürfen, denn einem König ist sein Königreich immer eine Messe wert; und Winckelmann war auf dem besten Wege, in seinem Reich ein König zu werden. Er ahnte oder wußte es schon, wenngleich noch nicht in exakt formulierbarer Form, daß Schönheit etwas sein kann, das auf die Seele einwirkt; er hatte begriffen, daß es die Mühe lohnt, gründlich darüber nachzudenken, weshalb ein Kunstwerk einfach schön und anmutig sei und woraus eigentlich die ästhetischen Grundlagen aller Kunst bestünden. Er war ein haltloser Schwärmer, dieser Sohn eines preußischen Schuhflickers, ein allzu begeisterungsfähiges Temperament, das in einer höchst sonderbaren, ja unglücklich konstruierten Hülle steckte; aber er war auf dem richtigen Weg. Er würde seine atemberaubenden Theorien mit der Praxis vereinen. Er würde ein hervorragender Schriftsteller sein, dessen ästhetische Betrachtungsweise das Kunstverständnis seiner Epoche um eine neue Dimension erweitern sollte. Und er würde der erste und glänzendste, phantasievollste Beschreiber archäologischer Ausgrabungen sein. Er war, um mit Goethe zu sprechen, in der Tat ein vorzüglich begünstigter Mann, obgleich man andererseits nicht das Ärmliche seiner Verhältnisse, das Doppelbödige seiner Natur übersehen darf.

Jetzt, da auch in Pompei Neugier und Beutegier endgültig die hauptsächlichen Beweggründe waren – nachdem man jenen ersten Toten mit den Gold- und Silberstücken entdeckt hatte –, da der Schweizer Ingenieur Karl Weber vergeblich etwas Ordnung in das süditalienische Chaos zu bringen versuchte, da Monsignore Bayardi bereits mehr als zweitausend Seiten mit nichtssagenden Phrasen gefüllt und der Jesuit Antonio Piaggi verbittert und böse an seiner Maschine hantiert und so gut wie nichts erreicht hatte – in vierjähriger Arbeit wickelte er ganze drei Schriftrollen auf, was eine unglaublich dürftige Leistung sogar für neapolitanische Verhältnisse war –, jetzt, um das Jahr 1756, kam Winckelmann, der frischgetaufte Katholik nach Neapel. Zwei Jahre hatte er mit kurfürstlichem Freigeld in Rom zugebracht, hatte er in kurzer Zeit sich grundlegende Kenntnisse antiker Bildwerke angeeignet, war er von der »edlen Einfalt und stillen Größe« der altgriechischen Kunst tief beeindruckt. Aus Dresden hatte er den Auftrag erhalten, Nachrichten aus erster Hand über das neuentdeckte Herculaneum zu liefern, das in jenen Jahren bevorzugter Gesprächsstoff an den europäischen Fürstenhöfen war, gerade weil Don Carlos so eifersüchtig darüber wachte, daß niemand seine antiken Schätze zu sehen bekam. Und das war auch die Barriere, an der Winckelmann vorerst zu scheitern drohte; dazu die notorische Eifersucht und Mißgunst der neapolitanischen Gelehrten, der Mitglieder jener unseligen »herkulaneischen Akademie«; dazu die Intrigen und Querschüsse und, man muß es sagen, Winckelmanns Angriffsflächen, die er den neapolitanischen Lemuren immer wieder bot.

Winckelmann versuchte alles, um an Ort und Stelle wenigstens einen einzigen Blick auf die Schätze zu werfen, die man in Herculaneum und jetzt wieder in Pompei aus der Tiefe der erstarrten Lavaströme, der überwachsenen Aschehaufen hervorgeholt hatte. Aber trotz aller Empfehlungen und Einführungsbriefe war es schon ungemein schwierig, eine Audienz bei Hofe zu erreichen; Gerüchte diskreditierten den Preußen als Spion und Antikenjäger, bevor er überhaupt noch einen Beweis für seine Harmlosigkeit erbringen konnte. Und als man ihn doch einige Male zur sogenannten Hoftafel zugezogen hatte, die nichts weiter war als ein »öffentliches 2. Frühstück«, bei welchem Bittsteller, Hofschranzen und Minister ihre Auftritte hatten, wurde ihm zwar mit dem Datum vom 27. Februar 1758 die königliche Erlaubnis erteilt, diesen langersehnten Blick in das Museum und auf den ersten Band des von Bayardi erstellten Kataloges mit den Grabungsergebnissen zu werfen, zugleich aber mußte er nahezu an Eides Statt versichern, weder eine Zeichnung noch sonst irgendein Protokoll über das Gesehene anzufertigen. Die archäologischen Funde, die man in den letzten Jahren gemacht hatte, waren tatsächlich das uneingeschränkte Privateigentum des Königs. Das waren natürlich unannehmbare Bedingungen, demütigend selbst für einen weniger empfindsamen Charakter. Und da traf es sich ganz gut, daß Winckelmann mit dem am meisten verachteten Figuranten dieser neapolitanischen Komödie, mit Antonio Piaggi fast so etwas wie Freundschaft schloß. Vielleicht war es sogar mehr als bloß die gegenseitige Anteilnahme zweier Männer, die ein ähnliches Schicksal am Rande der archäologischen Ereignisse erdulden mußten; aber das hat uns hier nicht zu interessieren. Unzweifelhaft ist jedenfalls, daß der Preuße bald täglicher Besucher bei Piaggi wird und daß der römische Jesuit dem Gast und Freund aus dem Norden alles, aber auch wirklich alles, über Herculaneum und Pompei, über die Ausgräber und ihre haarsträubenden Fehler, über die Funde und ihre Eigenarten erzählt. Winckelmann beginnt Pompei und Herculaneum, die Funde daraus, die Ausgräber, die Initiatoren und Nutznießer der Ausgrabungen mit den jesuitischen Augen seines Genossen kennenzulernen, der nur noch zynisch und giftig die ganze Angelegenheit schmäht, der nur noch, während er allmählich an seiner Papyrus-Entflechtungsmaschine verzweifelt, in der widerwärtigsten und freilich auch beeindruckendsten Art und Weise von seinem höchsten Auftraggeber, dem König, von seinen Konkurrenten, den Gelehrten, redet, während er zugleich die einzelnen Funde beschreibt und seinen Kommentar dazu abgibt. Piaggi beeinflußt Winckelmann, ohne daß dieser es wahrnimmt. Mancher Irrtum, den der Gelehrte aus Preußen nicht verhindern konnte, manche Fälschung, der er erlag, dürften auf das Konto dieser ständigen jesuitischen Beeinflussung gehen. Egon Cäsar Conte Corti, dessen Buch über die Geschichte der beiden versunkenen und wiederentdeckten römischen Städte schon einen Autor wie Ceram dazu animiert hatte, unter dem Titel *Götter, Gräber und Gelehrte* einen Roman der Archäologie zu schreiben, notierte einmal: »Winckelmann ließ sich von Piaggi zu stark einnehmen; er ging häufig in das Museum, das ihm aber einen viel größeren Eindruck hätte machen müssen, als er dann in seinem Bericht darüber erkennen ließ. Das alles, was er sah, hätte zu mehr Achtung für die Ausgrabenden mahnen müssen.« – Und gerade das, nämlich Achtung, Respekt oder gar Zuneigung, war es nicht, was Winckelmanns *Sendschreiben* auszeichnete, die in den folgenden Jahren an den Fürstenhöfen Europas zirkulierten und ungeheures Aufsehen erregten.

Das erste dieser *Sendschreiben* erschien 1762 und stieß sogleich auf allergrößtes Interesse, weil zu diesem Zeitpunkt in Wien, Paris, London, Dresden alles, was mit den neapolitanischen Ausgrabungen zusammenhing, als die aktuellste Sensation betrachtet und begierig verschlungen wurde. Dabei war Winckelmann in dieser ersten Arbeit, die sich nicht mit Aufzeichnungen begnügte, sondern die bereits eine ästhetisch-kritische Durchdringung und Erfassung antiker Kunst versuchte, noch fest davon überzeugt, daß es nicht Pompei gewesen sei, das man entdeckt hatte, sondern das ungleich kleinere und weniger bedeutungsvolle Stabiae. Das kann man ihm freilich weniger zum Vorwurf machen als eine andere, ziemlich peinliche Geschichte, die ihm mit einem Bruder des legendären Casanova widerfahren ist, denn einen unmißverständlichen Hinweis darauf, daß es sich bei der zweiten Ausgrabungsstätte wirklich um Pompei handelt, gab es erst am 16. August 1763, als man eine Statue aus weißem Marmor und daneben den dazugehörenden Sockel fand, auf dem der Name Pompeis eingraviert war. Und was die Geschichte mit dem Bruder Casanovas angeht, mit Giovanni Battista Casanova also, der ein glänzender und vielbeschäftigter Zeichner und zugleich ein Erzgauner war, so war er für Winckelmann als Illustrator tätig und schwindelte diesem ei-

I *Herodot,* ca. 490–420 v. Chr. (Marmorbüste, Museo Nazionale, Neapel)

II *Johann Joachim Winckelmann*, 1717–1768
(Stich nach einem Gemälde von Anton Maron)

gene Zeichnungen als Illustrationen römischer Wandmalereien unter. Winckelmann fiel auf die Komödie nicht nur herein, sondern beschrieb auch noch Casanovas Illustrationen mit beredten Worten als exemplarische Beispiele römischer Wandmalereien, wie sie in Pompei zu Dutzenden von den Wänden der ausgegrabenen Häuser gelöst und hier kongenial wiedergegeben worden seien. Erheiternd an der Sache war auch, daß Giovanni Battista Casanova irgendwelcher Wechselgeschichten wegen Rom fluchtartig verlassen mußte. Er ging nach Dresden, wurde dort Professor an der Akademie der Bildenden Künste und war, alles in allem, ein hochgeehrter Mann.

Winckelmann erging es weniger gut. Sein zweites *Sendschreiben,* 1764 erschienen und einem Herrn Heinrich Füßli in Zürich zugeeignet, annoncierte die jüngste Ausgrabungsstätte zwar endgültig als Pompei und wies auch mit allem Nachdruck darauf hin, daß die Überlebenden der Katastrophe vom Jahre 79 einige Tage oder Wochen nach der Vernichtung ihrer Stadt zurückgekehrt seien und versucht hätten, zu retten, was noch zu retten war; aber zugleich wehte auch diesmal wieder der Geist des mißgünstigen Jesuiten Piaggi durch die Seiten dieses Essays, gab es böse Angriffe gegen die herkulaneische Akademie und andere giftige Attacken gegen die neapolitanischen Zustände. Dieses *Sendschreiben,* das wieder in deutscher Sprache abgefaßt und in winziger Auflage erschienen war, fiel ausgerechnet einem leidenschaftlichen Liebhaber antiker Kultur, einem gewissen Claude Philippe Graf von Caylus, in die Hände, einem Mann also, der ohnedies darüber ergrimmt war, daß man am neapolitanischen Königshof mit beispielloser Selbstherrlichkeit die antiken Kostbarkeiten dem neugierigen und berechtigten Interesse der Allgemeinheit entzog. Und während ich das jetzt erwähne, fällt mir wieder Manolis Andronikos ein, der Ausgräber von Vergina, der Könige und Präsidenten durch den Erdhügel mit den makedonischen Fürstengräbern geleitete, aber die Einwohner des Dorfes durch Stacheldraht und Polizisten davon fernzuhalten verstand. Es wiederholt sich also auch im Umfeld der Archäologie manches. Und was jenen Herrn von Caylus angeht, so übersetzte er das Winckelmann'sche *Sendschreiben* ins Französische und ließ eine große Auflage davon drucken und verteilen. Es dauerte nicht lange, bis man auch in Neapel davon Kenntnis erhielt und erwartungsgemäß in schrille Entrüstung ausbrach. Das Gift des Papyrus-Aufrollers Piaggi, des hauptsächlichen Informanten Winckelmanns, der ja lange Zeit nicht einmal an die Ausgrabungsplätze in Herculaneum und Pompei durfte, der die Museumswächter des Königs bestechen mußte, damit sie ihm einen heimlichen Blick auf neue Funde erlaubten, und der, als er dann endlich sowohl in Herculaneum als auch in Pompei für kurze Augenblicke bei den Grabungen anwesend sein konnte, schon bis zur Verbitterung voreingenommen gegen diese neapolitanischen Zustände war, das Gift des Informanten Piaggi also wirkte so, wie Denunziationen, die der Wahrheit nahekommen, ohne jedoch insgesamt wahr zu sein, immer wirken. Winckelmann war in gewissen Kreisen Neapels der meistgehaßte Mann, was freilich verständlich wird, wenn man den spöttischen Tonfall kennt, mit dem er die neapolitanischen Gelehrten abkanzelte, wenn man den Hohn berücksichtigt, mit dem er diese ganze Gesellschaft überhäufte. Er wurde vorerst einmal zur Unperson, zur Persona non grat, erklärt; und es schien nur vernünftig, daß er aufgrund dringender Arbeiten und Veröffentlichungen – denn er war jetzt zweifellos ein berühmter Mann – eine längere Reise nach Norden antrat. Danach, 1768, würde er nach Italien zurückkehren und seine Beobachtungen wieder aufnehmen. Aber 1768 war Winckelmanns Todesjahr.

In Pompei und Herculaneum selbst erinnert, soweit ich mir im Augenblick und gewissermaßen vom Schreibtisch aus ein Bild davon machen kann, nichts an den Sohn eines preußischen Schuhflickers; und sollte es eine Porträtbüste oder eine Ehrentafel geben, so ist sie gut genug versteckt, damit man nicht allzu leicht auf sie stößt. Ich war zuletzt im Winter 1979 an den beiden Schauplätzen, und ich weiß noch, wie unbehaglich mir war, als ich in die tiefe Grube von Herculaneum hinabstieg. Der Himmel war ein graues Nichts, das voll Regen steckte; auf dem Meer schoben durcheinanderschießende Winde das bleifarbene bis graugrüne Wasser vor sich her; und hier in Herculaneum stieg ich durch Wasserpfützen, durch aufgeweichtes Erdreich, um ein paar Blicke auf Dinge zu werfen, die mich in jenen Augenblicken weniger interessierten als das dumpfe böse Leben hinter den verwitterten Mauern der Häuser, die oberhalb der Grube standen, die diese archäologische Grube mit kalter Gleichgültigkeit umringten. In Pompei, damals am gleichen Tag, war es einer dieser Platzregen gewesen, die heftig lärmen und ins Geäst der Bäume schlagen und die Erde in Sekundenschnelle in einen schmutzigen Brei verwandeln, der mich mehr als eine halbe Stunde lang in einem der ausgegrabenen Häuser bei den Toten festgehalten hatte, deren in Kunstharz und Beton gegossene Überreste noch in der Position sind, in der sie vor genau neunzehnhundert Jahren auf der Flucht vor dem Tod überrascht worden waren. Draußen rauschte das Wasser vom Himmel; hier im Zwielicht krochen diese scheinbar festgefrorenen Schatten über den Boden. Und jetzt in Herculaneum begann es wieder zu regnen, überfallartig und mit anfangs raschelndem, später kräftig pochendem Geräusch. Ich stand wieder in einem altrömischen Wohnhaus und blickte eher mißmutig auf eine schmale Gasse hinaus, die übergangslos an der harten Steinwand endete, hinter der, fünfzehn, zwanzig Meter höher, das heutige Resina lebt; aber das sah ich natürlich von meiner Position aus nicht. Ich sah nur, wie sich die Wasserpfützen noch mehr füllten; ich roch den Moder der Vergangenheit; und ich fror, obgleich es in diesem Winter nicht wirklich kalt war in Neapel. Und da geschah es, in Herculaneum, in diesem Wohnhaus, das die Ausgräber den steinharten Lavamassen entrissen hatten, daß ich plötzlich an Winckelmann dachte, an seine geniale Fähigkeit, das Wesen antiker Kunst zu interpretieren. Was für eine komische Situation! Er, der den ersten ordentlichen, auch kritischen und stets ordnenden, auf vernünftige Weise katalogisierenden und damit professionellen Grabungsbericht in der Geschichte der Archäologie geschrieben hatte, war von diesen Schauplätzen hier lange Zeit ausgeschlossen gewesen. Er hätte ein Vermögen dafür ausgegeben, an einem regnerischen Wintertag zuerst in Pompei und dann in Herculaneum schutzsuchend vor diesem neapolitanischen Sturzregen in altrömische Häuser flüchten zu dürfen. Und ich, dem beide Schauplätze wie jedem Touristen offenstanden, trat von einem Fuß auf den anderen, hatte diese Besuche mehr aus Pflichtgefühl als aus Begeisterung gemacht und war an jenem Tag nicht einmal in der Laune gewesen, den antiken Gegenständen, die mich umgaben, eine tiefergehende Aufmerksamkeit zu schenken. Winckelmann würde mich für mein Verhalten verachtet haben. Ich hätte ihm sagen müssen, denke ich mir heute, daß ich möglicherweise schon zu oft und auch zu selbstverständlich an diesen beiden Schauplätzen seiner Sehnsucht gewesen war, um auch nur annähernd so empfinden zu können wie er. Ich hätte ihm erklären müssen, denke ich mir, daß der Mensch des 20. Jahrhunderts, dem Bildung etwas ganz und gar Selbstverständliches ist, nicht verglichen werden kann mit einem bildungshungrigen Geschöpf aus dem 18. Jahrhundert, als das Wissen über archäologische Ausgrabungen und antike Kunst nur einigen wenigen Bevorrechteten vermittelt worden war.

Winckelmanns Tod war wie sein Leben eine makabre Groteske. Er war, von Deutschland kommend, in Triest eingetroffen, jetzt schon wieder auf der Rückreise nach Rom, wo er ja nach wie vor seine gesicherte Position als Mitarbeiter an den Vatikanischen Sammlungen hatte und wo er im Gegensatz zu Neapel angesehen und durchaus willkommen war. Er hatte hier in Triest in einem Gasthof Quartier genommen, sich einige Tage aufgehalten, dabei einen Mann kennengelernt, der – aber das wußte Winckelmann natürlich nicht – ein übles Subjekt war, ein Italiener, der viel in der Welt herumgekommen war und zu den berüchtigtsten Verbrechern Venedigs gehörte; wie er auf Winckelmann gestoßen war und ob es sich hier vielleicht um eine länger vorausgeplante Geschichte handelte, weiß man nicht; auch nicht, ob Winckelmanns homophile Neigung damit etwas zu tun hatte, daß er dem Fremden soviel Entgegenkommen, ja Zuneigung bewies, um mit ihm fast pausenlos zusammenzusein. Am 8. Juni 1768 jedenfalls drang dieser unheimliche Freund in das Zimmer Winckelmanns ein, warf ihm – Winckelmann saß gerade arbeitend am Schreibtisch – eine Schnur um den Hals, kämpfte mit dem sich verzweifelt Wehrenden und versetzte ihm schließlich eine Reihe von wuchtigen Messerstichen. Durch den Lärm aufmerksam geworden, kamen Bedienstete des Gasthofes herbei. Der Mörder flüchtete. Winckelmann, dem das Blut aus den Wunden schoß, kroch aus dem Zimmer und dann noch eine schmale knarrende Stiege hinab; er hoffte auf Hilfe; sprechen konnte er nicht mehr; nur gurgeln und keuchen, auf den Lippen schaumiges Blut. Aber die Kellner und Stubenmädchen flohen entsetzt vor dem Sterbenden, bis endlich nach vielen qualvollen Minuten ein Mann sich über Winckelmann beugte und ihm einen Notverband anlegte. Aber der Schwerverletzte hatte schon zuviel Blut verloren; er lebte noch ein paar Stunden, traf einige Verfügungen, hatte Wünsche, die ihm niemand mehr erfüllen konnte; sein Leben war nicht mehr zu retten.

Der Mörder wurde gefaßt und wenig später öffentlich hingerichtet. Niemand in Triest erinnert sich heute noch an diese Geschichte. Nur auf dem längst aufgelassenen Friedhof gegenüber der Kathedrale von San Giusto, zwischen Akazien, Zypressen und verwitterten römischen Sarkophagen, zwischen Urnen, Amphoren und Statuen, befindet sich in einem kleinen tempelähnlichen Bauwerk dieses halbvergessenen Lapidariums ein leerer Steinsarg. Er trägt den Namen Winckelmanns.

IV
DIE ENTSCHEIDUNG VON MALTA

Giovanni Battista, zwei Vornamen, die in Italien gar nicht ungewöhnlich sind, scheinen in Verbindung mit archäologischen Unternehmungen stets eine besondere Bedeutung gehabt zu haben. Denn sowohl jener Bauer namens Nocerino aus dem neapolitanischen Resina, der auf seinem Grundstück einen Brunnenschacht vertiefen wollte und dabei auf Herculaneum gestoßen war, ohne daß er dies freilich geahnt hatte, als auch der fragwürdige Bruder Casanovas, ein Fälscher und Windbeutel, aber ein begabter Künstler, der seinen Auftraggeber Winckelmann schamlos betrog, indem er ihm eigene Zeichnungen als Kopien von pompeianischen Wandmalereien unterschob, beide also, der Bauer und der Maler, hießen Giovanni Battista. Ein dritter Giovanni Battista, dessen bürgerlicher Name Belzoni war und dessen beruflich bedingtes Pseudonym je nach der Stadt, in der er auftrat, wechselte, unterhielt sich im Mai des Jahres 1815 auf der schönen Mittelmeerinsel Malta – sie war damals seit genau siebzehn Jahren den legendären Johannitern und nachmaligen Maltesern endgültig verlorengegangen – mit einem ägyptischen Schiffskapitän namens Ismail Gibraltar; und dieser Signore Belzoni, der sich später einmal Giambattista nennt, als er schon hinreichend berühmt oder auch berüchtigt ist, um von britischen Malern porträtiert zu werden, er schlägt jetzt auf Malta eine Karriere ein, an die er nie in seinem abwechslungsreichen Leben gedacht hatte, an die er auch jetzt noch nicht denkt, weil dazu nicht die mindeste Veranlassung besteht; und der doch als Archäologe zu den wichtigen Wegbereitern der Ägyptologie zählen wird, obgleich oder vielleicht gerade weil er in einem strengen wissenschaftlichen Sinne niemals als Archäologe tätig sein wird. Jetzt auf Malta befand sich der siebenunddreißigjährige Giovanni Battista Belzoni, dessen Beruf in diesem Augenblick noch der eines verhältnismäßig erfolgreichen und weitgereisten Artisten war, mit seiner jungen Frau Sarah, einer Irin oder Britin, die ihn später einmal, nach seinem einsamen Tod im Jahre 1822, um ganze fünfzig Jahre überleben sollte; auch ein Faktotum oder Diener namens James Curtin befand sich bei Belzoni; von diesem jungen Mann wissen wir aber so gut wie nichts. Belzoni selbst war fast zwei Meter groß, von ungewöhnlich kräftiger Statur und, was die nachfolgende Geschichte noch eindrucksvoll bestätigen sollte, ein Mann von Ausdauer und wachem Verstand.

Aber wie kommt ein italienischer Artist, der sich auf Malta ein paar Wochen erholen will, bevor er im türkischen Konstantinopel ein neues Engagement antritt, überhaupt dazu, mit einem ägyptischen Kapitän Freundschaft zu schließen? Und was steckt eigentlich hinter den Beteuerungen dieses Ismail Gibraltar, daß sein großgewachsener Freund unverzüglich nach Ägypten gehen sollte, weil er dort sein Glück machen würde? Und welche Rolle spielt dabei die Archäologie, von der weder der Ägypter noch der italienische Riese die mindeste Ahnung haben?

Belzoni war, soweit man das heute noch exakt recherchieren kann, aus Lissabon gekommen. Das Land freilich, wo er bisher seine größten Erfolge gefeiert hatte, war England gewesen; er war zwischen London und Edinburgh überall aufgetreten, wo es Jahrmärkte, Spektakel, Schauübungen gegeben hatte und wo es lohnend gewesen war, seine Zelte für ein paar Tage aufzuschlagen; denn nach seinen ersten Erfolgen in »Saddler's Wells«, einem Londoner Etablissement, hatte sich Belzoni rasch selbständig gemacht. Zuvor hatte er bereits den Kontinent mit seinen Kraftakten bereist. Jetzt hatte er sich auf Sizilien umgesehen, war nach Malta gesegelt, um sich auf einen ersten Auftritt in Konstantinopel vorzubereiten. Er war, wie gesagt, ein Kraftmensch, der »Samson von Patagonien«, wie ihn die Londoner beeindruckt nannten, wenn sie sahen, daß er zwanzig ausgewachsene Männer mit scheinbar spielerischer Leichtigkeit zugleich in die Höhe hob

oder Eisenstangen mit hölzernen Querbalken um seine gewaltigen Schultern schlang, daß selbst Londoner Zeitungen darüber staunend berichteten.
Von Ismail Gibraltar, dem Kapitän aus Alexandria, wissen wir nur, daß er ein Agent des ägyptischen Pascha Mehmed Ali war; und Mehmed Ali, tributpflichtig zwar der Hohen Pforte in Konstantinopel, weil Ägypten immer noch eine türkische Provinz war, betrachtete diese Provinz gerade soweit als sein persönliches Eigentum, daß er alles unternahm, um darin halbwegs Ordnung zu schaffen. Er hatte sich einen Armenier als Finanzminister geholt, Türken besetzten die Regierungsämter, und aus Europa wurden dringend Fachleute für die Verbesserung der ägyptischen Landwirtschaft und für die Errichtung einer Industrie gesucht. Das war auch die eigentliche Aufgabe des Kapitäns Gibraltar: Fachkräfte für Ägypten anzuwerben. Nur, was hatte das mit Giovanni Battista Belzoni zu tun? Dieser war ein Zirkusmensch, ein Artist; und vorher war er der Gehilfe seines Vaters gewesen und der wiederum ein Barbier in Padua, wo Belzoni am 5. November 1778 zur Welt gekommen war. Seine ganze Herkunft und seine Kenntnisse, die sich auf das Wuchten und Stemmen schwerer Lasten, auf den Umgang mit Eisengewichten beschränkten, versprachen keine Bereicherung für Ägypten; Zirkusartisten gab es im Orient zur Genüge; und doch war es eine Fähigkeit, die mit der Landwirtschaft zu tun hatte, die auf einigen Erfahrungen im Umgang mit der Hebelwirkung basierte, die auch ein wenig Phantasie und sehr viel Selbstbewußtsein verriet, was den Agenten für ägyptische Angelegenheiten hier auf Malta endgültig überzeugte, daß Giovanni Battista Belzoni der richtige Mann für ihn und sein Land sei. Der Samson aus Patagonien entwickelte nämlich auf Malta eine recht vernünftige Idee von einer neuartigen Bewässerungsanlage, von einer Wasserpumpe, um genau zu sein, deren Vorteil darin bestehen sollte, daß sie von einem einzigen Ochsen oder Maultier bewegt werden könnte anstelle der vier bis sechs Tiere, die jetzt noch allgemein notwendig wa-

ren, um das Nilwasser auf die Felder zu pumpen. Und was immer sonst er seinem neuen Freund, dem Kapitän Gibraltar, erzählt haben mochte: Am 19. Mai 1815 verließ Belzoni in Begleitung seiner Frau Sarah und des Dieners Curtin den Hafen von La Valetta auf Malta und segelte nach Alexandria, wo er drei Wochen später ankam – wahrscheinlich hatte es irgendwelche Aufenthalte in anderen Häfen gegeben – und nun als erstes erfuhr, daß in der Stadt gerade die Pest ausgebrochen war.

Ägypten war damals, Anfang des 19. Jahrhunderts, das bevorzugte Land für jede Art von europäischem Abenteurer- und Händlerehrgeiz. Zuerst konzentrierte sich das noch auf den schwunghaften, teils illegalen und nur unter Lebensgefahr durchführbaren und teils völlig legalen Handel mit Mumien, mit mumifiziertem Menschenfleisch, was manchem dieser dubiosen Händler zu Reichtum und vielen Ägyptern nach ihrem Tod dazu verhalf, portionsweise verspeist zu werden. Denn spätestens seit dem 12. und 13. Jahrhundert galten Mumien als lebenerhaltendes, das Leben verlängerndes Wundermittel; zu diesem Zweck mußte man sie allerdings erst pulverisieren, denn Kannibalismus war selbst jenen abergläubischen Menschen nicht zuzumuten, die darauf vertrauten, daß die Harze und Essenzen, die in den toten Körpern jeden Zerfallsprozeß mit so sichtbarem Erfolg hintanhielten, ein geheimnisvolles Lebenselixier enthielten. Und da war es dann auch gar nicht weiter erstaunlich, daß ein Monarch wie Franz I. von Frankreich stets eine kleine Portion »Mumie« bei sich trug oder daß geschäftstüchtige Kaufleute wie der Brite John Sanderson Ende des 16. Jahrhunderts gleich eine ganze Schiffsladung voll Mumien für den gewinnbringenden Export nach England aufkauften. Die letzten Mumien, die nicht für Museen, sondern für Apotheken gedacht waren, wanderten immerhin Ende des 19., Anfang des 20. Jahrhunderts nach England und in die Vereinigten Staaten.

Das tiefergehende Interesse europäischer Humanisten und auch Abenteurer, das über diese makabre Mumiensuche

hinausging, entstand in Verbindung mit dem Studium der Texte Herodots und des griechischen Geographen Strabo, der um die Zeitenwende gelebt und ziemlich genaue Beschreibungen Altägyptens geliefert hatte. Aber auch der französische Adel, der im 17. und 18. Jahrhundert Antiken sammelte, wie sich das früher einmal nur römische Päpste oder florentinische Medici hatten leisten können, trat nun immer stärker als Auftraggeber für Expeditionen an den Nil in Erscheinung. Natürlich hatte das alles noch nichts mit systematischem Sammeln von altägyptischen Raritäten zu tun; man raffte einfach alles wahllos zusammen, was man in die Finger bekam; niemand wußte, wie alt das Volk war, woher die Menschen stammten, deren riesenhafte Bauwerke man sah und deren Altertümer man plünderte; niemand konnte die fremdartigen Zeichen lesen, die es an den Wänden dieser Bauwerke und in manchen Grabkammern gab, die man gewaltsam aufbrach. Und schon 1737 beklagte ein englischer Reisender namens Richard Pococke, daß diese Sammler und Räuber jeden Tag ein herrliches Stück ägyptischen Altertums zerstörten. Andererseits war sogar ein König wie Christian VI. von Dänemark an diesem alten Ägypten stark genug interessiert, um unter der Leitung eines gewissen Frederick Norden, dessen ursprünglicher Beruf der eines Schiffbauers war, eine Expedition an den Nil zu entsenden. Das umfangreiche Buch, das Norden nach dieser Reise über seine Abenteuer veröffentlichte, begeisterte natürlich das europäische Publikum, dessen Interesse an den ägyptischen Verhältnissen sprunghaft zunahm.
Ausschlaggebend für die Hemmungslosigkeit, mit der nun die Jagd auf ägyptische Altertümer einsetzte, war allerdings der napoleonische Feldzug, der militärisch mit einer katastrophalen Niederlage, wissenschaftlich jedoch mit einem unglaublichen Erfolg endete, weil eine größere Anzahl französischer Gelehrter das Expeditionskorps begleitet und grundlegende Studien gemacht hatte. In Frankreich erschien zum Beispiel im Jahre 1809, als man das strategische Desaster am

Nil bereits wieder vergessen hatte, der erste Band einer *Beschreibung Ägyptens,* die bis 1813 auf vierundzwanzig Bände anwuchs; in ihnen waren die Ergebnisse jener wissenschaftlichen Forschungen verarbeitet, die gleichsam im Schatten der kämpfenden Truppen gemacht worden waren; und auch sie erzielten einen beispiellosen Erfolg beim Publikum. Aber auch die Museen in Frankreich und England sowie begüterte Privatpersonen begannen auf den materiellen und ideellen Wert ägyptischer Altertümer nachdrücklich aufmerksam zu werden. Es setzte eine geradezu groteske Jagd auf Altertümer vom Nil ein, wobei es in der Regel so zuging, daß man die Funde, bei denen es sich meistens ohnedies um geraubte Gegenstände handelte, einfach nach Alexandria brachte, von wo aus sie nach Europa verschifft wurden. Eine Erlaubnis der ägyptischen Behörden kaufte man sich durch Bestechung; oder, was häufiger der Fall war, man ignorierte sie. Männer wie der Earl of Cavan, Oberstkommandierender der britischen Besatzungsarmee, oder der gebürtige Piemontese Bernardino Drovetti, der zuerst in französischen Diensten und später auf eigene Faust ein Vermögen mit dem Verkauf ägyptischer Altertümer machte, oder auch wie Henry Salt, der einst ein zweitrangiger Landschafts- und Porträtmaler gewesen war und 1816 als britischer Konsul nach Ägypten kam, waren die treibenden Kräfte bei all diesen Unternehmungen, die weit mehr einer gigantischen Plünderung als einer archäologischen Erforschung glichen. Es war in jenen Jahren nach dem Scheitern der napoleonischen Pläne anscheinend die einfachste Sache der Welt, sich in Ägypten ein Vermögen zu holen; Voraussetzungen dafür waren lediglich etwas Mut, sehr viel Ausdauer und eine tüchtige Portion Skrupellosigkeit. Zwielichtige Figuren wie der Armenier Anastasi oder Jean Jaques Rifaud aus Marseille wurden auf diese Weise Millionäre. Der Mann hingegen, den man später einmal als den größten und waghalsigsten aller Plünderer betrachten sollte, Giovanni Battista Belzoni, saß im Jahre 1815 in Alexandria über den Konstruktionsplänen für eine neuartige Wasser-

pumpe, hoffte inständig, daß die Pest, die ihn im Hause gefangenhielt, endlich erlösche, damit er die Möglichkeit hätte, dem Pascha unter die Augen zu treten und ihm sein Projekt vorzuführen. Er dachte nicht im entferntesten daran, auch nur einen antiken Ziegel anzufassen, um damit Geld zu verdienen; es interessierte ihn gar nicht; er wußte noch nichts von Mumien und riesigen Skulpturen; er war ein Zirkusartist auf dem Sprung in die bürgerliche Existenz eines Wasserpumpen-Ingenieurs. Allerdings waren jene Männer, die sein Schicksal auf eine ganz entscheidende Weise beeinflussen sollten, bereits auf dem Wege nach Ägypten: Henry Salt, der ehemalige Maler und nunmehrige britische Konsul, und der Schweizer Abenteurer und Orientalist Johann Ludwig Burckhardt, eine der faszinierendsten Figuren, die sich damals auf den orientalischen Schauplätzen aufhielten. Aber das alles ahnte Belzoni natürlich nicht; er konstruierte geduldig eine neue Wasserpumpe; Altertümer und Antikensammler interessierten ihn wirklich nicht.
Aber seine Pläne und Hoffnungen, die auf Malta noch den Kapitän Gibraltar überzeugt hatten, scheiterten kläglich.
Ich habe mich in den vergangenen Wochen und Monaten, als ich die Notizen zu dieser ungewöhnlichen Biographie noch einmal durchsah, immer wieder gefragt, welchen Eindruck dieser Giovanni Battista Belzoni auf mich machen würde, könnte ich ihm heute gegenüberstehen. War er ein naiver Mensch, der einfach an seinen Stern glaubte? Oder hatte er von Anfang an zielstrebig und selbstbewußt auf ein genau abgegrenztes Ziel hingearbeitet, und dieses Ziel hieß: Ausbruch aus der Beengtheit seiner sozialen Situation? Wenn man die wenigen Angaben überprüft, die es über ihn gibt und die verifizierbar sind, dann stimmen beide Annahmen, gibt es für beide Hypothesen vernünftige Beweise. Er wurde in eine kinderreiche padovanische Familie hineingeboren und zeichnete sich frühzeitig durch außergewöhnliche Stärke und überdurchschnittliches Wachstum aus; heute würde man wahrscheinlich einen Berufsboxer aus ihm machen; damals

flüchtete Giovanni Battista zuerst in die scheinbare Freiheit eines Wanderhändlers. Er zog, begleitet von einem Bruder, durch die nähere Umgebung seiner Heimatstadt und verkaufte Waren aller Art. Dann verschwand er plötzlich spurlos aus Venetien, aus seiner Heimatstadt Padua. Eigenartig ist auch, daß er nie mehr dahin zurückkehrte; für einen Italiener seines sozialen Standes und seiner sonstigen Verhältnisse eine ziemlich ungewöhnliche Situation. Später, als er in London auftaucht und Karriere macht, zeichnet er sich neuerlich durch Zielstrebigkeit aus. Er verläßt die Schaubühne, an die er engagiert gewesen war, ein erfolgreicher, aber abhängiger Artist, der sich den Anordnungen und Launen eines Direktors fügen muß. Er gibt die relative Sicherheit guter Gagen auf und wird dafür sein eigener Unternehmer mit allen Risiken und Möglichkeiten. Und hier scheint zumindest ein Ansatzpunkt dafür vorhanden zu sein, was er wirklich wollte, nämlich Unabhängigkeit. Denn auch später, als er schon wieder auf dem Kontinent unterwegs ist und mit seinen Kraftakten das Publikum zu Beifallsstürmen hinreißt, versucht er mehrfach, eine eigene Truppe aufzubauen; in Lissabon verhandelt er sogar mit Schauspielern. Und der Plan, nach Konstantinopel oder, wie die Türken es nennen, Istanbul zu gehen, entspringt der durchaus vernünftigen Überlegung, daß man in der großen reichen Stadt am Goldenen Horn stets Bedarf habe an zirzensischer Unterhaltung. Er will aber sein eigener Unternehmer sein. Muß man also Belzoni vor allem als sozialen Aufsteiger betrachten, der willensstark und mit kühlem Verstand den Weg von der väterlichen Barbierstube in Padua in ein freies Unternehmertum beschritten hat? Und dem doch bei all seinen Bemühungen um eine bürgerliche Existenz dieser Stern, dem er blindlings glaubte und folgte, immer wieder in die Quere kam? Denn auch das steht außer Zweifel, daß Belzoni ein unruhiger Charakter war, ein Riese auf Reisen sozusagen, der es nirgends länger als ein paar Monate aushielt, bevor er weiterzog, neuen Ufern und neuen Abenteuern entgegen.

Jetzt, 1815, in Ägypten, schien sich freilich alles gegen ihn zu verschwören. Er bekam zwar endlich seinen langersehnten Auftritt vor Mehmed Ali, einem gebürtigen Makedonier, der als Stellvertreter des Sultans ein neues, besseres Ägypten aus dem Wüstenstaub stampfen und aus dem Nilschlamm ein Paradies erschaffen wollte; und Belzonis Wunderpumpe erwies sich beim ersten praktischen Versuch in Kairo auch tatsächlich als recht brauchbar; nur brach sich sein Diener Curtin dabei unglücklicherweise ein Bein. Und das war für die ägyptischen Bürokraten Grund genug, einerseits begeistert zu applaudieren und andererseits diese Angelegenheit für immer zu vergessen. Belzoni hielt sich zu diesem Zeitpunkt bereits längere Zeit in Kairo auf; sein Mißerfolg mit der Wasserpumpe, die im Prinzip vollkommen funktionstüchtig war, aber nicht der ägyptischen oder eigentlich der Fellachenmentalität entsprach, da ihre Bedienung neben körperlicher Ausdauer auch geistiges Mitdenken verlangte, dieser Mißerfolg hätte an sich das Ende seines orientalischen Abenteuers bedeuten müssen. Er besaß keine materiellen Rücklagen mehr; irgendwelche Zukunftshoffnungen auf eine bürgerliche Existenz zumindest im orientalischen Stil durfte er sich kaum machen; Ägypten war überschwemmt von arbeitslosen Europäern, die auf der Suche nach einem vermeintlichen Glück in den Slums von Alexandria, in den Basars von Kairo gelandet waren. Seine Lage war rundum hoffnungslos.
Aber genau zu diesem Zeitpunkt und in dieser reichlich unangenehmen Situation bewies Belzoni eine Tugend, die keinesfalls selbstverständlich war und die man vielleicht schon beim jugendlichen Barbiergehilfen und Wanderhändler hätte feststellen können. Belzoni zeigte Kraft, wozu ihn an sich ja schon sein gewaltiger Körperbau befähigte; aber es war eine Kraft des Geistes, des Charakters, die mit dem Begriff Mut allein nicht erklärt werden kann. Man muß sich nur für ein paar Augenblicke die Verhältnisse vorzustellen versuchen, in die dieser Muskelprotz aus Padua geraten war: Eine Ehefrau und der Diener vertrauten seinem Geschick, Geld für

Lebensmittel und Unterkunft aufzutreiben; aber es gab nichts, womit man Geld verdienen konnte; dazu die fremde Umgebung, eine Sprache, die man nicht verstand, Konkurrenten, die rücksichtslos und völlig amoralisch auf jede sich bietende Chance lauerten. Alexandria, Kairo oder eigentlich ganz Ägypten war das wahre Eldorado jener Zeit, der Schauplatz, auf dem Habgier und Gemeinheit triumphierten, Vermögen gemacht wurden und Existenzen erbärmlich zugrundegingen.

Belzoni hatte Glück. Oder sagen wir, es war sein besonderer Instinkt, seine Unerbittlichkeit gegen sich selbst und gegen das Schicksal, dem er sich um keinen Preis der Welt resignierend ergeben würde. Es war auch mehr als bloß Zufall, daß er ungefähr zur gleichen Zeit den neuen britischen Konsul und jenen Abenteurer aus der Schweiz, Burckhardt, kennenlernte, der sich Scheich Ibrahim nannte. Und das Sonderbare an diesem Kennenlernen war, daß Belzoni sich nachdrücklich um die Bekanntschaft mit Burckhardt bemühte, während andererseits Henry Salt, der Konsul, alles daransetzte, um den riesenhaften Italiener für seine Pläne zu gewinnen. Und diese Pläne waren ebenso lapidar wie naheliegend: möglichst viele, möglichst große, möglichst eindrucksvolle altägyptische Kunstwerke nach London zu bringen, wo man sie äußerst gewinnbringend verkaufen konnte.

Und so begann in den Straßenschluchten Kairos, im Basar und draußen am Rande der Wüste, bei den Pyramiden, wohin Belzoni jetzt regelmäßig sogenannte Erkundungsritte unternahm, ein recht merkwürdiges Spiel. Der britische Konsul suchte Belzoni als Partner für die Antiquitätenjagd zu gewinnen; Belzoni freundete sich mit Burckhardt an, der ihm von einem riesigen Kopf aus Granit, einem Werk von einzigartiger Schönheit, erzählte, das in einem verlassenen Tempel in Theben am Westufer des Nil lag. Dieser Kopf, so schwärmte Burckhardt, sei zweifellos eines der erregendsten Beispiele altägyptischer Bildhauerei und Porträtkunst; und auch ein englischer Diplomat namens William Hamilton hatte diesen

Riesenkopf aus Theben als das »schönste und vollkommenste Stück ägyptischer Skulptur« beschrieben; sogar die französischen Soldaten – und mit ihnen die Wissenschafter –, die nach Theben gekommen waren, scheinen von dieser Skulptur beeindruckt gewesen zu sein, denn sie unternahmen alle Anstrengungen, um sie aus dem Tempel fort und an das Nilufer zu schaffen. Die Sache mißlang aber. Jetzt sah Belzoni eine Möglichkeit, zu Geld zu kommen, wenn er gemeinsam mit Scheich Ibrahim, also mit dem Orientalisten Burckhardt, den Kopf des Memnon oder eigentlich Ramses II., denn um diesen handelte es sich ja, von Theben fortbrachte. Aber Burckhardt besaß genau wie Belzoni kein Geld. Es war Henry Salt, der sich sofort bereiterklärte, eine Expedition nach Theben zu finanzieren, und der Belzoni beauftragte, auf seine, des Konsuls Rechnung diese Skulptur bis nach Alexandria zu bringen, wo Salt dann die Angelegenheit selbst in die Hände nehmen würde.

Man muß bei solchen Geschichten, wie sie sich in Verbindung mit Belzoni und seinem sonderbaren Auftrag nun entwickeln sollten, stets die Phantasie zu Hilfe rufen, um sich das wahre Ausmaß an Anstrengung und Gefahr zu verdeutlichen, mit dem solche Männer – ihre Namen sind auswechselbar, ihre Schicksale meist ähnlich – rechnen mußten. Man sollte aber auch die Schauplätze dieser Geschichten aus eigener Anschauung kennen, um sich besser vorstellen zu können, mit welchen Gegebenheiten und unter welchen Voraussetzungen operiert werden mußte, damals, Anfang des 19. Jahrhunderts, als mit dem Auftreten Belzonis in Theben die Ägyptologie und auch die archäologische Bodenarbeit in eine völlig neue Phase traten. Denn im Grunde hat sich an den durchschnittlichen Verhältnissen, aber auch an den sozialen Zuständen in der Zeit danach nicht viel geändert. Man kann, wenn man die gegenwärtige Situation einigermaßen gut kennt, durchaus vernünftige Rückschlüsse auf die Vergangenheit ziehen. Die Fellachen zum Beispiel leben immer noch am Rande eines unwahrscheinlich dürftigen Existenzmini-

mums und in einer Tradition, die sich nur schwer dem Verständnis eines europäischen Besuchers erschließt. Im Gegensatz dazu stagniert die dünne Mittelschicht aus Händlern, Bürokraten, sogenannten Intellektuellen und Hotelangestellten nach wie vor in einem postkolonialistischen Zustand und täuscht eine Devotheit vor, die man freilich nicht überschätzen sollte, weil Devotheit, Anpassungsfähigkeit und die Begabung, sich bei aller Manipulation stets einen Rest von zynisch kommentierter Freiheit zu bewahren, auch heute noch die hauptsächlichen Merkmale des ägyptischen Mittelstandes ausmachen. Es ist das eine Gesellschaft, die, obgleich sie über einige der ältesten Traditionen der Menschheit verfügt, so gut wie traditionslos geblieben ist und sich den jeweiligen Gegebenheiten auf molluskenhafte Art anpaßt.
Theben, das heutige Luxor, wohin Belzoni am 30. Juni 1816 in Begleitung seines Dieners und eines koptischen Dolmetschers aufbrach, heute eine schwache Flugstunde von Kairo entfernt, Theben oder Luxor muß damals, wenn man heute nicht so genau hinschaut, ziemlich ähnlich ausgesehen haben. Ich war erstmals 1973 in Luxor, während des israelisch-ägyptischen Krieges, und die Übungs- und Alarmflüge der sowjetischen Kampfflugzeuge, die in der Nähe stationiert waren, sowie die üblichen Verdunklungsvorschriften, die aber niemals eingehalten wurden, waren die einzigen spektakulären Anzeichen dafür, daß sich in den letzten hundertfünfzig Jahren irgend etwas geändert hatte. Das hoffnungslose Ambiente, eine schreckenerregende und zugleich niederdrückende Verwahrlosung in der ägyptischen Altstadt, wo es, wenn ich mich recht erinnere, nach Abfall und Bohnen roch und man für ein paar Groschen Bohnenlaibchen, Bohnenbrot, Bohnengulasch nach Kameltreiberart zu kaufen bekam, während im einzigen großen Hotel, das in jenem Winter offenstand, im New Winter Palace, russischen Reisegruppen ungenießbares Fleisch vorgesetzt wurde, das alles, was einem am ostseitigen Nilufer an Lokalkolorit begegnete, war schlichtweg deprimierend und konnte kaum sehr viel anders

sein, als es zu Belzonis Zeiten gewesen war. Aber auch das romantische Gefühl, das man empfand, wenn man über den Nil setzte und am westseitigen Ufer durch mannshohe Zukkerrohr- und Baumwollfelder in Richtung jenes Tales der Könige wanderte, dessen Faszination ungebrochen war, besaß einen prickelnden Reiz: Denn hier, am Rande der Wildnis, genau an der Grenzlinie zwischen dem rinnenden Wüstensand und der üppigen Fruchtbarkeit uralter Kulturböden, standen die festungsähnlichen Häuser einiger jener berüchtigten und in gewissen Kreisen auch hochangesehenen Scheichs, die wie ihre Vorfahren das einträgliche Gewerbe der Grabräuberei betrieben. Einer von ihnen, nennen wir ihn Scheich Ali, eine patriarchalische und zugleich schmutzstarrende Erscheinung, der man, wenn man sich die Nase zuhielt, eine gewisse Ehrerbietung nicht versagen konnte, hatte zahlende Gäste in seinem Haus einquartiert. Amateurarchäologen, frustrierte Seelen, die in ägyptischen Vollmondnächten den wandernden Schatten im Tal der Könige nachblickten; auch Lungenkranke, die sich hier Heilung erhofften, befanden sich unter den Gästen dieses Hauses. Es war jedenfalls eine recht merkwürdige Gesellschaft, die von den Ägyptern des jenseitigen, städtischen Nilufers ein wenig verächtlich angesehen und von den freundlichen Fellachen lächelnd geduldet wurde. Eines hatten diese Gäste des alten Scheichs, die in seinem verwinkelten Haus wie in einer Arche Noah lebten, den normalen, also gewöhnlichen Hotelgästen drüben in Luxor voraus, und das war die weitgehende Übereinstimmung mit ägyptischer, fellachischer Lebensart. Diese Europäer, die eher wie verdächtige Subjekte, wie Lehrlinge in einem Fortbildungskurs für Grabräuber aussahen, wußten mit nachtwandlerischer Sicherheit, wo es die schönsten Plätze gab, an denen man einen direkten Zugang zu den Altertümern und gleichsam nebenbei ein Naturereignis besonderer Art haben konnte. Die meisten von ihnen waren friedliche Geschöpfe, die sich ihre ägyptischen Pfunde genau einteilen mußten; einige waren Halsabschneider, kleine Gauner, Ta-

schendiebe, Grabräuber auf der niedrigsten Stufe dieses uralten Gewerbes. Belzoni war ganz gewiß keiner darunter.
Ich denke gern an die Tage und Wochen zurück, die ich 1973 in Luxor verbrachte. Ich sehe die Sonne wie eine verlöschende Fackel hinter den rosafarbenen Bergen von Qurna verschwinden; und dann drüben am Ostufer, drüben in Luxor das plötzliche Aufflammen der Lichter und Geräusche, freilich nur ein paar Augenblicke, nur einige Minuten lang, bis die hellerleuchteten Fenster wieder schwarz werden, die wenigen elektrisch beleuchteten Schaufenster sich wieder verdunkeln und nur noch die Glühwürmchenlichter unzähliger 40-Watt-Birnen gegen die schwere ägyptische Nacht ankämpfen, was aber natürlich immer noch genügen würde, selbst einem nachtblinden israelischen Kampfpiloten den Weg nach Luxor zu zeigen. Dort am Ostufer also die allabendliche Komödie mit dem Licht, während auf der Westbank die Fellachen um ihre gelben Zuckerrohrfeuer kauern. Feluken treiben langsam nilabwärts. Fledermäuse, die sich aus dem Tal der Könige wie Nachrichten aus einer anderen Welt aufgemacht haben, streichen dicht übers schmatzende Wasser dahin. Irgendwo hämmert eine Trommel traurig durch die Nacht. Bald werden Wölfe und Schakale gierig um die wenigen Wasserstellen streichen, werden die Grabräuber durch die nächtliche Wüste unterwegs sein. Und ein Gefühl fällt einen an, das wie Heimweh ist nach verlorenen Dingen . . . Hatte auch Giovanni Battista Belzoni, der Riese aus Padua, solche Empfindungen?
Und noch eine Erinnerung muß ich zu beschreiben versuchen, damit man meinen Respekt vor der Leistung dieses ungewöhnlichen Mannes besser versteht. Ich meine den sogenannten Memnonskopf in der ägyptischen Abteilung des Britischen Museums in London, diese gewaltige Monumentalbüste des Pharao Ramses II., deren mattfarbene Oberfläche wie alter Honig glänzt und deren Gewicht nur in Tonnen angegeben werden kann. Dieses Stück gehört zweifellos allein schon seiner unglaublichen Dimensionen wegen zu den

nachhaltigsten Eindrücken, die man in diesem Museum haben kann, obgleich die verächtlich vorgeschobene Unterlippe und der hochmütige und dabei ziemlich törichte Gesichtsausdruck des steinernen Kolosses zumindest in mir keine Sympathien erzeugten, als ich davorstand, mit zurückgelegtem Kopf nach oben blickte und mir überlegte, welche Mühsal das gekostet haben mußte, dieses gigantische Abbild eines unsterblichen Pharao auch nur einen einzigen Meter weit zu bewegen. Belzoni, der übrigens ein begabter Aquarellist war, hatte auf einem seiner Aquarelle, die er an den Originalschauplätzen malte, darzustellen versucht, wie die Bergung des Kolosses vor sich gegangen war. Ich habe dieses Bild gründlich betrachtet; und am stärksten berührte mich auch hier wieder der Gesichtsausdruck des Pharao, der mit einem Anflug gequälter Ironie, die ihm natürlich Belzoni ins Antlitz gepinselt hatte, den mehr als fragwürdigen Transport über sich ergehen ließ, der da auf hölzernen Rollen vor sich ging; die Büste war mit Seilen an eine stabile Plattform festgezurrt, die wesentlich schäbiger war als der Sockel, auf dem Ramses II. ein paar Jahrtausende lang gestanden hatte. Die ganze Angelegenheit muß für einen Pharao so demütigend gewesen sein, daß man den Widerstand, den er seiner Fortbringung aus Theben entgegensetzte, nur zu gut versteht.

Belzoni schrieb, als er am 22. Juli 1816 erstmals in den Ruinen von Luxor umherging: »Mir war, als beträte ich eine Stadt von Riesen . . .« – Und über sein erstes Opfer, den Memnonskopf, meinte er hintergründig: »Ich fand ihn neben den Trümmern seines Leibes und seines Throns, das Gesicht nach oben gekehrt; es sah aus, als lächelte er mich an bei dem Gedanken, nach England gebracht zu werden.« – Belzoni mußte im Memnonspalast – eigentlich in dessen Trümmern – Schwerarbeit leisten, bis er den Koloß mit Hilfe von Hebeln und Rollen fortbewegen konnte. Außerdem gab es vom ersten Augenblick seines Auftauchens in Luxor an Schwierigkeiten mit den Behörden, vor allem mit dem türkischen Vorsteher der Stadt, der keinesfalls auf eine Prämie oder auf das übliche horrende Bakschisch verzichten wollte. Aber auch Drovetti, der italienische Konkurrent Belzonis, ließ nichts unversucht, um den hartnäckigen Riesen wieder aus seinem ureigensten Revier zu verjagen. Die verschiedenen Angriffe reichten von scheinbar freundschaftlichen Bosheiten bis zu heimtückischen Überfällen und Mordanschlägen. Aber wie wenig ein Mann wie Belzoni tatsächlich einzuschüchtern war, beweist vielleicht eine andere Geschichte, die er in seinen Erinnerungen erwähnt, die 1820 erstmals in London erschienen sind. Die Sache spielte in einem Friedhof, der nicht weit von Theben entfernt war; Belzoni drang in diese Nekropole ein, verlor plötzlich den Halt unter den Füßen und . . . aber hören wir ihn selbst: »Unter dem Knirschen zerbrechender Knochen, Stoffetzen und hölzerner Behälter versank ich geradezu zwischen den Mumien, und es wirbelte dichter Staub auf; ich konnte es nicht vermeiden, daß ich von Knochen, Beinen, Armen und Schädeln, die herabrollten, bedeckt wurde.« – Aber solche Abenteuer erlebte er in den Jahren, die er als Antikensammler im Auftrag Henry Salts – und später auf eigene Rechnung – in Ägypten zubrachte, immer wieder; sie gehörten zum Alltag seiner Tätigkeit, und sie konnten weder seine Entdeckerfreude noch seine Neigung mindern, Gefahren aller Art mutig ins Auge zu sehen.

Belzoni war so etwas wie ein Universalgenie. Er war ein hervorragender Dilettant auf so vielen Gebieten, daß sogar manche seiner kritischen Zeitgenossen, die ihn seiner barbarischen Grabungsmethoden wegen den »größten Grabräuber aller Zeiten« nannten, den Hut vor ihm zogen. Daß er mehrfach begabt war, erwies sich freilich erst jetzt auf den ägyptischen Schauplätzen seines archäologischen Ein-Mann-Unternehmens, wo jede einzelne Fähigkeit, über die ein Mann verfügte, lebenswichtig sein konnte. Belzoni verstand ziemlich viel von mechanischen Prinzipien, von Hebelwirkung und wie man eine große Last so umsetzt, daß sie transportierbar wird; das hatte er in seinem Artistenberuf lernen müssen; nun kam es ihm zustatten. Er zeichnete und malte recht pas-

sabel. Und er verfügte über einen lockeren, pointierten Erzählstil. Er war ungewöhnlich mutig, kühn, entschlußfreudig; aber er war nie bedenkenlos in seinen Vorhaben. Das war allein schon durch den Umstand bestätigt, daß er jahrelang und meist völlig auf sich allein gestellt in Oberägypten und Nubien unterwegs war, in Gräber eindrang und Tempel nach brauchbarem Material durchforschte, ohne daß ihm je etwas Ernsthaftes passiert wäre. Belzoni war aber auch ein hervorragender Archäologe. Er verfügte über Phantasie, Instinkt und Intuition, was bekanntlich mitunter wichtiger sein kann als jede wissenschaftliche Ausbildung. So zum Beispiel unternahm er eine waghalsige Wüstendurchquerung hinüber ans Rote Meer, weil er von Ruinen gehört hatte, die an der trostlosen Küste dieses Meeres stehen und ein unglaubliches Geheimnis bergen sollten; ein junger Franzose hatte in Kairo abenteuerliche Geschichten darüber erzählt; Belzoni ging einfach der Sache nach. Was er dann fand, waren die Überreste des griechischen Berenike. Von jenen sagenhaften Reichtümern, über die der junge Franzose berichtet hatte, fand sich allerdings keine Spur.
Man wirft Belzoni immer noch vor, daß er gar nichts anderes gewesen sei als ein Grabräuber, ein Zerstörer und Plünderer um jeden Preis, der antike Kostbarkeiten zerstörte, nur um an die Dinge heranzukommen, die er für seinen florierenden Antikenversand benötigte. Das enthält ein Körnchen Wahrheit und ist trotzdem ungerecht. Plünderer und Grabräuber waren schließlich alle Archäologen, denen damals die Kinderschuhe dieser Wissenschaft allmählich zu eng wurden. Allein die Geschichte der ersten Ausgrabungen von Pompei und Herculaneum ist ein Musterbeispiel dafür; und in Ägypten herrschte auf diesem Gebiet überhaupt das unbarmherzige Gesetz der freien Marktwirtschaft, also von Angebot und Nachfrage, wobei die verschiedenen Konkurrenten einander auch mit der Flinte übers Ohr zu hauen versuchten; es herrschte eine Art Anarchie, deren schlimmste Auswüchse man besser vergißt, wenn man das eine oder andere archäo-

logische Prunkstück in einem Museum bestaunt. Andererseits hatte Belzoni allein schon dadurch für die nachkommenden Generationen Entscheidendes geleistet, daß er sich die Mühe genommen hatte, bei seiner Erforschung des Tals der Könige nicht nur zu plündern, was er zusammenraffen konnte, sondern auch sehr sorgfältige Untersuchungen anzustellen, genaue Skizzen und Wachsabdrücke von den verschiedenen Funden zu machen. Das hatte außer ihm bisher noch niemand getan. Und ich war fast glücklich, als ich nach einer langen Kette von Schmähungen über ihn endlich bei einem amerikanischen Autor, der vor einigen Jahren Ausgrabungsberichte aus dem Nahen Osten herausgegeben hatte, diesen einen Satz lesen durfte: »Belzoni war mit echter Liebe bei der Sache.« – Das war er in der Tat, wovon nicht nur der riesige Ramseskopf Zeugnis ablegt, den er unter unvorstellbaren Mühen bis Alexandria gebracht hatte, sondern auch jener leere Alabastersarkophag, den er im Tal der Könige, im Grab des Pharao Sethos I. fand und sogleich als exemplarisches Kunstwerk begriff. Diesen prachtvollen Sarkophag – wahrscheinlich der schönste, in welchem je ein sterblicher Mensch seinen Totenschlaf halten durfte – kann man heute im sogenannten Soane-Museum in London bewundern. Ein anderer Hinweis auf den Charakter, auf die Fähigkeiten und den ausgeprägten Instinkt dieses ungewöhnlichen Padovaners, dessen Metamorphose vom Zirkusartisten zum Ausgräber inzwischen weltberühmt gewordener ägyptischer Kunstschätze eine der erstaunlichsten Biographien in der Geschichte der Archäologie ausmacht, einen anderen Beweis für seinen echten Enthusiasmus findet man in seinen Erinnerungen, und zwar in jenem Abschnitt, der von der Erforschung des Tals der Könige handelt; und hier heißt es dann: »Am 16. Oktober 1817 setzte ich meine Ausgrabungen im Biban el-Muluk fort und stieß auf die verheißungsvolle Stelle, die mir alle für meine Nachforschungen übernommenen Mühen vergelten sollte. Es war ein glücklicher Tag für mich – vielleicht der schönste meines Lebens. Damit will ich nicht sagen, daß mich das

Schicksal an ihm reich gemacht hat, denn ich halte keineswegs jeden reichen Mann für glücklich; aber es schenkte mir damals jene Befriedigung, jenes herrliche Gefühl, das Reichtum nicht zu geben vermag: die Freude über den Fund, den ich so lange vergeblich gesucht hatte, und die Tatsache, daß ich nun der Welt ein neues, vollendetes Denkmal des alten Ägypten darbieten konnte. Denn die Entdeckung, die mir an diesem Tag gelang, übertraf an Erhabenheit, Stil und Erhaltungszustand alles bisher Gefundene und vermittelte, als wir zu ihr vordrangen, den Eindruck, als sei das Aufgefundene erst vor ganz kurzer Zeit geschaffen worden . . .« – Die Entdeckung, von der Belzoni hier spricht, war das Grabmal des Pharao Sethos I. und eben jener legendäre Alabastersarkophag, dessen Schönheit heute noch beeindruckt.

Giovanni Battista Belzoni starb irgendwann zu Winteranfang des Jahres 1822. Der genaue Todestag ist nicht bekannt. Ebensowenig der Platz, an dem ihm unbekannte Helfer sein Grab geschaufelt haben. Man weiß nur, daß es irgendwo im Hinterland der westafrikanischen Goldküste liegt, wohin Belzoni, begleitet von einem Kaufmann namens Houston, im Oktober 1822 aufgebrochen war, um sich einen alten Traum zu erfüllen, an dem schon sein Gefährte aus den Tagen, da sie in Kairo die unglaublichsten Pläne schmiedeten, Scheich Ibrahim alias Burckhardt, kläglich gescheitert war: in Westafrika die Quellen des Niger zu entdecken. Belzoni, der sich vom Britischen Museum und anderen Institutionen und Privatpersonen hintergangen fühlte, die er mit seinen ägyptischen Kostbarkeiten buchstäblich überhäuft hatte, ohne den Dank zu ernten, den er erwartet hatte – Geld war diesem rätselhaften Manne nicht immer alles –, Belzoni wollte sich für einige Zeit von Ägypten trennen, räumlich wie auch geistig. Er hatte demütigende Verhandlungen mit den Kuratoren des Britischen Museums geführt, denen er den Alabastersarkophag aus Theben zu einem angemessenen Preis überlassen wollte; aber diese Verhandlungen scheiterten nicht zuletzt an der Tatsache, daß man gerade erst 35 000 Pfund für die

Skulpturen vom Parthenon in Athen an Lord Elgin ausbezahlt hatte. Schließlich kaufte ein Londoner Architekt namens John Soane den Sarkophag und zwar für 2 000 Pfund; davon sah Belzoni keinen Penny, weil die ganze Summe an Henry Salt, seinen ursprünglichen Auftraggeber, ausbezahlt wurde. Belzoni war über diese Entwicklung so verbittert, daß er unverzüglich England und Europa zu verlassen wünschte; er machte sich wieder einmal auf den Weg. Irgendwann im November, vielleicht auch Anfang Dezember des Jahres 1822, starb er in der damals noch kleinen, unbedeutenden Ansiedlung Benin, wahrscheinlich an der Ruhr. Der britische Forscher Sir Richard Burton, der vier Jahrzehnte später nach Benin kam und Nachforschungen über Belzoni anstellte, erfuhr von den Eingeborenen nur, daß es vor vielen, vielen Jahren einmal einen großgewachsenen Fremden mit einem stattlichen Bart gegeben habe; aber niemand wußte genau, was aus ihm geworden war. Er sei gestorben. Angeblich soll er unter einem großen Baum begraben worden sein. Burton suchte diesen Baum. Er fand ihn nicht.

V
ENTZIFFERER VERÄNDERN DIE WELT

Es gibt Geschichten, die nur in einem beiläufigen und auch unterstützenden Zusammenhang mit Archäologie stehen, die also gleichsam Randerscheinungen nacherzählen und trotzdem eine solche Fülle von Inhalten aufweisen, daß man beinahe darin untergeht. Ein Beispiel dafür ist die Geschichte der menschlichen Schrift, ihrer Entstehung und der einzelnen Phasen ihrer jeweiligen Entzifferung, ein Thema, von dem ich fast glaube, daß man es auch ohne jede Variation nur an langen Winterabenden erzählen kann, auf dem Gesicht den Widerschein eines knackenden, raschelnden Kaminfeuers und im Herzen die feste Überzeugung, daß es auf dieser Welt nichts gibt, das sich der menschlichen Vernunft ernsthaft widersetzen könnte. Ich gestehe mit leisem Bedauern, daß es mir bisher noch immer nicht gelungen ist, zumindest eine Art Vorwort, eine schüchterne Einleitung zu diesem riesenhaften Thema der Schrift und ihrer Geschichte zu schreiben, weil ich regelmäßig nach den ersten hundert Tagen, die mich nie weiter als bis ins erste Drittel dieses Labyrinths vordringen ließen, nach den ersten zehn oder zwölf Schauplätzen, an denen ich mir ein ungefähres Bild zu machen versuchte von der unerhörten Wirksamkeit dieser Erfindung, stets wieder resignierte; oder auch scheiterte. »Konnte Adam schreiben?« heißt eines der umfangreichen und wohlorganisierten Bücher, die sich mit diesem Thema beschäftigen. Ich halte das für einen guten Titel. Ich hätte allerdings gefragt: »Konnte Adam denken?« – Die Antwort müßte in beiden Fällen wahrscheinlich negativ ausfallen.

Ich weiß nicht mehr, wann ich wirklich das Gefühl hatte, mich diesem unerschöpflichen Thema auf eine ordentliche Weise genähert zu haben, weil ich mir zum erstenmal Gedanken darüber machte, was da eigentlich vor fünftausend Jahren passiert sein mußte, als im südmesopotamischen Ur ein

Tempelschreiber – ein Buchhalter – die ersten Schriftzeichen in den weichen Lehm schrieb. Ich hatte mich seit meiner Jugend mit Museen beschäftigt, mit Ausgrabungen und den Rückschlüssen, die sich daraus ziehen lassen; ich ging dilettantisch und ein wenig oberflächlich vor, und wie die meisten Liebhaber archäologischer Geschichten waren auch mir diese kleinen bräunlichen, honigfarbenen Tontäfelchen, auf denen es verwirrende Zeichen, Bilder, Symbole gibt, nie wirklich aufgefallen. Ich blickte sie mit der behaglichen Selbstsicherheit eines Mannes an, dem das Schreiben wahrscheinlich nie Schwierigkeiten bereitete und der das, was die anderen schrieben, immer vorzüglich lesen konnte. Heute bin ich davon überzeugt, daß das Unerhörte und Einmalige dieses Vorganges, den wir »schreiben« nennen, überhaupt nur ein Kind wirklich begreifen kann, wenn es in der Schule erstmals den Ernst des Lebens kennenlernt, ein Kind, dem die geheimnisvollen Hieroglyphen, die ein seufzender Lehrer als Alphabet erklärt, noch ein wenig Furcht und ziemlich viel Unbehagen einflößen. Aber Kinder haben andere Sorgen, als sich über das Geheimnis den Kopf zu zerbrechen, das sich in der Schrift der Menschen verbirgt.
Irgendwann einmal kam dann also das über mich, was ich zwar nicht gerade eine Erleuchtung, aber doch ein allmähliches Begreifen nennen möchte. Ich stand in einem Museum, blickte auf fremdartige Schriftzeichen und begann mir plötzlich Gedanken darüber zu machen, welchem Kopf dieser Geniestreich eingefallen und welchem anderen Kopf es Jahrtausende später gelungen war, die fremde Schrift im eingetrockneten Lehm oder an den Wänden eines unterirdischen Grabmals zu entziffern. Ich habe, während ich das hier niederschreibe, eine Tagebucheintragung vom Mai 1978 neben mir liegen; damals war ich in London; im Stadion von Wembley gab es das englische Cup-Finale zwischen den Fußballmannschaften Arsenal und Ipswich. Der Himmel scheint, wenn meine Notizen stimmen, auf diese unnachahmliche britische Weise verdüstert gewesen zu sein, also etwas Hochnebel und

sehr viel Abgase und rußiger Qualm über den Dächern von London. Die mächtigen schwarzen Eisengitter vor dem Britischen Museum glänzten; würde man übertreiben, könnte man sagen: Sie troffen vor Nässe. Aber spätestens in der großen Eingangshalle hatte man auf das Wetter oder den Fußball vollkommen vergessen. Und damals war es, glaube ich, daß ich endlich einzusehen begann, wie viele und komplizierte Geschichten notwendig wären, wie viele Schauplätze beschrieben gehörten, um das Abenteuer der Erfindung der Schrift einigermaßen verständlich zu erzählen. Und das wäre erst die eine Hälfte der ganzen Geschichte. Denn die andere, nicht minder komplizierte und verwegene Hälfte müßte dann von der Dechiffrierung der Schrift und von den Schicksalen der Entzifferer handeln.

Der unmittelbare Anlaß dafür, daß ich damals jeden Morgen pünktlich um zehn Uhr vor dem Britischen Museum stand und, nachdem die hohen und breiten Flügeltüren geöffnet worden waren, einer ganz bestimmten Vitrine in der ägyptischen Abteilung zustrebte, war ein schwärzlicher, dünner Basaltstein mit leicht verwischten Schriftzeichen, der hinter bruchsicherem Glas auf einer Konstruktion aus Stein und Stahl verwahrt wird. Es handelt sich dabei um den Stein von Rosette, den ein Untergebener, wahrscheinlich ein einfacher Soldat des französischen Pionieroffiziers Pierre Bouchard im Jahre 1799 in Ägypten, im Nildelta bei Aushubarbeiten für ein Fort, das den schönen Namen Julien tragen sollte, gefunden hatte. Und das stand natürlich wiederum in einem ursächlichen Zusammenhang mit jenem bizarren militärischen Abenteuer, das Napoleon im Frühling des Jahres 1798 gestartet und in dessen Verlauf er Malta, Alexandria, Kairo, ja Oberägypten erobert hatte, bis ihn die Vernichtung seiner Seestreitkräfte und Transportschiffe in der Seeschlacht von Abukir durch eine englische Armada zur Aufgabe seiner wahrlich alexandrinischen Pläne zwang. Das änderte aber nichts daran, daß die Experten und Wissenschafter, die das französische Ägyptenkorps begleitet hatten, im Gegensatz zu den

Militärs sensationelle Erfolge erzielten. Die Kehrseite sah dann wenig später freilich so aus, daß bei den Waffenstillstandsverhandlungen von 1801 die Briten kategorisch die Auslieferung aller archäologischen Funde und antiken Kunstwerke forderten, was man in Frankreich heute noch als eine der größten Demütigungen empfindet, die der Grande Nation jemals widerfahren sind. Selbstverständlich befand sich auch der Stein von Rosette unter den Kostbarkeiten, die nun auf ein britisches Kriegsschiff verfrachtet und nach London gebracht wurden. Lediglich der Umstand, daß die Franzosen von allen wichtigen Fundstücken Kopien und Wachsabdrücke angefertigt hatten, milderte den Verlust, den die französische Wissenschaft im Sog der militärischen Niederlage in Ägypten erlitt. Was zum Beispiel den Dreisprachenstein von Rosette angeht, so wurde er Ende der siebziger Jahre dieses Jahrhunderts einige Monate lang als Leihgabe vom Britischen Museum an den Pariser Louvre abgestellt; viele patriotische Franzosen sollen mit Tränen in den Augen vor dem vielleicht faszinierendsten und wissenschaftlich wichtigsten Fundstück gestanden sein, das je einem Franzosen in die Hände gefallen ist. Ein wenig merkwürdig berührt freilich der Umstand, daß man bis heute nicht daran gedacht hat, auch den Ägyptern, also den wahren Eigentümern dieses Steines, die Ehre einer Ausstellung des kostbaren Stückes in Kairo zu erweisen.

Was den wissenschaftlichen Wert dieses Steines betrifft, so liegt er in den drei Inschriften begründet, die um das Jahr 196 vor Christus entstanden sind und die – und das war das Entscheidende – nicht nur hieroglyphisch und demotisch, sondern in einer Kolumne auch griechisch abgefaßt waren. Mir fällt in diesem Zusammenhang immer ein Augenblick vor vielen Jahren ein, als ich in Cerams weltberühmtem Buch *Götter, Gräber und Gelehrte* jenen Absatz las, der von der Auffindung des Steines von Rosette handelte, und mit welcher Spannung ich damals dieser Geschichte folgte, die Ceram Ende der vierziger Jahre niedergeschrieben hatte: »Der Stein, der so unvermutet aus den Trümmern der Festung stieg, war so groß wie eine Tischplatte, feinkörnig, hammerhart, aus schwarzem Basalt. Die eine Seite war poliert. Sie zeigte drei Inschriften, drei Kolumnen«, schrieb Ceram, »zum Teil verwittert und auch verwischt durch die Reibung der Sandkörner, die zwei Jahrtausende auf ihr lagerten. Und von diesen drei Inschriften war die erste, mit 14 Linien, hieroglyphisch, die zweite, mit 22 Linien, demotisch, und die dritte, mit 54 Linien, griechisch. – Griechisch! Also lesbar. Also verständlich.«

Ich gebe offen zu, daß mich die Geschichte, wie sie Ceram darstellte, heute noch fesselt. Und weil ich finde, daß man es nicht besser oder präziser ausdrücken kann, habe ich seinen Originalwortlaut übernommen. Griechisch! Also lesbar. Also verständlich. Und darauf kam es an, einzig und allein nur darauf, daß man endlich etwas gefunden hatte, das vielleicht über den Umweg einer verständlichen Sprache das Geheimnis der Hieroglyphen lösen half. Denn daß die alten Ägypter eine Art Schrift besaßen, wußte man seit den Tagen eines Herodot, Strabo, Diodor und anderer antiker Schriftsteller, die sich selbstverständlich Gedanken darüber gemacht hatten, was die rätselhaften Zeichen bedeuteten, die ihnen von jedem Tempel, von jeder Marmorwand und aus jedem Grabmal entgegenstarrten. Nur lesen, entziffern konnte man das nicht, der Schlüssel dazu war irgendwann einmal verlorengegangen. Lange Zeit glaubte man auch, daß die Hieroglyphen, wie man in der Nachfolge eines alexandrinischen Gelehrten aus dem 2. Jahrhundert die Rätselschrift nannte, von der ein griechischer Gelehrter namens Horapollon im 4. Jahrhundert eine erste umfassende Beschreibung und eine allerdings vollkommen sinnwidrige Interpretation geliefert hatte, daß sie also überhaupt die älteste Schrift der Menschheit seien. Erst gegen Ende des 19. Jahrhunderts und nach der Dechiffrierung immer neuer Funde in Mesopotamien stellte man mit einiger Überraschung fest, daß die Sumerer zwar ein paar Jahrzehnte vor den Ägyptern das Geheimnis der Schrift ent-

deckt hatten und daß Ur die Wiege der menschlichen Schrift sein mußte, daß aber ungefähr zur gleichen Zeit in Oberägypten die völlig eigenständige Hieroglyphenschrift erfunden worden war. Es gab also so etwas wie einen Wettlauf zwischen den Urvätern unserer Zivilisation um das Primat des Schreibens. Man darf in diesem Zusammenhang auch davon ausgehen, daß die sumerischen Bildzeichen nie die Prägnanz der Hieroglyphen hatten. Aber das alles wußte man Anfang des 19. Jahrhunderts natürlich noch nicht. Man wußte nicht einmal, daß die Hieroglyphen annähernd dreitausend Jahre lang Geltung gehabt hatten und erst im dritten nachchristlichen Jahrhundert vom griechischen Alphabet abgelöst worden waren. Ebensowenig war bekannt – oder man kümmerte sich nicht darum –, daß schon Herodot die ägyptischen Schriftzeichen in »heilige und volkstümliche Zeichen« unterteilt hatte oder daß es ein gewisser Clemens Alexandrino gewesen war, der ungefähr zweihundert Jahre nach Christi Geburt den Ausdruck »grammata hieroglyphika« geprägt hatte, was soviel wie »eingegrabene oder eingemeißelte Schriftzeichen« bedeutete. Man begann dann die ägyptische Schrift in zwei große Abschnitte einzuteilen, die man heute »hieratisch«, also die heilige ältere, und »demotisch«, die populärere jüngere, nennt. Eine perfekte oder wenigstens brauchbare Entzifferung freilich war weder für die hieratischen Hieroglyphen noch fürs Demotische gelungen; wenigstens nicht bis zu dem Augenblick, da ein französischer Buchhändlersohn namens Jean François Champollion, gebürtig aus der Dauphiné, in Erscheinung trat.
Versuche zur Entzifferung der Hieroglyphen hatte es schon frühzeitig gegeben; manche waren durchaus seriös; andere wirkten eher grotesk. Der bereits erwähnte Horapollon zum Beispiel sorgte mit seiner Interpretation bis in die Zeit nach der Renaissance für eine heillose Verwirrung, weil viele europäische Gelehrte sich auf seine obskuren Behauptungen stützten. Der deutsche Jesuit Athanasius Kircher veröffentlichte um 1650 nicht weniger als vier Folianten mit sogenann-

ten Übersetzungen von Hieroglyphen. Der Orientalist Carsten Niebuhr, der im 18. Jahrhundert auf bahnbrechende Weise bei der Erforschung der altmesopotamischen Keilschriften in Erscheinung treten sollte, ohne daß ihm allerdings eine endgültige Dechiffrierung gelungen wäre, scheiterte an den Hieroglyphen genauso wie alle anderen Sprachforscher und Gelehrten vor und nach ihm. Viele der Deutungen, die dabei versucht wurden, hören sich heute lächerlich an, stießen aber damals auf allgemeines Interesse, so etwa die erstaunliche Erklärung eines Franzosen, daß die »Chinesen ägyptische Kolonisten« seien, was das »Krakelige« oder Zeichnerische ihrer Schriftzeichen erkläre; dem hielten englische Sprachforscher entgegen, daß die Wahrheit genau umgekehrt verlaufe; die Ägypter seien nämlich aus China eingewandert und hätten ihre Schriftbilder in die neue Heimat am Nil mitgenommen. Die Konfusion blieb viele Jahrhunderte lang vollkommen; man bräuchte einen langen Atem, um auch nur die obskursten Deutungsversuche zu schildern.
Der Mann, der als Entzifferer der Hieroglyphen Weltruhm ernten sollte, hieß Jean François Champollion, war am Vorabend des Heiligen Abend im Jahre 1790 in Figeac in der Dauphiné zur Welt gekommen, als Sohn eines verarmten Buchhändlers, wie stets betont wird, was aber doch nicht gänzlich der historischen Wahrheit entsprechen kann, weil Armut immer etwas Relatives ist und es 1790 in ganz Frankreich gewiß einige Millionen Franzosen gegeben hat, die ungleich ärmer und verzweifelter waren als dieser Buchhändler aus der Provinz, der seinen Söhnen – ein Bruder des Jean François sollte später einmal bei der Erziehung des jungen Genies eine gewisse Rolle spielen – sogar den Weg zum Studium ermöglichte. Unbestreitbar ist natürlich, daß Champollion nur dadurch, daß er sich frühzeitig an ein äußerst bedürfnisloses Leben gewöhnt hatte, das Leben führen konnte, das ihm gemäß war; und das bestand vorerst einmal aus dem Studium von Sprachen, von orientalischen Sprachen, und war später völlig auf die Entzifferung der Hieroglyphen konzentriert.

Man sollte wie so oft, wenn man sich mit Archäologie und ihren Randgebieten befaßt, den Tonfall Cerams im Ohr haben: »Er war ein Kind der Revolution«, notierte er im Abschnitt »Buch der Pyramide«, nachdem er zuvor allerlei Geheimnisvolles über die Umstände der Geburt Champollions erzählt hatte, und: »Vom April 1793 an herrschte die Schreckenszeit. Champollions Vaterhaus stand dreißig Schritte vom Place d'armes (der später seinen Namen tragen sollte), auf dem der Freiheitsbaum gepflanzt wurde. Das erste, was er bewußt hörte, war die rauschende Musik der Carmagnole und das Weinen derer, die in seinem Vaterhaus Schutz suchten vor entfesseltem Pöbel, darunter ein Priester, der sein erster Lehrer wurde.« – Ich gebe gern zu, daß mich ein solcher Erzählstil stets zu fesseln vermag, auch dann, wenn man die Inhalte vielleicht ein wenig zurechtrücken und konkretisieren sollte. Richtig ist jedenfalls, daß der junge Champollion sich als außerordentlich begabter Schüler erweist, der sich zwar in der Grundschule in Figeac noch mit mittelmäßigen Zensuren begnügen muß, der aber, als er seinem älteren Bruder folgt, der in Grenoble als Philologe tätig ist und sich überdies für Archäologie interessiert, vor allem auf dem Gebiet des Sprachenstudiums hervorragende Resultate erzielt. Jean François ist das, was man gemeinhin ein Sprachengenie nennt. Mit elf, zwölf Jahren beherrscht er das Lateinische des Vergil, das Griechische des Homer, mit dreizehn eignet er sich das Hebräische an, beginnt er sich mit Sanskrit, Arabisch, Koptisch zu befassen. Die erste große Entscheidung seines Lebens dürfte mit dem Besuch bei einem Gelehrten namens Fourier zusammenhängen, einem angesehenen Physiker und Mathematiker, der den ägyptischen Feldzug in seiner Funktion als Gelehrter mitgemacht und einige kleine Papyrusfragmente nach Frankreich gebracht hatte. Jetzt bekleidet er einen hohen Verwaltungsposten in der Provinz, unternimmt Schulinspektionen und stößt auf den aufgeweckten, wißbegierigen Champollion. Er lädt ihn zu sich ein, zeigt ihm unter anderem die Papyrusfragmente, auf denen man einige Hieroglyphen erkennen kann. Champollion erklärt spontan, daß er sehr bald imstande sein werde, diese Schrift zu lesen. Es wird berichtet, daß niemand von den Anwesenden über die kühne Behauptung lächelt. Und Champollion stürzt sich auf das Syrische, Chaldäische, zeichnet als Siebzehnjähriger eine historische Karte von Ägypten, arbeitet an dem Entwurf zu einem Buch *Ägypten unter den Pharaonen.* Er geht nach Paris und sieht erstmals den Wachsabdruck des Steins von Rosette.

Man muß manchmal eine Zäsur machen, um sich nicht von der scheinbar nahtlosen, scheinbar überzeugenden Folgerichtigkeit gewisser Biographien mitreißen zu lassen. Champollion war eines der ungewöhnlichsten Genies seines Zeitalters, und die Besessenheit, mit der er auf das einzige Ziel hinarbeitet, das ihn interessiert, das ihn wie eine unheilbare Krankheit beherrscht, besitzt fast etwas Dämonisches. Aber er war nicht der einzige Besessene und auch nicht der einzige geniale Kopf, der sich unaufhörlich Gedanken darüber machte, wie man die Hieroglyphen entziffern könnte. In London zum Beispiel beschäftigte sich Thomas Young, ein 1773 geborener Arzt und Naturwissenschaftler, mit diesem Problem. In Paris publizierte ein gewisser Lenoir, ein eher mittelmäßiger Gelehrter, eine Broschüre, in der er vorgab, das Rätsel der geheimnisvollen ägyptischen Schrift gelöst zu haben. Als skurrile Fußnote kann man noch erwähnen, daß damals auch ein französischer Abbé ein Buch veröffentlichte, darin er umständlich zu beweisen suchte, daß die Hieroglyphen keine Schrift, sondern ein recht reizvolles, ästhetisch ansprechendes Stilmittel dekorativer Kunst seien. Am nächsten der Wahrheit aber kam Thomas Young, der Londoner Arzt, dessen Neigungen an sich auf die Naturwissenschaften ausgerichtet waren, der aber, als er eines Tages zufällig einen ägyptischen Papyrus in die Hände bekam, sogleich damit begann, den Charakter dieser fremden Schriftzeichen zu erforschen. Ähnlich wie Champollion in Paris beschäftigte sich Thomas Young in London auch mit den drei Kolumnen auf dem Stein von Rosette und gelangte durch systematische Vergleiche

zwischen der griechischen Schrift, den demotischen Zeichen und den hieratischen Hieroglyphen zum plausiblen Schluß, daß das Demotische eine Art Fortsetzung der älteren Hieroglyphen sein müßte. Das war im Vergleich zum allgemeinen Unsinn, der sonst über dieses Thema verfaßt wurde, ein wichtiger, ja ein entscheidender Fortschritt. Immerhin hatte selbst ein so seriöser und angesehener Gelehrter wie der Österreicher Joseph Freiherr von Hammer-Purgstall allen Ernstes noch den Versuch unternommen, durch die Übersetzung sogenannter arabischer Quellen einen Weg zur Entschlüsselung des Geheimnisses zu finden, das die Hieroglyphen umgab. Skandinavische, französische und britische Wissenschafter, Dilettanten, Verrückte verstiegen sich zu den kühnsten Behauptungen, denen nur eines gemeinsam war: das fast hysterische Interesse an den drei Schriften auf dem schwarzen Basaltstein von Rosette.
Champollion war also nach Paris gegangen; das war 1807. Er wurde Schüler des berühmten Orientalisten de Sacy, der sich gleichfalls mit den Hieroglyphen befaßte, verbrachte halbe Tage über der Kopie des legendären Wundersteines aus dem Nildelta, verglich, überlegte, spekulierte und stieß lange Zeit immer wieder an dieselbe starre Wand, die jener unselige Horapollon im 4. Jahrhundert errichtet hatte, als er unmißverständlich das aussprach, was alle Welt auch jetzt noch zu sehen glaubte: daß die Hieroglyphen Bilder seien! In London tastete sich Thomas Young, der längst schon zum vergleichenden Sprachwissenschaftler geworden war, auf mühsamen Umwegen an die Wahrheit heran, ohne sie wirklich greifen zu können. Er widerrief sogar im Jahre 1818 öffentlich die von ihm gemachten Entdeckungen, obgleich sie bahnbrechend gewesen waren. Ein Jahr später erschien dann in der *Encyclopaedia Britannica* ein umfangreicher Aufsatz Youngs, darin noch einmal alle Erfahrungen zusammengefaßt waren; darunter auch die fundamentale Erkenntnis, daß es sich bei den Hieroglyphen entgegen den herrschenden Ansichten eben doch um eine Buchstabenschrift handelte. In Frankreich

schüttelte Champollion, als ihm der Inhalt dieses Aufsatzes bekannt wurde, nur verächtlich den Kopf. Er glaubte nicht daran. Zwei Jahre später war er plötzlich überzeugt davon, daß Young recht gehabt hatte. Und im September 1822 stieß er bei der Untersuchung eines Textes, der aus Abu Simbel stammte, auf die entscheidende Erkenntnis, daß bei ägyptischen Königsnamen die Hieroglyphen auch phonetisch verwendet worden waren. Damit war die These des Horapollon endgültig widerlegt. Damit war aber auch der Schlüssel gefunden zur Entzifferung dieser Schriftzeichen, über die sich in jenen Jahrzehnten das gebildete Europa so nachdrücklich den Kopf zerbrochen hatte. Angeblich stürmte Champollion, nachdem er diese eine wesentliche Entdeckung gemacht hatte, zu seinem Bruder, stammelte einige unzusammenhängende Worte und fiel ohnmächtig zu Boden. Am 27. September 1822 erschien dann sein epochaler »Brief über den Lautwert der Hieroglyphen«, der ihn schlagartig berühmt werden ließ. Das Rätsel war gelöst. Nun galt es nur noch, die Probe aufs Exempel zu machen.
Champollion, der in den folgenden beiden Jahren, also bis etwa Ende 1824, seine Studien über die Hieroglyphen vollendete, wobei er jetzt auch erstmals nachzuweisen imstande war, daß es sich bei dieser uralten Schrift um eine Mischung aus »begrifflichen und lautlichen« Zeichen handelte, erhielt 1826 eine Anstellung als Konservator in der sogenannten Ägyptischen Abteilung des Louvre. Die Jahre der Entbehrung, in denen er sich manchmal nur noch durch äußerste Sparsamkeit und durch die Hilfe seines älteren Bruders über Wasser gehalten hatte, waren nun endgültig vorbei; dennoch wäre es unbillig, in diesem Zusammenhang von existentieller Not zu sprechen, wie das immer noch gelegentlich getan wird, wohl um der ganzen Geschichte einen romantischen Anstrich zu geben. Champollion hatte zum Beispiel im Juli 1809 das Glück gehabt, eine Geschichtsprofessur an der Universität von Grenoble zu erhalten; er war damals gerade neunzehn Jahre alt und zweifellos der jüngste Geschichtspro-

fessor, den nicht nur Frankreich, sondern Europa jemals erlebt hatte. Es soll freilich auch nicht verschwiegen werden, daß er diese Professur aus politischen Gründen wieder verlor, wobei man, Champollions Charakter berücksichtigend, eher von einer Kette von Mißverständnissen, von Intrigen und unglücklichen Zufällen sprechen sollte als von einer gezielten politischen Tätigkeit des jungen Forschers, die ihm allerdings in Verbindung mit der bonapartistischen Idee und gewissen romantischen Idealen sogar eine Anklage wegen Hochverrats einbrachte. Jedenfalls hatte er, ohne je wirklich äußerste Not zu leiden, auch nie die Sicherheit einer gutbürgerlichen Existenz gekannt. Und so ist für ihn das bescheidene materielle Glück, das er als festangestellter Konservator am Louvre genießt, schon eine reichliche Entlohnung für die Mühsal der vergangenen Jahre.

Aber dieses Glück explodiert sozusagen über Champollion, als er eines Tages den offiziellen Auftrag erhält – oder auch nur die Erlaubnis zugesprochen bekommt, die Quellen geben darüber keine genaue Auskunft –, eine kleine Expedition nach Ägypten zu unternehmen. Das geschieht im Jahre 1828, ein knappes Jahr vor dem Tod seines größten Konkurrenten Thomas Young. Dem Entzifferer der Hieroglyphen mußte diese Ägyptenreise zweifellos als Höhepunkt seines Lebens vorgekommen sein, denn er war immerhin der »einzige lebende Mensch, der die Bedeutung der Hieroglyphen und der prachtvollen Tempel und Monumente am Nil in ihrem ganzen Umfang erfassen konnte«, wie der englische Archäologe Brian Fagan das einmal ausdrückte; mehr noch: Champollion hatte dadurch, daß er die unlesbare Schrift lesbar gemacht hatte, ein Tor geöffnet, hinter dem eine bis dahin mindestens drei Jahrtausende alte ägyptische und gesamtorientalische Geschichte verborgen gewesen war. Jetzt erst, da Champollion buchstäblich jeden Tag aufs neue die praktische Bestätigung für die Richtigkeit seiner theoretischen sprachwissenschaftlichen Erkenntnisse erhält, da er imstande ist, in jeden beliebigen Tempel zu gehen und dort unter dem atemlosen

Staunen der Einheimischen, die von überallher herbeiströmen, und seiner französischen Begleiter die Inhalte der Hieroglyphen zu übersetzen und laut vorzulesen, jetzt erst würde man endlich darangehen können, alle die Geheimnisse der Vergangenheit, über die man sich bisher vergeblich den Kopf zerbrochen hatte, bis ins letzte Detail zu entschlüsseln. Champollion hatte in der Tat, wie Brian Fagan sagte, die Grenzen der Geschichtsschreibung mit einem Schlag um Jahrtausende ausgedehnt. Er sah aber auch, was in Ägypten tatsächlich vor sich ging: Grabräuber plünderten und zerstörten erbarmungslos die schönsten Tempelanlagen; Diebe drangen in die Grabkammern der Pharaonen ein und vernichteten unschätzbare Werte; die Barbarei, die in der Frühzeit der Archäologie völlig selbstverständlich gewesen war, weil man es nicht anders kannte und nicht besser wußte, wurde nun durch die rücksichtslosen Methoden der berufsmäßigen Antikenjäger noch verschärft. Eine allgemeine Zerstörung der fünftausendjährigen ägyptischen Kultur drohte; und ihr Ausverkauf war bereits beschlossene Sache. Champollion warnte und wandte sich sogar an die ägyptische Regierung; er arbeitete eine umfangreiche Resolution aus, in der er den Nachweis erbrachte, daß man mit der Bewahrung der antiken Kostbarkeiten mehr Geld verdienen könne als mit der Verschleuderung dieser Schätze, weil es zahllose Fremde geben würde, die nach Ägypten zu kommen wünschten, um die Schönheiten einer jahrtausendealten Kultur mit eigenen Augen zu sehen; wäre aber erst einmal der letzte Obelisk verschleppt, die letzte Statue zertrümmert oder außer Landes gebracht, die letzte Mumie verkauft, dann wäre nichts mehr vorhanden, was zahlungskräftige Fremde noch anzulocken vermöchte.

Es war ein dramatischer Appell in einem dramatischen Augenblick. Und das Erstaunliche, ja fast Unglaubliche geschah: Sechs Jahre später, im August 1835, erließ Mehmed Ali unter dem Eindruck der Warnungen und Vorwürfe Champollions jene berühmtgewordene Regierungsverordnung, in der jeder Export von Altertümern verboten und der Bau eines Museums in Kairo angeordnet wurde. Es war die erste Regierungserklärung, die sich mit archäologischen Dingen auseinandersetzte; und ihre Existenz hing wiederum ursächlich mit der Entzifferung der Hieroglyphen zusammen, die das alte Ägypten zurückgeholt hatte aus dem lautlosen Dunkel der Vergangenheit ans grelle Tageslicht beschreibbarer, darstellbarer Geschichte.

Champollion selbst erlebte diesen Triumph, der allerdings ein recht zweifelhafter werden sollte, wie die nachfolgenden Ereignisse in Ägypten bestätigten, nicht mehr – er starb drei Jahre vor der Proklamation dieser Erklärung. Sein Todestag war der 4. März 1832, die Todesursache war ein Schlaganfall. Und, was heute gerne verschwiegen wird, mit seinem Tod setzten auch wieder mit erstaunlicher Vehemenz die Schmähungen ein, die aus allen zivilisierten Ländern, auch aus Frankreich, kamen und die Ruhmestat Champollions als Fälschung, als Irreführung oder als geistige Hochstapelei bezeichnen sollten. Es dauerte noch einmal Jahrzehnte, bis sich die Erkenntnis durchsetzte, daß Jean François Champollion den richtigen Weg gegangen war. Aber das ist schon wieder eine andere Geschichte.

VI
EIN SAMMLER VON INSEKTEN FINDET NINIVE

Auch die Geschichte der Archäologie ist nicht frei von Verwirrung und Widerspruch, auch in den Biographien der Archäologen findet sich Gegensätzliches, nur schwer Erklärbares. Das ist eine der ersten Erfahrungen, die man macht, wenn man sich gleichsam kopfüber in diesen Ozean aus Gewißheit und Verdacht, aus zögernder Vermutung und triumphierender Feststellung stürzt, der die Archäologie schließlich ist. Wer war zum Beispiel wirklich der Entdecker von Ninive? Xenophon mit seinen zehntausend griechischen Söldnern, die durch den Orient und Kleinasien irrten, weil im Augenblick niemand ihre Schwerter und Fäuste benötigte? Xenophon kam an Ninive vorüber, hielt die Ruinen, über die schon Gras wuchs, für eine aufgegebene Partherstadt. Oder war es vielleicht doch Herodot, der über alles und jedes Bescheid wußte? Oder Lukian, der griechische Satiriker aus Syrien, der spottend Ninives verlorene Größe beschrieb? Nein, Entdecker konnten alle drei nicht sein, denn Ninive war zu ihrer Zeit noch nicht wirklich verlorengegangen. Man wußte sogar noch später von der Existenz dieser geheimnisvollen Stadt, woran nicht zuletzt die leidenschaftlichen Metaphern hebräischer Geschichtsschreiber schuld waren, die mit immer neuen Zornausbrüchen und mit »glutvollen Aussprüchen« die ehemalige Hauptstadt der einst allmächtigen Assyrer bedachten.

Wann aber ging Ninive tatsächlich verloren? Wann verschwand es im Halbdunkel orientalischer Mythen und unterm wehenden Steppengras des nördlichen Syrien, durch das die beiden vielleicht ältesten, zweifellos berühmtesten Flüsse der Menschheitsgeschichte rauschen? Es gibt Archäologen, auch Historiker, die sagen, daß Ninive nach seiner Zerstörung durch Babylonier und Meder im Jahre 612 v. Christus sozusagen über Nacht den Menschen völlig verlorengegangen sei. Das klingt einleuchtend, widerspricht aber andererseits den Inhalten des Alten Testaments, das zumindest für den jüdischen Kulturbereich den Rang eines historischen Dokumentarberichts besitzt. Es war dann im 12. Jahrhundert auch tatsächlich wieder ein Jude, nämlich der Rabbi Benjamin aus Spanien, der eine Beschreibung des Ruinenhügels von Ninive lieferte. Vergessen, verschwunden, aus dem Gedächtnis der Völker geglitten konnte diese gewaltige Stadt also kaum gewesen sein. Der Rabbi, später ein deutscher Ritter, ein Arzt aus Augsburg und andere Orientreisende berichten übereinstimmend, daß die mächtigen »Lehmziegelmauern wie Steinbrüche« ausgebeutet wurden. Leonhart Rauwolf, der Augsburger Arzt, wandert 1575 von Mossul aus ans linke Tigrisufer und findet, ohne eigentlich lange gesucht zu haben, Ninive; er hatte den Bericht des Rabbi Benjamin bei sich.

Es gibt noch einen anderen überzeugenden Beweis dafür, daß die Erinnerung an eine großartige Kultur im Zwischenstromland niemals wirklich verlorengegangen war, wie heute noch manche Wissenschaftler hartnäckig behaupten. Dieser Beweis lag in der Bibel begründet; und er findet sich in einem wegweisenden Werk, und zwar in Winckelmanns *Geschichte der Kunst des Altertums;* obwohl in ihr immer nur von griechischen und römischen Kunstwerken die Rede ist, wird nicht bestritten, daß es auch im Zwischenstromland, im Orient, beispielhafte Denkmäler der bildenden Kunst geben könnte. Und zwei so berühmte Reisende wie Pietro della Valle und der französische Abbé de Beauchamp brachten sogar »beschriebene Backsteine« von diesen angeblich verschwundenen, vergessenen Ruinenhügeln im Zwischenstromland mit nach Europa. Kann die Wiederentdeckung Ninives auf das Jahr 1808 angesetzt werden? Vorsichtig mit Datierungen ist ein so angesehener Mann wie Leo Deuel, der in seinem vielgelesenen Buch *Das Abenteuer Archäologie* einmal meint, daß »die ersten Fundamente der assyrischen Archäologie« von einem Manne namens Claudius James Rich gelegt worden seien; das deutet allerdings auf die ersten Jahre des 19. Jahrhunderts hin. Und Ceram? Er war gleichfalls vorsichtig bei der Beantwortung dieser kniffligen Frage, wann denn nun tatsächlich die Entdeckung Ninives durch die Wissenschaft stattgefunden hätte. Der Franzose Jean-Claude Margueron hingegen stellte vor wenigen Jahren apodiktisch fest, daß 1842 das Geburtsjahr der mesopotamischen Archäologie sei, als nämlich »im Dezember dieses Jahres Paul Emile Botta den Spaten im Bereich des versunkenen Ninive« ansetzte. – Ich denke, daß es nur vernünftig ist, sich von dieser Diskussion fernzuhalten. Ich beschränke mich auf die Feststellung, daß Ninive, obgleich es keinesfalls die älteste Hauptstadt Assyriens war und nur eine kurze Blütezeit erleben durfte, nämlich von etwa 704 v. Chr. bis 612 v. Chr., doch eines der ältesten Kulturgebiete der Menschheit darstellt, denn jüngste Funde haben eindeutig nachgewiesen, daß es bereits im 5. vorchristlichen Jahrtausend auf dem Gelände der späteren assyrischen Hauptstadt eine menschliche Siedlung gegeben hatte.

Wer aber waren nun Männer wie Claudius James Rich und Paul Emile Botta, die von der Mehrzahl aller Chronisten als die Wiederentdecker und ersten Ausgräber Ninives bezeichnet werden? Der eine, ältere und weniger glückliche Spurensucher im mesopotamischen Sand und Steppengras, Rich, war Engländer; der andere, jüngere, auch nicht gerade vom Glück begünstigte Ausgräber, Botta, war ein piemontesischer Franzose; im Dezember 1802 war er als Sohn eines nicht unbedeutenden italienischen Historikers in Turin zur Welt gekommen; Archäologen im professionellen Sinne des Wortes waren natürlich beide nicht. Rich, ausgeprägtes Sprachtalent, arbeitete für die Ostindische Gesellschaft und wurde 1808 als deren Vertreter nach Bagdad entsandt; da war er knapp vierundzwanzig Jahre alt, beherrschte einige orientalische Sprachen sowie mindestens einen chinesischen Dialekt und hatte schon mehrere Reisen durch Mesopotamien unternommen. Botta, der behütete Bürgersohn, hatte Medizin studiert,

interessierte sich für Naturwissenschaften und war um das Jahr 1830 in die Dienste des neuerungssüchtigen Pascha Mehmed Ali von Ägypten getreten; was einem Mann wie Belzoni vor rund fünfzehn Jahren verwehrt geblieben war, nur weil sich dessen Diener bei der Erprobung einer neuartigen Wasserpumpe ein Bein gebrochen hatte, gelang dem jungen Arzt und Privatgelehrten sozusagen auf Anhieb. Zu dieser Zeit hatte er übrigens schon eine Weltreise hinter sich, würde er demnächst, 1833, französischer Konsul in Alexandria werden und eine Reise durch mehrere arabische Länder unternehmen. Den überwiegenden Teil seiner Zeit verbrachte Botta allerdings damit, Insekten zu sammeln. Er war zweifellos ein besserer Insektensammler als Arzt; und er war als Arzt eine Koryphäe, verglichen mit seinen archäologischen Kenntnissen.
In dieser Zeit, die für Botta eine durchaus erfreuliche gewesen sein dürfte, weil mit an Sicherheit grenzender Wahrscheinlichkeit eine kontinuierliche Karriere im öffentlichen Dienst und eine ständige Ausweitung seiner naturwissenschaftlichen Arbeiten zu erwarten waren, stieß er zufällig auf ein Buch, das die Witwe des inzwischen verstorbenen C. J. Rich herausgegeben hatte; es enthielt einen Bericht über die an sich eher bescheidenen Grabungsergebnisse in Ninive sowie eine Darstellung einiger mesopotamischer Ruinenhügel, soweit der Beauftragte der »East India Company« von Bagdad aus Zeit und Gelegenheit gehabt hatte, die verschiedenen Schauplätze zu besichtigen. Wir wissen nicht genau, welche spontane Wirkung dieses Buch auf Paul Emile Botta ausgeübt hat. Wir wissen jedoch, daß Botta bald darauf sich auch um Expeditionsberichte anderer Orientreisender zu bemühen begann. Da gab es einen britischen Arzt namens Ross, einen anderen Engländer, der Fraser hieß, und auch einen Colonel Francis Rawdon Chesney. Sie alle hatten aus unterschiedlichen Anlässen die verschiedensten Expeditionen in das Zweistromland unternommen und darüber mehr oder minder aufschlußreiche Berichte verfaßt. Und in jedem dieser

Berichte war von gewaltigen Ruinenhügeln die Rede, kam der Name Ninives vor. Rich hatte in seinem Buch sogar Bilddenkmäler aus Stein erwähnt, ein Umstand, den Botta als sensationell empfinden mußte. Denn bis in die vierziger Jahre des 19. Jahrhunderts wußte man zwar verhältnismäßig viel von den alten Kulturen Mesopotamiens, aber es war ein ausschließlich theoretisches Wissen. Und von steinernen Bildwerken, also von Statuen, war nie die Rede gewesen.

Man ist auf Vermutungen angewiesen, wie es Botta fertigbrachte, von seinem verhältnismäßig bequemen Konsularposten in Alexandria eine diplomatische Versetzung nach dem nordsyrischen Mossul zu erreichen. Ganz abgesehen davon, daß dieses Mossul eine der erbärmlichsten Städte des osmanischen Reiches war – und heute noch, wie ich aus eigener Anschauung mehrmals feststellen mußte, mit seiner eigenen Verwahrlosung, seinem sozusagen historischen Schmutz kokettiert –, war Mossul auch nicht gerade eine erstrebenswerte Etappe auf dem Weg zum Erfolg. Und doch gewann Mossul, das eine sehr alte, traditionsreiche Stadt ist, in der Kurden und Araber gemeinsam mit Levantinern und Türken eine pittoreske Symbiose bildeten, in den folgenden Jahren an grundsätzlicher Bedeutung für die Geschichte der Archäologie.

Vielleicht sollte man an dieser Stelle eines elsässischen Orientalisten namens Julius von Mohl gedenken, der eines Tages anläßlich eines Besuches in London Gelegenheit hatte, eine kleine Sammlung jener Funde zu besichtigen, die Claudius James Rich aus den Ruinenhügeln Mesopotamiens, und hier vor allem aus dem Hügel von Ninive, geborgen hatte. Rich war ungemein vorsichtig vorgegangen, hatte nicht im üblichen barbarischen Stil seiner Zeitgenossen gewütet, sondern jedes gefundene Stück gekennzeichnet und darüber hinaus auch die Lage der Fundorte kartographisch erfaßt, was völlig ungewöhnlich war für die damalige Zeit. Mohl, der die Resultate dieser mühsamen Arbeit vielleicht besser als andere Wissenschafter zu würdigen verstand, war jedenfalls von der kleinen Ausstellung – die immerhin die erste Sammlung altmesopotamischer Kulturdenkmäler auf europäischem Boden war – natürlich außerordentlich beeindruckt, eilte sogleich nach Frankreich zurück und bestürmte die Regierung, Männer und Mittel zur Verfügung zu stellen, damit man an den Ufern von Euphrat und Tigris endlich umfangreiche Ausgrabungen zur Ehre und zum Ruhm Frankreichs veranstalten könnte.

Archäologie sowohl im ästhetischen Sinne antiker Kunstgeschichte als auch in ihrer wissenschaftlichen Form der Einbringung bedeutender Kunstwerke war spätestens seit der napoleonischen Ägyptenexpedition von 1798 und der schmählichen Auslieferung aller Funde an die siegreichen Briten im Jahre 1801 in Frankreich eine Sache des nationalen Prestiges. Sie wurde aber auch in England von nationalen Emotionen getragen, was hier freilich auch praktische Beweggründe besaß, denn der Landweg nach Indien führte über Kleinasien und Mesopotamien, also über Regionen, von deren unermeßlichem Reichtum an archäologischen Schätzen man immer wieder ausführlich zu hören bekam. Archäologie spielte am Rande der großen Politik in Ägypten eine Rolle, die man nicht nur unter einem wissenschaftlichen Aspekt betrachten darf. Es war auch hier eine Frage des nationalen Ehrgeizes, ob nach den dringenden Warnungen Champollions, der den ägyptischen Vizekönig Mehmed Ali vor einem Ausverkauf der pharaonischen Kulturdenkmäler gewarnt hatte, nunmehr ein Franzose oder ein Brite Aufseher über alle Museen und archäologischen Schauplätze Ägyptens wurde; ob also jene berühmte Regierungserklärung vom 15. August 1835, darin Archäologie erstmals auch eine Angelegenheit der öffentlichen Verwaltung wird, zugunsten der Ehre französischer oder zugunsten des Ehrgeizes britischer Wissenschaftler interpretiert wurde. Es entwickelte sich um die Mitte des 19. Jahrhunderts sogar eine Art Wettlauf zwischen den beiden Nationen, welcher Ausgräber die spektakulären Funde in sein Heimatland brachte, welches Museum, also Louvre

oder Britisches Museum, die schöneren und kostbareren Exponate ausstellen konnte. Es war fast wie ein Krieg mit zivilen Mitteln und intellektuellen Methoden. Einmal lagen die Franzosen vorne, wenn zum Beispiel einem Genie wie Jean François Champollion der Triumph über den englischen Arzt Thomas Young gelang und die Entzifferung der Hieroglyphen eine französische Angelegenheit wurde; oder wenn die Regierungskommissäre für die altägyptischen Altertümer, die vornehmlich in Kairo und Luxor eingesetzt wurden, Franzosen waren. Und dann wieder hatten die Briten die Nase vorne, wobei, wenn man unterm Strich zusammenzählt, die Franzosen bis um die Mitte des 19. Jahrhunderts auf dem Gebiete der Archäologie tonangebend waren, während später die Briten eindeutig die Führung in diesem seltsamen Wettstreit an sich reißen konnten. Von den Deutschen, nebenbei bemerkt, war damals so gut wie gar nicht die Rede; ihre große Zeit sollte erst später kommen.
Man muß jedes Wort sorgfältig wählen, wenn man die folgende Geschichte wirklichkeitsnah oder zumindest der Wahrscheinlichkeit entsprechend erzählen will. Botta, von dem man den Eindruck haben darf, daß er ein konservativer Charakter war, ehrgeizig, gesellschaftlich gewandt, die Voraussetzungen einer vernünftigen Karriere stets im Aug' behaltend, selbstverständlich ein Royalist, was ihn später, wenn in Frankreich die politischen Verhältnisse einer anderen, liberaleren Strömung gehorchen werden, um die Früchte aller Bemühungen bringen wird, Botta erreicht es jetzt mit Unterstützung Mohls, daß ihn die französische Regierung nach Mossul schickt. Man ist zwar in Paris noch abwartend, aber durchaus bereit, bei den ersten Erfolgen positive Konsequenzen zu ziehen. Und Botta wiederum, der passionierte Insektensammler, der bisher im Gegensatz zu anderen Orientreisenden keine beschrifteten Tonscherben, sondern aufgespießte oder einkonservierte Schmetterlinge und Fliegen nach Frankreich gebracht hatte, scheint plötzlich wie von einem Fieber befallen zu sein – Kinder, die in Sandgruben Ar-

chäologie spielen, wissen in aller Unschuld ganz genau, was das tatsächlich bedeutet.
Mossul, Syrien, der heutige Irak, ganz Mesopotamien war damals – und ist es im Grunde auch heute noch – ein ebenso tragischer wie nachdrücklicher Beweis dafür, daß Landschaften, in denen einst die großen Anfangskulturen der Menschheit entstanden sind, im Verlaufe der Zeit nicht nur jede Erinnerung an diesen glänzenden Beginn verlieren, sondern sogar in eine Primitivität des Lebens und der wichtigsten zivilisatorischen Bedürfnisse zurückfallen, die erschreckend ist. Geschäftsleute, Reisegruppen, Wissenschaftler, ja sogar Diplomaten wissen aus unangenehmer Erfahrung, wovon hier die Rede ist. Man darf nicht mit europäischen Vorstellungen und Wünschen in diese Länder gehen; die Mentalität der Menschen ist dort eine völlig andere; ihre Ehrbegriffe, ihre moralischen Ansichten unterscheiden sich grundsätzlich von denen eines Europäers, was gar keine qualitative Wertung darstellt, sondern einfach als Realität betrachtet werden muß. Eine tiefverwurzelte Lethargie, die alle Bereiche des Lebens erfaßt, immer wieder unterbrochen von einem ekstatischen Fanatismus und einem je nach der politischen Situation weniger oder stärker spürbaren Fremdenhaß, bereiteten und bereiten auch jetzt noch den Ausgräbern in diesen Ländern erhebliche Schwierigkeiten. Und das alles, was ich aufgrund eigener Erfahrungen bestätigen kann, was ich teilweise selbst Ende der sechziger, Anfang der siebziger Jahre in Syrien und dem Irak erlebte, ohne daß ich deshalb Augenblicke spontaner Herzlichkeit und rührender Hilfsbereitschaft verschweigen dürfte, das alles war damals, als Paul Emile Botta, der Insekten sammelnde Arzt, der nun ein Entdecker und Ausgräber werden wollte, in Mossul ankam, noch durch den fatalen Umstand potenziert, daß dies eine der ärmsten, rückständigsten türkischen Provinzen war. Die Menschen waren auf unvorstellbare Weise abergläubisch. Eine dünne Oberschicht türkischer und levantinischer Kaufleute und Verwaltungsbeamten terrorisierte die einheimische Bevölkerung. Es gab

Stammesfehden; Banden durchstreiften plündernd und mordend die weiten Ebenen der nordmesopotamischen Steppen. Seuchen brachen mit einer gewissen Regelmäßigkeit aus; und das Klima war – und ist es ja auch heute noch – für den Europäer mörderisch.

Das alles sollte man sich vorzustellen versuchen, wenn man an das Jahr 1840 denkt, an den achtunddreißigjährigen Vizekonsul, was ein pompöser Titel für einen schäbigen Posten war, der, vom schönen und zivilisierten Alexandria kommend, in Mossul eintraf, ausgehend von nichts anderem »als von einer vagen Hoffnung, gemischt mit Neugier«, wie das Ceram formuliert hat. Was arbeitete damals ein französischer Diplomat in Mossul? Damals, 1840, als noch niemand davon eine Vorstellung hat, daß es in hundert Jahren die flackernden Flammen der abgefackelten Gase über den nordmesopotamischen Ölfeldern sein werden, die den nächtlichen Horizont in ein unwirkliches, gespensterhaftes Glühen und Brennen tauchen; und daß die wenigen Reisegruppen, von Bagdad aus, sofern sie Glück haben, mit der täglichen Linienmaschine zu den weltberühmten Ausgrabungsstätten einfliegen werden. Europäer kommen 1840 nur spärlich durch diese Region. Einmal, etwa anderthalb Jahre, nachdem Botta in Mossul angekommen war, erscheint ein Engländer in der Stadt, mit dem es einen ersten Berührungspunkt dadurch gibt, daß er hugenottischer Abstammung ist; sein Name ist Austen Henry Layard. Aber sonst? Botta hat also hinreichend Zeit, sich an den beiden Ufern des Tigris umzusehen.

Doch gehörte er nicht unbedingt zu jenen allzusehr vom Glück begünstigten Ausgräbern, die bloß den Spaten anzusetzen brauchten, um ihr Troja zu finden. Anfangs war er aufs genaueste den Berichten jenes C. J. Rich gefolgt, die ja eigentlich das auslösende Moment für seine gegenwärtige Situation gewesen waren. Damals begann er an einem Platz zu graben, wo der Überlieferung zufolge jener Prophet Jonas seine letzte Ruhestätte hatte, der einst im äußersten Nordwesten der syrischen Mittelmeerküste, unweit des antiken Antiochia und heute türkischen Antakya, aus dem Bauch des gewaltigen Fisches an Land geschleudert worden war. Ein solches Grab, auch wenn es nur in den Mythen der Eingeborenen vorkommt, wäre immerhin ein vielversprechender Anfang gewesen. Aber es waren eben diese Eingeborenen, die Botta vom Nebi Junus, wie der Ort hieß, wieder vertrieben. Das war um die Jahreswende von 1842 auf 1843. Nun geht Botta nach Kujundschik, wo er jenen auffälligen Hügel, den schon Rabbi Benjamin und auch andere genau beschrieben haben, mehr oder minder nur ankratzt, ohne wirklich etwas zu erreichen. Im März 1843 wendet er sich daher einem Ort namens Chorsabad zu, nachdem ihn einheimische Arbeiter immer wieder auf diesen Platz aufmerksam gemacht hatten, der rund zwanzig Kilometer nördlich von Kujundschik liegt. In Kujundschik selbst war es ihm nicht gelungen, mehr als bloß einige eher belanglose Funde zu machen. Jetzt, im März 1843, fast schon entmutigt durch die vielen Rückschläge und Mißerfolge, bedrängt durch Schwierigkeiten mit den türkischen Lokalbehörden und allmählich zweifelnd an der Richtigkeit der Darstellungen von Rich, geht Botta also doch nach Chorsabad, setzt den Spaten an und findet innerhalb kürzester Zeit die Mauern eines großen assyrischen Palastes, ferner skulptierte Reliefs – Winckelmann hatte demnach richtig gedacht, als er von der Möglichkeit mesopotamischer Bildwerke sprach – und zahlreiche Tontafeln mit rätselhaften Zeichen darauf, die vorerst niemand entziffern kann. Botta ist überglücklich. Er schickt sogleich Eildepeschen nach Paris, in denen er davon spricht, Ninive entdeckt zu haben. Und in Paris drucken sie die Zeitungen in riesiger Aufmachung nach. Frankreich hat wieder einmal einen glorreichen Triumph auf dem Gebiet der Archäologie erreicht . . . Niemand forscht nach, ob dieser Triumph auf Wahrheit beruht, ob Chorsabad, das armselige Araberdorf, wirklich im Schatten des Ruinenhügels von Ninive liegt.

Chorsabad war, was immer auch nachfolgen sollte, eine glänzende archäologische Entdeckung. Es war ein Ruinenhügel, unter dem ein Palast des Assyrerkönigs Sargon II. verborgen lag, der irgendwann in der Zeit zwischen 721–705 vor Chr. entstanden sein dürfte, eine Art »Versailles, ein riesenhaftes Sanssouci aus dem Jahre 709«, wie Ceram hundert Jahre nach dieser ersten Entdeckung im Norden Mesopotamiens schreiben sollte. Aber das alles ahnte Botta noch nicht. Er trieb die Arbeiter zu unerhörten Anstrengungen an, depeschierte immer neue Erfolgsmeldungen nach Paris, die an sich durchaus berechtigt waren, weil tatsächlich erstaunliche Dinge zum Vorschein kamen. In Paris überboten sich die Abgeordneten der französischen Deputiertenkammer in ihren Bemühungen, Geld, Material und Hilfskräfte nach Mossul zu entsenden. Und in Mossul selbst trat zuerst ein übler Schurke, wie er in keiner dieser doppelbödigen Komödien fehlen darf, die jetzt hier im nordirakischen Steppenland gespielt wurden, auf spektakuläre Art in Erscheinung, und dann, gleichsam als strahlender Held, der geduldig in den Kulissen auf sein Stichwort wartet, jener Brite hugenottischer Abstammung namens Austen Henry Layard, dessen Bekanntschaft Botta bereits 1842 gemacht hatte. Die Komödie von Mossul nahm ihren Fortgang; daß sie einen tragischen Hintergrund besaß, ahnte noch niemand. Ninive war endlich gefunden; die zivilisierte Welt jubelte. Aber Chorsabad war nicht Ninive.

Ich muß an dieser Stelle gewissermaßen als retardierendes Moment meine eigene Neugier erwähnen. Warum eigentlich gab es auf den Schauplätzen im Vorfeld von Mossul, in ihren Lehmhütten, einen Schurken, einen Helden und, wie es doch wohl den Anschein hatte, eine tragische Figur, nämlich Botta, der selbst in den Augenblicken seines größten Erfolges unentwegt Gefahr zu laufen schien, alles zu verlieren? Hängt das vielleicht mit dem Charakter des italo-französischen Arztes und nunmehrigen Ausgräbers zusammen? Spielt die Mentalität türkischer Verwaltungsbeamter, einheimischer Araber und ruhelos die Steppen durchstreifender Beduinen wirklich eine so große Rolle bei der Spurensuche nach einer der ältesten Kulturen der Menschheit? Oder war der Schur-

ke, der in diesem Falle durch den lokalen türkischen Gouverneur repräsentiert wurde, von solch übermächtiger Dämonie, daß selbst die Engel vergeblich dagegen angekämpft hätten? Ich gestehe auch ein, daß ich, als ich Cerams *Götter, Gräber und Gelehrte* erstmals als Heranwachsender gelesen hatte, mich verzweifelt fragte, weshalb Botta nicht einen Revolver genommen und den widerlichen, habgierigen und verleumderischen Türkengouverneur über den Haufen geschossen hat; die Bauern – später wird es eines Nachfolgers wegen, der das Scheusal an Gemeinheit noch übertreffen wird, sogar einen Aufstand in ganz Nordmesopotamien geben –, aber auch die Beduinen hätten Botta deshalb gewiß kein Haar gekrümmt, diese klassischen Figuren, die einer Guckkastenbühne entsprungen scheinen. Ich verstand also diesen sentimentalen Botta nicht, damals, vor einem Vierteljahrhundert, als ich lesen mußte, wie ihm der Gouverneur in Mossul zusetzte, wie er ihn demütigte, beleidigte, seine Arbeit zunichte machte. »Er stellte einen Ring von Wächtern um den Hügel von Chorsabad«, schrieb Ceram; und: »Dieser gierige Verwaltungsbeamte hatte nur eine Erklärung für Bottas rastlose Grabung: Goldsuche!« – Und Botta kämpfte geduldig einen Zwei-Fronten-Krieg: einmal gegen den Gouverneur und dessen Handlanger, und einmal gegen die Schwierigkeiten, die kolossalen Funde, die er in des Wortes doppelter Bedeutung jetzt machte, nach Paris und in den Louvre zu bringen.
Der Schurke ließ alle Minen springen, griff zu terroristischen Mitteln, denunzierte im fernen Istanbul den Franzosen. Botta arbeitete wie ein Wahnsinniger, kämpfte gegen den Aberglauben und auch gegen die Furcht seiner Leute vor den Schikanen der Türken. Der strahlende Held aber, der noch eine so bedeutende Rolle spielen sollte, stand abwartend am Rande des Schauplatzes und wartete auf seinen ersten großen Auftritt; sein Name war, um noch einmal daran zu erinnern, Layard. Zu allem Überfluß gab es auch noch eine andere Schwierigkeit; viele der ausgegrabenen Skulpturen waren aus verderblichem Alabaster, die in dem Augenblick, da sie

aus der schützenden Umklammerung des jahrtausendealten Erdreiches hervorgeholt wurden, wie Staub zerfielen. Dagegen gab es nur eine theoretische Abhilfe; man mußte mit dem Zeichenstift zu bewahren versuchen, was unter der Sonne dahinschmolz. Aus Paris kam Frankreichs genialster Zeichner angereist, Eugène Napoleon Flandin, der schon reichliche Erfahrung hatte im Umgang mit leicht zerbröckelnden Altertümern. Außerdem ließ Botta Flöße bauen, was angesichts der katastrophalen Holzarmut in dieser Gegend nicht ganz einfach zu bewerkstelligen war. Einige der gewaltigsten Bildwerke wurden darauf verladen, um dann dem Tigris anvertraut zu werden. Es gab Unglücksfälle, die schwachen Flöße sanken, mit ihnen die Skulpturen. Man kann heute noch mit einiger Phantasie am linken Tigrisufer oberhalb Mossuls sich vorzustellen versuchen, daß unter dem lehmgelben, schmutzigbraunen Wasser des Flusses, auf das man mit einer Mischung aus Verzückung und Furcht blickt, einige der Götter und Heroen Assyriens liegen, die blinden Augen voll Schlamm und die steinerne Haut längst zerkratzt vom mächtigen Geschiebe des Stromes.

Aber einer dieser merkwürdigen Transporte erreichte den Persischen Golf, wurde auf Hochseeschiffe umgeladen, trat eine lange Reise an, landete eines Tages in einem französischen Hafen und wurde im Triumphzug in den Pariser Louvre gebracht. Man hatte inzwischen zwar begriffen, daß es sich bei Bottas Entdeckung nicht um Ninive handeln konnte, aber man wußte um die unerhörten Schwierigkeiten, denen die Ausgräber von König Sargons Palaststadt ausgesetzt waren; und man begann zu ahnen, daß mit dem, was Botta in der irrigen Meinung, Ninive gefunden zu haben, der nordmesopotamischen Steppe entrissen hatte, ein neues, bisher unbekanntes Kapitel in der Geschichte der Menschheit aufgeschlagen wurde. Es war aber auch die Hoffnung Winckelmanns auf »große und beträchtliche Bilddenkmäler des Alten Orient« in Erfüllung gegangen. Und vor allem hatte Botta gemeinsam mit dem Zeichner Flandin nachdrücklich bewiesen,

daß Archäologie eine ernstzunehmende Wissenschaft war. Spätere Vorwürfe, daß der Franzose lediglich ein Raubgräber gewesen sei, ein Barbar auf den Ruinenhügeln Mesopotamiens, verfehlten völlig ihr Ziel.
Bottas größter Erfolg, oder sagen wir, der Erfolg mit der nachhaltigsten Wirkung bestand dann allerdings in der methodischen Sichtung, Zusammenfassung und Publikation seiner mesopotamischen Erlebnisse, wobei jetzt die Zeichnungen Flandins voll zur Wirkung kommen konnten. Denn als Botta 1849 mit der Herausgabe eines fünfbändigen Sammelwerks über die von ihm entdeckten und erforschten Ruinenhügel am linken Tigrisufer im Bereich von Mossul gleichsam literarische Rechenschaft ablegte, da waren es natürlich vor allem die Zeichnungen, die dem französischen und später auch dem internationalen Publikum eine genaue Vorstellung von den Kunstschätzen gaben, die man aus der Steppenlandschaft im Norden Mesopotamiens geborgen hatte; und auch von den schwierigen, aber durchaus romantischen, ja faszinierenden Verhältnissen, unter denen diese archäologische Leistung entstanden war. Diese fünfbändige Ausgabe, die innerhalb von zwei Jahren abgeschlossen war, beschrieb eine neue Welt, über deren biblisches Alter man sich erst jetzt konkrete Vorstellungen zu machen begann. Zugleich aber war das Werk auch eine Art Kunstgeschichte besonderer Art, denn die Ästhetik eines Bildwerkes, hohes handwerkliches Können, Phantasiereichtum und starke künstlerische Aussagekraft waren bisher Voraussetzungen für klassische Kunstwerke gewesen, für griechische Skulpturen, römische Statuen, äußerstenfalls auch für Bildwerke aus dem pharaonischen Ägypten. Es war also durch Botta nicht nur eine alte Zivilisation der Vergangenheit entrissen worden, sondern auch eine neue alte Kunst. Der Erfolg seiner Veröffentlichung, unterstützt durch die Zeichnungen Flandins, flankiert von den Beweisstücken aus Mesopotamien, die man im Louvre besichtigen konnte, war dementsprechend groß. Botta hätte ein glücklicher, rundum zufriedener Mann sein können.

Aber es gibt Schicksale, über deren Verlauf man später, wenn alles vorbei und scheinbar vergessen ist, bloß staunend den Kopf schütteln kann. Jener britische Lord Elgin, der die Skulpturen vom Parthenon nach London gebracht hatte, wäre ein gutes Beispiel dafür; auch Winckelmanns Biographie ist keineswegs frei von Schattenseiten; und der Riese aus Padua, Giovanni Battista Belzoni, der mit roher Kraft und subtilem Verstand das Zeitalter der Archäologie in Ägypten eingeleitet hatte, gehört ebenfalls zu diesen eher tragischen Figuren. Und Paul Emile Botta! Er sogar in mehrfacher Hinsicht, obgleich man annehmen möchte, daß der Erfolg, der ihm zuteil geworden war, ihn für manche Demütigung und Enttäuschung entschädigt hätte. Trotzdem zählt sein Abgang vom mesopotamischen Schauplatz zu den ernüchternden Erfahrungen, daß Tagesruhm und augenblicklicher Erfolg nur wenig zählen. Ich erwähnte schon, daß er ein Royalist war, ein konservativer Mensch, dessen politische Neigung dem Bewahren alter, wohlvertrauter Ordnungen galt. Das war natürlich auch in Paris bekannt. Und als 1848 die Republikaner in ganz Frankreich an die Macht gelangten, da waren die Jubelschreie in der Deputiertenkammer, die vor ein paar Jahren noch ausnahmslos Botta und seiner faszinierenden Leistung gegolten hatten, natürlich längst vergessen. Einen Royalisten konnte man nicht an einem wichtigen Platz belassen. Und da Botta ja immer noch Diplomat war, immer noch abhängig war von der Dotierung und dem Avancement in seinem Brotberuf – als Arzt scheint er zu wenig Vertrauen in seine Fähigkeiten gehabt zu haben, um eine eigene Praxis aufzumachen –, war es jetzt für ihn eine peinliche Erfahrung, gleichsam über Nacht ins Abseits gedrängt zu werden. Man schickte ihn auf einen völlig unbedeutenden Posten nach Nordafrika. Die Ruinenhügel Mesopotamiens, auf die nun voll Spannung die Augen der zivilisierten Welt gerichtet waren, blieben ihm endgültig verschlossen. Sein Ninive würde ein anderer finden und ausgraben.

Und das hängt mit der anderen, vielleicht noch gravierenderen Enttäuschung zusammen, die Botta hinnehmen mußte. Denn diesen anderen, der überdies glücklicher sein würde als er, bedenkenloser, ungestümer, erfolgreicher, diesen anderen gab es bereits. Und er hatte ihn sogar flüchtig kennengelernt, damals, während der dramatischen Tage von Mossul, als es noch den Anschein hatte, als ob Bottas Aufstieg in schwindelnde Höhen nicht mehr aufhaltbar, als ob sein Ruhm nicht mehr reduzierbar wäre. Der Name dieses anderen war Layard. Und wessen er tatsächlich fähig war, welche Imaginationen, Träume, ehrgeizigen Pläne seinen Verstand beschäftigten, seine Phantasie reizten, wäre auch Botta rasch klargeworden, wenn er damals in Mossul nicht nur ein paar höfliche Phrasen mit dem Hugenotten aus London gewechselt, sondern auch einen Blick in dessen Tagebuch geworfen hätte. »Am 10. April kamen wir in Mossul an«, hieß es da unter anderem. »Hier hielten wir uns kurze Zeit auf und besichtigten die großen Ruinen am Ostufer des Flusses, die allgemein für die Überreste Ninives gehalten werden. Wir ritten auch in die Wüste hinein und erforschten den Hügel Kalah Scherghat, eine ausgedehnte Trümmerstätte am Tigris etwa 80 Kilometer unterhalb seines Zusammenflusses mit dem Großen Zab. Auf unserem Ritt dorthin machten wir für die Nacht in dem kleinen Araberdorf Hammun Ali Rast, das noch von den Spuren einer alten Stadt umgeben ist. Von der Spitze einer künstlichen Erhöhung blickten wir auf eine breite, durch den Fluß von uns getrennte Ebene hinab. Nach Osten grenzte sie eine Reihe stattliche Hügel ab, deren einer sich hoch über die anderen erhob und die Form einer Pyramide hatte. Ihre Lage machte die Identifizierung leicht. Das dort war die von Xenophon beschriebene Pyramide, in deren Nähe die Zehntausend Lager bezogen hatten, und die Ruinen ringsum mußten die gleichen sein, die der griechische General vor 22 Jahrhunderten gesehen hatte und die bereits damals die Reste einer alten Stadt waren!« – Wer so formuliert, wer mit solchen Blicken eine Landschaft betrachtet, wer solche Überlegungen und historische Reminiszenzen anstellt, ist nicht nur ein leichtsinniger Charakter, der aus purer Abenteuerlust fremde Länder und Kulturen aufsucht; hinter einer solchen Stirn, auf die der Abglanz der orientalischen Sonne und die Schatten jahrtausendealter Ruinenhügel fallen, arbeitet ein kühner Verstand, der sich durch Schwierigkeiten von einer einmal gestellten Aufgabe nicht mehr abbringen läßt. Botta, der Arzt, der Sammler von Insekten, dem bis zu einem bestimmten Augenblick in seinem Leben Fliegen, Spinnen, Schmetterlinge wahrscheinlich wichtiger gewesen waren als Tonscherben und antiker Alabaster, Botta, der Ninive gefunden hatte, ohne wirklich geahnt zu haben, welcher Schatz unter dem Ruinenhügel von Kujundschik auf seine Entdeckung wartete und der Sargons Palaststadt ausgrub, die seit rund zweieinhalb Jahrtausenden verschüttet gewesen war, Botta war bei allem Forscherdrang, auf den ihn letztlich das Buch des Engländers Rich geführt hatte, ein vorsichtiger, bewahrender Charakter; die geniale Geste absoluter Unbekümmertheit fehlte ihm genauso wie dieses Quentchen Glück, das man auch als Archäologe haben muß. Sein Nachfolger, Layard, der ihn auf so glänzende Weise übertrumpfen sollte, besaß beides: geniale Unbekümmertheit und grenzenloses Glück.

Paul Emile Botta starb, völlig vereinsamt, so gut wie vergessen, in einem winzigen Dorf namens Acheres unweit von Poissy. Sein Todestag war der 18. April 1870.

VII
LAYARD ODER GLÜCK ERSETZT PHANTASIE

Es gibt immer wieder Augenblicke im Leben, da man überrascht, ja sogar konsterniert den Kopf hebt und fragt, warum man das tut, womit man gerade beschäftigt ist. Jeder kennt diese Situation, in der man sich einbildet, daß alles vergeblich sei, was immer man auch unternehme. Ich erinnere mich an einen solchen defaitistischen Augenblick vor acht oder neun Jahren in einem Hotelzimmer in Mossul, das vom schwachen Licht einer schirmlosen Birne, die an einer dünnen Schnur von der Decke herabbaumelte, kaum ausgeleuchtet wurde; an den Wänden krochen Kakerlaken, rannten Spinnen; von der Straße dröhnte infernalischer Lärm herauf; es war unerträglich schwül; ich war den ganzen Tag über am anderen Tigrisufer gewesen, meine Lippen brannten, und ich hatte ein Gefühl, als ob die Sonne mir das Blut in den Adern gargekocht hätte. Und damals, während ich auf einer schmutzigen Matratze lag, über die ein graubraunes Laken gebreitet war, das auf eine so verwegene Weise zerrissen und zerfranst aussah, daß es fast schon wieder pittoresk war, damals überlegte ich mir zweifelnd, wozu das alles gut sein sollte, was ich da trieb. Archäologische Schauplätze, denen alle Skulpturen, Friese und andere spektakuläre Sehenswürdigkeiten abhandengekommen sind, erinnern mich ein wenig an einen einbalsamierten Leichnam, den man gründlich ausgeweidet hat. Man stolpert durch tiefe Gruben oder über staubige Erdhaufen und ruft die Phantasie zu Hilfe, um sich wenigstens eine ungefähre Vorstellung von jener Pracht zu machen, die man im Britischen Museum oder im Louvre noch gebührend bewundert hat. Es gibt nichts, was trostloser ist, dachte ich damals, als ein archäologisch vollkommen erfaßter Ruinenhügel im nördlichen Irak, der von der Sonne bombardiert und vom schwülen Südwind heimgesucht wird. Und mein nächster Gedanke war, daß nur Verrückte oder Leute mit einer frag-

würdigen Vergangenheit freiwillig in eine Stadt wie Mossul kommen oder Abenteurer, die das Außergewöhnliche in seiner primitivsten Form erleben wollen.
Austen Henry Layard war weder verrückt, noch besaß er eine fragwürdige Vergangenheit; auch die Lust am ungewöhnlichen Abenteuer, die man ihm keinesfalls absprechen kann, entbehrte nicht eines seriösen Hintergrunds, war gewissermaßen durch wissenschaftliche Interessen gerechtfertigt. Ich weiß natürlich nicht, ob auch er, ziemlich auf den Tag genau hundertdreißig Jahre vor meiner Anwesenheit in der Provinzhauptstadt am Tigris, ähnliche Empfindungen gehabt hatte; ich könnte es mir vorstellen, obgleich in seinen Berichten und Büchern immer nur die spontane Freude am wirklichkeitsnahen Leben, an der Bewältigung von Herausforderungen jeder Art beschrieben wird; aber über derlei autobiographische Texte und Selbstzeugnisse sollte man sich keine Illusionen machen. Eine Stadt wie Mossul, eine Landschaft wie die im Norden des Irak, vermag auch im verwegensten Charakter gelegentlich Depressionen zu erzeugen, vor allem dann, wenn die letzte Maschine nach Bagdad ausgebucht ist und der Taxifahrer für die Fahrt hinauf zur türkischen Grenze ein kleines Vermögen fordert. Ich konnte damals keinen Ruinenhügel mehr sehen; ich begann hysterisch zu zittern, wenn mir irgendein Araber oder Levantiner in einer schmierigen Djellaba, oder, was noch einschüchternder war, in einem abgewetzten europäischen Straßenanzug mit geheimnisvollen Gesten alte Tonscherben verkaufen wollte; und ich erlitt allein schon bei dem Gedanken, noch einmal auf eine der hohen Erdpyramiden am Ostufer des Flusses hinaufsteigen und mich der Sonne als freiwilliges Opfer darbieten zu müssen, einen Kreislaufkollaps.
Ich weiß, daß mich Männer wie Belzoni, Botta oder Layard nicht verstanden haben würden. Manchmal denke ich mir, daß das menschliche Geschlecht vor hundert, hundertfünfzig Jahren widerstandsfähiger war als heute. Oder aber diese Männer, die in die Hölle eindrangen, um ein Paradies zu ent-

decken, waren wirklich nicht mit normalen Maßstäben begreif- und beschreibbar. Dabei hatte Layards Biographie ähnlich wie die seines unmittelbaren Vorgängers Botta angefangen, nämlich gutbürgerlich. Er war am 5. März 1817 in Paris zur Welt gekommen – zu diesem Zeitpunkt war der Italiener Belzoni in Theben schon damit beschäftigt, den steinernen Riesenkopf des Ramses nach Alexandria zu befördern –, er entstammte einer hugenottischen Familie, die sich in England niedergelassen hatte, er konnte durch seinen Vater, der ein vermögender Mann gewesen war, eine unbeschwerte Jugend in Italien verbringen, er studierte, zurückgekehrt nach London, die Jurisprudenz und feierte seinen Eintritt ins Leben eines erwachsenen Mannes mit der Übernahme einer eher bescheidenen Position in einem Londoner Rechtsanwaltbüro. Versicherungspolizzen würden seinen weiteren Lebensweg begleiten; die delikate Frage, wie man sie nicht auszuzahlen brauchte, würde in den nächsten dreißig, vierzig Jahren seine Gedanken beschäftigen. Aber Layard hatte ganz andere Pläne. Ceram zum Beispiel erwähnt einmal nebenbei, daß des jungen Anwaltsgehilfen bevorzugte Lektüre die legendären *Märchen aus 1 001 Nacht* waren. Und aus Layards Selbstdarstellung wissen wir, daß er alle geographischen Handbücher, sofern sie vom Orient handelten, voll Eifer studierte; sogar Sprachstudien betrieb er, obgleich er nicht das Talent eines C. J. Rich oder P. E. Botta besaß. Und als Ende der dreißiger Jahre sein Vater starb und ein Onkel, der auf Ceylon eine ausgedehnte Plantage besaß, ihn zu sich einlud, da sprang sozusagen die Tür in eine Zukunft, wie Layard sie sich vorstellte, plötzlich weit auf.

Dieser »lebenssprühende Layard«, der von Jugend an die Unabhängigkeit mehr als andere liebte, »war jeder Konvention abhold, unternehmungslustig und schon als Schüler voller Ideen«, wie ihn Leo Deuel schildert; er war anfangs ein unglücklicher Aspirant auf eine eintönige Existenz in einer verstaubten Rechtsanwaltskanzlei, »dessen leidenschaftlicher Wunsch es gewesen war, den Orient zu erforschen«, wie er sich selbst charakterisierte. Layard nimmt nun die Einladung des Onkels aus dem fernen Ceylon zwar an, denkt aber schon bei seiner Abreise aus London keineswegs daran, diesen Bestimmungsort auch tatsächlich zu erreichen. Alles, was er gebraucht hatte, war eine Motivation für seinen Ausbruch aus den Anfängen einer bequemen und langweiligen Laufbahn gewesen, die ihn viele Jahre später ohnedies auf eine Art und Weise einholen würde, wie der junge Abenteurer, der auf alle Annehmlichkeiten »zivilisierten Reisens« verzichten will, jetzt das noch gar nicht vorhersehen kann. Im Jahre 1839 machte er sich jedenfalls auf den Weg, nennt als offizielles Ziel die Plantage seines Onkels auf Ceylon, spekuliert aber insgeheim mit dem Wunderbaren und Sensationellen, das sich in jedem Abenteuer verbergen kann.

Layard ist voll Optimismus. Lediglich mit einem Begleiter durchquert er auf dem Rücken eines Pferdes Kleinasien, dringt nach Syrien vor, erreicht die Steppen Mesopotamiens. »In dieser Weise war ich durch Kleinasien und Syrien gezogen«, erzählte er in seinen Erinnerungen, die voll Schwärmerei über das einfache, das naturverbundene Leben sind, »und hatte die Stätten alter Kultur und die durch die Religion geheiligten Orte besucht. Nun spürte ich das unwiderstehliche Verlangen, in die Länder jenseits des Euphrat vorzudringen, die Geschichte und Überlieferung als den Ursprung westlicher Weisheit bezeichnen.« – Hier sollte man, bevor einen der Enthusiasmus solcher Selbstdarstellung mitreißt, in aller Sachlichkeit notieren, daß Layard allerdings einige Male überfallen und ausgeplündert wurde, außerordentliche Schwierigkeiten mit Beduinen hatte, die ihn vorübergehend sogar in einer Art sklavischer Knechtschaft hielten, und so gut wie alle Krankheiten der Reihe nach überstehen mußte, die man als europäischer Reisender im Orient nur haben kann. Aber das scheint ihn von seinem Vorhaben nicht abgehalten zu haben. Und dieses Vorhaben wurde mit jedem Tag, den er länger in Mesopotamien zubrachte, stärker. Er hatte, dilettierender Zeichner, der er war, bei Botta im Vorfeld von

Mossul einige Skizzen angefertigt, ohne daß der französische Arzt und Ausgräber von Sargons Palaststadt freilich die unerhörte Tragweite einer solchen Tat vorausgeahnt hätte, und die Skizzen umgehend nach London mit dem drängenden Hinweis übermittelt, daß bei hinreichender materieller Unterstützung auch für den Ruhm Englands einiges abfallen könnte, denn an erstaunlichen Funden sei hier genügend vorhanden.

Aber London reagiert vorerst überhaupt nicht. Es ist wieder einmal ein Diplomat, der für die Geschichte der Archäologie von besonderer Bedeutung sein soll, nämlich der britische Botschafter in Istanbul, ein Mann namens Stratford Canning, der Layard, nachdem dieser von seinen ersten ausgedehnten Reisen nach Istanbul zurückgekehrt war, mit einer Summe von nur sechzig Pfund aushalf. Das britische Pfund war zu jener Zeit zwar eine respektable Währung; aber für die archäologische Erschließung der Ruinenhügel Nordmesopotamiens war diese Summe eher eine bescheidene. Layard, jetzt gerade achtundzwanzigjährig, kümmerte sich nicht darum, sondern nahm die Investition oder das Darlehen dankbar an, reiste unverzüglich quer durch Kleinasien – nun kannte er die Strecke ja schon –, dann über Syrien bis nach Mossul, wo er auf einem Floß den Tigris südwärts befuhr, in der Gegend des altmesopotamischen Nimrud an Land ging und die assyrische Palaststadt Kalach buchstäblich mit dem ersten Ansetzen des Spatens fand und ausgrub. Er entdeckte dabei mehrere Anlagen mit reichverzierten Bilddenkmälern, darunter einige der schönsten Stücke, die je im Zwischenstromland gefunden werden sollten. Begonnen hatte dieser erstaunliche Erfolg damit, daß ein Scheich, eine Art Stammesführer oder Dorfbürgermeister, wie wir das wohl bezeichnen würden, mit dem sich Layard angefreundet hatte, ihn an einen bestimmten Punkt des Erdhügels von Nimrud führte, wo ein Stück Alabaster aus dem Boden ragte; Layard brauchte sich also nur zu bücken und mehrere assyrische Königsmetropolen aus der Zeit zwischen 884 und 824 vor Chr. von ihrer jahrtausendealten Vergessenheit zu befreien. Sein aufsehenerregendster Fund war dabei zweifellos die Residenz des Assyrerkönigs Assurnassirpal II. mit den berühmten Reliefs, den geflügelten Stieren und den bärtigen Figuren, den angeblichen Cherubinen aus der Bibel, Dinge von erlesener Schönheit und stärkster künstlerischer sowie inhaltlicher Ausdruckskraft, die man heute im Britischen Museum zu London in aller Bequemlichkeit betrachten kann.

Wenn man jetzt, immerhin eine beträchtliche Anzahl von Jahren danach, derlei nacherzählt, was sich eigentlich eher wie ein »Märchen aus Tausendundeiner Nacht« anhört, weil es ja schließlich nicht alle Tage vorkommt, daß ein Europäer nur nach Mesopotamien zu gehen und sich dort an einer bestimmten Stelle zu bücken braucht, um die prachtvollsten Beweise für die Existenz einer uralten, aber hochentwickelten Kultur aus der Erde zu holen, dann vergißt man über dem grenzenlosen Glück, dessen sich Layard erfreute, ein wenig seine Tüchtigkeit und auch die zähe Ausdauer im Fertigwerden mit allen Schwierigkeiten. Denn nicht nur Botta, der weniger vom Glück begünstigte Vorgänger Layards, hatte mit einem lokalen Despoten zu kämpfen, der gegen ihn intrigiert und manipuliert hatte, sondern auch Layard mußte jetzt mit dessen Nachfolger fertigwerden. Das war ein gewisser Mohammed Pascha, der aber, weil er ursprünglich aus Kreta gekommen war, allgemein nur Keritli Oglu genannt wurde, ein ungemein listenreicher und habgieriger Schurke, über dessen Verwaltungstätigkeit man sich wahre Schreckensdinge erzählte; so soll er unter den abenteuerlichsten Vorwänden neue Steuern eingehoben und gegen die unzufriedenen arabischen Untertanen dieser türkischen Provinz bedenkenlos auch Kanonen eingesetzt haben. Er war zweifellos der meistgehaßte Mann zwischen Euphrat und Tigris, und Layard schildert ihn dann auch in seinen Erinnerungen dementsprechend: »Die Erscheinung Seiner Exzellenz war nicht eben anziehend, paßte aber zu seinem Wesen und Verhalten. Er besaß nur ein Auge und ein Ohr, war kurz und dick, pockennarbig, von bäuerischem Benehmen und barscher Stimme. Sein übler Ruf war ihm nach seinem Amtssitz vorausgeeilt. Auf der Reise bereits hatte er viele gute alte Bräuche und Steuern zu neuem Leben erweckt, die durch den Reformgeist der Zeit außer Gebrauch gekommen waren.« – Es muß nicht immer einfach gewesen sein, mit diesem unberechenbaren, heimtückischen Charakter auszukommen; aber Layard bewies, daß er, wenn es die Umstände erforderten, wirklich von außergewöhnlicher Anpassungsfähigkeit sein konnte. Es kam zu Szenen von makabrer Hintergründigkeit. Der Pascha, dem nicht einsichtig war, daß Männer nur irgendwelcher alter Steine wegen ganze Erdhügel umschaufelten, vermutete Gold oder zumindest einen Geldschatz hinter der merkwürdigen Betriebsamkeit auf dem Ruinenhügel von Nimrud. Eines Nachts ließ er von seinen Soldaten die umliegenden Friedhöfe plündern und zahlreiche Grabsteine an den Schauplatz der archäologischen Ausgrabungen bringen. Dann erklärte er Layard gegenüber, daß es undenkbar sei, eine so heilige und ehrwürdige Stätte wie einen Friedhof zu schänden, noch dazu durch einen ungläubigen Europäer. Er ließ den Hügel von Nimrud sogar von den Soldaten bewachen. Eine Fortführung der Arbeit schien unmöglich. Die Geschichte endete schließlich damit, daß sich der türkische Offizier, der die Soldaten befehligte, auf Layards Seite stellte und daß außerdem der Pascha auf allerhöchsten Befehl, der mit Eilkurieren aus dem fernen Istanbul übermittelt worden war, ins Gefängis geworfen wurde. Das hatte allerdings nichts mit den Ausgrabungen zu tun, sondern war eine Folge der grenzenlosen Ausbeutung, der miserablen Verwaltungstätigkeit des einäugigen Gouverneurs, dem es tatsächlich gelungen war, innerhalb weniger Monate die ganze Provinz in Aufruhr zu versetzen.

Auch Layard bediente sich jener ebenso einfachen wie halsbrecherischen Methode, die schon Paul Emile Botta angewendet hatte, um die ausgegrabenen Schätze nach Europa zu bringen; er schickte Friese, Skulpturen, Alabasterplatten, be-

schriftete Lehmziegel, also praktisch alles, was die angeheuerten Erdarbeiter aus dem gewaltigen Ruinenhügel zutage förderten, auf Flößen den Tigris hinab bis nach Basra, dem einzigen erreichbaren Hafen, wohin Hochseeschiffe kamen. Dort wurde, wie einige Jahre vorher unter Botta, die Fracht umgeladen und nach Bombay dirigiert, wo es erheiternde Augenblicke gab, als gelangweilte und rechtschaffen neugierige Beamte den Inhalt der vielen großen Kisten, deren Bestimmungsort das Britische Museum in London war, kurzerhand beschlagnahmten und das archäologische Material zum Anlaß für eine Veranstaltungsreihe nahmen, die der britischen Kolonie in Bombay ein paar unterhaltsame Abende schenkte. Es hatte zwar niemand eine Ahnung, was das eigentlich für Dinge waren, über die man ausführlich diskutierte, aber das hinderte die Veranstalter nicht daran, die abenteuerlichsten Geschichten in Umlauf zu bringen.
Layard selbst hatte inzwischen eine wesentliche Entdeckung gemacht. Das hing damit zusammen, daß er nicht nur ein Ausgräber im üblichen Sinne war, nur darauf bedacht, möglichst viele und möglichst guterhaltene Kunstwerke zu bergen, mit denen damals wie heute Ruhm und Reichtum zu erwerben waren; Layards Entdeckung, die eher eine fundamentale Erkenntnis war, resultierte vor allem aus seiner eigenen Nachdenklichkeit. Er sah Dinge, Bilder, Schönheiten aus der Erde emportauchen, deren Bedeutung er ahnte und deren ästhetischer Wert ihn beeindruckte. Aber da gab es auch noch andere Funde, kleine Tonscherben etwa oder längliche Lehmstücke, die durch ein Feuer härter als Stein gebrannt waren, auf denen es scheinbar stets dieselben oder doch einander ähnliche Zeichen gab, rätselhafte Spuren, über deren wahre Bedeutung sich Layard lange nicht schlüssig werden konnte. Erst bei einem Besuch in London erfuhr er, daß es sich dabei um Keilschrifttafeln handelte, also um assyrische Schriftzeichen, die man sogar lesen oder doch einigermaßen genau entziffern konnte. Zumindest befand man sich auf dem Weg dahin, wobei gewisse Funde, die Layard nun auf

III *Heinrich Schliemann.* 1822–1890 (Radierung von L. Kahn)

IV *Carl Wilhelm Humann,* 1839–1896 (Stich von 1896)

dem Gelände von Nimrud und 1849 im Hügel von Kujundschik macht, als er, wieder nach kurzer Grabungszeit, die erste große Palastanlage Ninives entdeckt, einige wesentliche Voraussetzungen dafür schaffen, daß die assyrische Keilschrift entziffert werden kann. Layard selbst begreift anfangs noch am wenigsten, welche wichtige Spur er da gefunden hat. Er ist wiederum bloß der sprichwörtliche Hans im Glück, der sich bückt und dabei mit der Nase auf pures Gold stößt.

Denn als er nach einer Grabungspause in Nimrud und einem Aufenthalt in England wieder nach Mesopotamien zurückkehrt, wendet er sich nach Norden, also jenem Hügel zu, an dem schon Botta vergeblich sein Glück versucht hatte. Es handelt sich dabei um die gewaltige Erdpyramide von Kujundschik, unter der das sagenhafte Ninive liegt, das schon etliche Reisende, Pilger und Abenteurer aus Europa zu sehen glaubten, wenn sie Ruinen und andere spärliche Überreste fanden, die durch Zufall oder auch durch arabische Grabräuber und Schatzsucher freigelegt worden waren. Layard ging jetzt im Gegensatz zu seiner Arbeitsweise von Nimrud allerdings methodisch vor. Er wollte sich kein zweites Mal auf die wunderbare Fügung verlassen, daß ihm ein befreundeter Dorfbürgermeister einfach eine alabasterne Platte zeigte, die aus der Erde ragte. Daher ließ er nun ungefähr von der Stelle aus, wo schon Botta gegraben und ziemlich rasch resigniert hatte, einen tiefen Querschnitt durch den Erdhügel ziehen, von dem aus er mehrere kleine Stollen seitlich ins Erdreich vorantrieb; und tatsächlich stieß er schon nach den ersten paar Metern auf den Palast eines Königs namens Sanherib, der zwischen 704 und 681 vor Chr. in Ninive residiert hatte; überdies fand er auch in einem Tempel eine Tontafelbibliothek, die bald als die Bibliothek des Assurbanipal identifiziert wurde, der ein Nachfolger des reichlich barbarischen und brutalen, wenig kunstliebenden Sanherib gewesen war. Es würde nun, dank dieser Funde, nicht mehr lange dauern, bis man sogar wußte, daß eine ehemalige Geliebte des Königs

Sanherib eine Großmutter Assurbanipals war, der fast vierzig Jahre lang, bis 626 vor Chr., über Mesopotamien herrschte, wobei er die elitären Elamiter im Süden des Zweistromlandes besiegte, Babylon eroberte – nach zweijähriger Belagerung, wie die Entzifferer der Keilschrift feststellen würden –, den Bereich seiner Herrschaft bis an die Küsten des Persischen Golfes und des Mittelmeeres ausdehnte und eine Glanzperiode assyrischer Kultur ermöglichte. Assurbanipal war so etwas wie ein Ludwig XIV. unter den assyrischen Königen, ein Eroberer und Bewahrer, der sich Kunstschätze und Sehenswürdigkeiten von überallher bringen ließ, um das Wissen der Welt zu besitzen. Und gerade diese kulturpolitische Sammelwut machte ihn mehr als fünfundzwanzig Jahrhunderte später so ungemein wertvoll für die Ausgräber Ninives und mehr noch für die archäologischen und historischen Interpreten und Entzifferer.
Das alles wußte Layard jetzt, 1849, als er täglich neue und unerhörte Entdeckungen machte, natürlich nicht. Er hatte nicht einmal eine Ahnung, welche Schätze er da mit den überlebensgroßen Plastiken, prachtvollen Friesen und Tempelruinen aus der Tiefe der Erde hob. Er hätte es wahrscheinlich auch gar nicht für möglich gehalten, daß es in jenen Epochen, die er nun wieder der Menschheit zurückgab, bereits so etwas wie eine riesige Bibliothek gegeben hatte, in der alles Wissenswerte, alle Erfahrungen und die Früchte aller Nachdenklichkeit und damit praktisch alles, was die Menschen damals schon seit Jahrtausenden bewegt hatte, aufs umfassendste und genaueste enthalten war. Assurbanipal war, ich sagte es schon, nicht nur ein Sammler, sondern auch ein außerordentlicher Bewahrer gewesen; seine Bibliothek – Zehntausende übereinandergelegter, sorgfältig geschlichteter und archivierter Tontafeln – war eine der größten Bibliotheken, über die ein Mensch jemals verfügen konnte. Und vor allem öffneten die Inhalte dieser Bibliothek den Zugang zum genauen Verständnis der altmesopotamischen Kulturen. Nur Layard ahnte noch nicht allzuviel davon. Er wußte lediglich, daß es

nützlich sein konnte, auch die kleinen, länglichen, vielfach zerbrochenen und recht unscheinbaren Tontafeln mit den rätselhaften Zeichen einzusammeln und nach London zu schicken. Außerdem war er, so groß seine Bedeutung als Ausgräber von Nimrud und Ninive auch gewesen sein mochte, gar nicht der Entdecker der wichtigsten Tontafeln. Denn Layard hielt spätestens 1851 seine archäologische Tätigkeit in Mesopotamien für beendet. Er hatte zwar noch an einigen anderen Orten zu graben begonnen, eher flüchtig, fast ein wenig zerstreut, wie man heute zu sagen geneigt ist, nachdem man seine beiden Erfolgsplätze Nimrud und Ninive kennt, aber er gab nach kurzer und erfolgloser Grabungsdauer seine Bemühungen wieder auf und kehrte nach London zurück, wo er wie ein Triumphator empfangen wurde.

Layard, der 1839 als wenig begeisterungsfähiger Anwaltsaspirant ausgezogen war, um sein Glück als Forscher und Entdecker zu machen, durfte sich jetzt, heimgekehrt nach England, als eine der glänzendsten Erscheinungen des öffentlichen Lebens betrachten. Die Früchte seiner Arbeit und seines sagenhaften Glücks wurden in London ausgestellt, lockten Zehntausende an, wurden vom Britischen Museum angekauft, machten den Namen des Abkömmlings französischer Hugenotten zu einem Symbol britischer Tüchtigkeit und britischen Nationalstolzes. Vor allem aber war jetzt endgültig der Beweis erbracht, daß es im Zwischenstromland »bilderreiche Palastruinen« gab, die einer Epoche entstammten, »lange zuvor, ehe die Weisheit des Morgenlandes bis nach Griechenland vorgedrungen war und dieses seine Mythologie mit den seit langem in Assyrien bekannten Sinnbildern versehen hatte«, wie Layard in seinen Erinnerungen einmal schrieb. Er selbst ging in die Politik, trat nun den Liberalen bei, wurde ins Parlament gewählt, machte rasch Karriere, wurde vorübergehend sogar Unterstaatssekretär im Auswärtigen Amt und 1869 als Botschafter nach Madrid entsandt; drei Jahre lang, von 1877 bis 1880, fungierte er in dieser Position auch an der Hohen Pforte in Istanbul. Dann zog er sich nach Italien zurück, sammelte Meisterwerke italienischer Malerei, vornehmlich der venezianischen, und bewies auch hier außerordentlichen Spürsinn. Er zeigte sich aber auch seinem Vaterland gegenüber dankbar, das ihm eine so hervorragende Laufbahn ermöglicht hatte, denn in seinem Testament – Layard starb am 5. Juli 1894 – befand sich eine Verfügung, derzufolge seine kostbare Sammlung von Gemälden an die öffentliche Hand fiel. Anmerkungen über ein archäologisches Thema, Hinweise über die Ruinenhügel von Mesopotamien gab es keine. Layard hatte sich kaum noch für Archäologie interessiert, nachdem er nach seiner Rückkehr von Mossul seine Erinnerungen dem britischen Publikum in Buchform vorgelegt hatte. Den erfreulichen Umstand, daß man um die Mitte der fünfziger Jahre ausschließlich ihm den Ruhm gönnte, die Riesenbibliothek Assurbanipals gefunden zu haben, nahm er gelassen hin. Er äußerte zumindest öffentlich nie den Verdacht, daß diese Leistung auch noch einem anderen Manne zuzuschreiben sei. Den Namen eines gewissen Hormuzd Rassam – 1826 in Mossul geboren, später Student in Oxford, ein Abenteurer und Forscher aus Passion – erwähnte Layard, wenn überhaupt, nur nebenbei. Eingeborene, die einem Briten bei Ausgrabungsarbeiten behilflich waren, durften im viktorianischen England auf kein besonderes Ansehen hoffen; und Rassam, obgleich getaufter Christ, war ein Iraqui, der sich in Mossul aus persönlichem Interesse an Layard gewandt hatte, um bei dessen Arbeit an den Hügeln von Nimrud und Ninive als eine Art Assistent teilnehmen zu dürfen. Nach der Heimkehr Layards setzte er die Ausgrabungen allein fort, und er war es dann auch, der die Bibliothek Assurbanipals tatsächlich ausgrub, allerdings in jenem Tempel, den Layard gefunden hatte. Rassam barg stückweise und vorsichtig die kostbaren Teile, schichtweise die einzelnen Lagen der Tontafeln voneinander lösend, denn im Gegensatz zu Layard wußte Rassam ziemlich genau Bescheid über den Wert dieses Fundes. Er konnte die Schriftzeichen zwar auch nicht entziffern, aber er sorgte dafür, daß nun alle aufgefundenen Tonscherben gewissenhaft nach London geschickt wurden; darunter auch Teile der ersten großen, wirklich bedeutenden epischen Leistung der Weltliteratur, die lange vor den homerischen Epen in den sumpfigen, verschlammten Niederungen im südlichen Zwischenstromland entstanden war. Es handelte sich dabei um eine legendäre Erzählung, um die Biographie eines Fabelwesens, halb Mensch, halb Tier, und um die präzise Darstellung jener Sintflut, die schon in der Bibel, im uralten Geschichtswerk der Juden, an hervorragender Stelle erwähnt wird. Hormuzd Rassam fand nämlich, ohne die Bedeutung seiner Entdeckung anfangs genau abschätzen zu können, erste Bruchstücke des Gilgamesch-Epos. Es würde dann freilich fast noch einmal ein Dreivierteljahrhundert dauern, bis ein anderer Archäologe im Süden Mesopotamiens den Wahrheitsbeweis für die dramatischen Inhalte dieser Geschichte erbringen konnte. Aber das sah jetzt natürlich weder Rassam voraus, noch kümmerte sich in London der liberale Parlamentsabgeordnete Layard darum. Nur der eher unbedeutende Angestellte des Britischen Museums, der ehemalige Graveur und Autodidakt George Smith, beschäftigte sich mit wachsendem Interesse mit den Inhalten jener Tonscherbentexte, die zuerst Layard und dann Rassam regelmäßig nach London geschickt hatten. Aber das ist bereits ein anderes, völlig neues und in sich abgeschlossenes Kapitel in der Geschichte der Archäologie.

VIII
EIN MAJOR BEDIENT SICH EINES FLASCHENZUGES

Im Britischen Museum zu London, im Pariser Louvre, in den Vatikanischen Sammlungen, in den Nationalmuseen von Damaskus und Bagdad, aber auch in verschiedenen kleinen Provinzsammlungen auf der Peloponnes, auf Kreta und im kleinasiatischen Anatolien kann man stets dasselbe Bild vor Augen haben: unansehnliche Steine und Tonscherben in Vitrinen und hinter bruchsicherem Glas, fahlgelb, rötlichbraun, auch erdbraun, die meisten länglich mit spitz zulaufenden Enden, viele nicht mehr als handtellergroß, manche nur noch unregelmäßig geformte Bruchstücke aus einem größeren Ganzen, aber alle bedeckt mit verwischten, krakeligen Schriftzeichen, die tatsächlich aussehen, als ob Vögel durch rasch trocknenden Lehm gelaufen wären. Die Besucher dieser Museen, der weltberühmten wie der unbekannten, die sich einen flüchtigen Augenblick über diese Scherben beugen und dabei ihr Gesicht im Glas der Vitrinen widergespiegelt sehen, machen sich kaum Gedanken darüber, welches eifrigen Schreibers Hand wann und in welchem Land diese Zeichen in den feuchten Lehm geschrieben hat; und kaum jemand zerbricht sich den Kopf darüber, welche Abenteuer notwendig waren, um diese beschrifteten Scherben zu finden, zu rekonstruieren und auch zu entziffern. Höchstens im Britischen Museum vor dem weltberühmten Drei-Sprachen-Stein von Rosette erinnert man sich noch an jenen genialen Franzosen Champollion, der nicht zuletzt anhand eines Wachsabdruckes von diesem Stein die altägyptischen Hieroglyphen entziffert hatte.

Ich weiß nicht, wie es anderen Freunden archäologischer Geschichten geht, aber mir war ziemlich früh bewußt geworden, während ich immer wieder vor diesen lautlosen Zeugen, den bekritzelten Steinstücken und Tonscherben, stand, also vor einer der großartigsten Erfindungen, die jemals menschlicher Phantasie und Vernunft gelungen sind, daß man viele Schicksale würde bündeln, viele erstaunliche Geschichten würde erzählen müssen, um das Unglaubliche dieser Erfindung einigermaßen begreiflich zu machen; und daß auch zahlreiche Schauplätze aufzusuchen wären, viele vergessene Biographien ein Anrecht auf die sorgfältigste Nacherzählung hätten, wenn man die verschiedenen Quellen, aus denen vor Jahrtausenden die menschliche Schrift zu fließen begonnen hat, mit aller gebotenen Sorgfalt darzustellen wünschte. Ich erinnere mich zum Beispiel ganz genau daran, daß ich eines Tages im Britischen Museum, oben im ersten Stockwerk in jenem eher kleinen Zimmer, das den ältesten Schriftdokumenten gewidmet ist, wie gebannt auf einen kleinen hellgrauen oder schmutzigweißen Stein blickte, der mit einigen winzigen Zeichen, die wie rätselhafte Symbole aussehen, bedeckt ist und der immerhin einer der ältesten Beweise für die Existenz menschlicher Schrift ist. Welchen Weg mußte er zurücklegen vom Augenblick seiner ersten Verwendung an, als ein selbstbewußter Schreiber mit einem primitiven Griffel aus Schilfrohr diese Symbole eindrückte in den Lehm, der später dann hart wie Stein werden sollte? Und was verbirgt sich hinter diesen Symbolen, die – wann, wo und auf welche Weise? – erst Jahrtausende nach ihrer Entstehung entziffert werden konnten? Wie aber begreife ich die Geschichte, die beispielsweise von der Sintflut handelt und die, was man erst seit etwas mehr als hundert Jahren weiß, nicht nur in der Bibel, sondern auch in einem der ältesten literarischen Texte der Menschheit, dem Gilgamesch-Epos, in allen Einzelheiten beschrieben wird? Was muß ich tun, damit ich die unzugängliche Heimat einer kleinen rötlichfarbenen Sphinx kennenlerne, an deren Flanken eines der ersten Alphabete eingeritzt ist, die menschlichem Erfindungsreichtum und Ordnungssinn eingefallen sind?

Vom Abenteuer der Dechiffrierung altägyptischer Schriftzeichen war bereits die Rede; daß die Hieroglyphen ungefähr gleichzeitig – mit einer lächerlich geringfügigen Verspätung von einigen Jahrzehnten – und vor allem unabhängig von fremden Einflüssen wie die sumerischen Schriftsymbole entstanden sind, wissen wir; daß sich aus den ersten Zeichen, die in Ur im südlichen Zwischenstromland entstanden waren, im Verlaufe von Jahrtausenden mehrere eigenständige Schriftarten, die altmesopotamischen und altpersischen Keilschriften, entwickelt haben, darf auch als bekannt vorausgesetzt werden. Und daß der endgültige Durchbruch zur Erfassung und Klärung der meisten Geheimnisse, die sich unter den Steppen- und Wüstenböden des heutigen Irak, Persiens, Syriens, Palästinas verbargen, in dem Augenblick begann, als man die ersten dieser Keilschriften entziffert hatte, ist gleichfalls keine Frage. Aber wie ging diese Entzifferung vor sich? Wer löste zuerst den Schleier des Geheimnisvollen, Unbegreiflichen, der diese rätselhaften Symbole umgab? Wer einmal eine Tonscherbe, bedeckt mit assyrischer Keilschrift, staunend betrachtet hat, der weiß auch, wie schwierig, ja scheinbar unmöglich eine derartige Aufgabe gewesen sein muß. Denn es fanden sich zwar in den Ländern des Orients viele, auch verhältnismäßig leicht erreichbare, bei den Ausgrabungen eines Botta und Layard rasch gefundene Schriftdokumente; aber niemand wußte, was sie wirklich bedeuteten. Anfangs hatte man nicht einmal die wahre Bedeutung dieser merkwürdigen Tonscherben verstanden, die man zu Tausenden aus den Tempeln karrte, sie mehr oder minder achtlos behandelnd, weil man nur Augen hatte für die großen und glänzenden Beispiele assyrischer Architektur und Bildhauerkunst, denen man auf der Spur war. Aber ohne schriftliche Zeugnisse, die man lesen, verstehen konnte, blieben die ausgegrabenen Denkmäler stumm. Man hatte in den vierziger und fünfziger Jahren des 19. Jahrhunderts eine uralte, vergessen geglaubte Kultur in Mesopotamien aufgespürt; doch man wußte in Ermangelung literarischer Dokumente damit nicht sehr viel anzufangen. Man bewunderte die Denkmäler und Friese, die Skulpturen und gewaltigen Mauern, diese dramatischen Hinweise auf älteste menschliche Kulturtätigkeit, aber im Grunde wußte man bis zu einem bestimmten Zeitpunkt nur äußerst ungenau, was man da wirklich entdeckt hatte, worüber man da in bewunderndes Staunen verfiel. Denn erst die Entzifferung der altmesopotamischen und altpersischen Keilschriften sollte dem allgemeinen Rätselraten ein Ende setzen.

Diese Entzifferung begann, verglichen mit den teilweise absurden Lösungsversuchen rund um die ägyptischen Hieroglyphen, verhältnismäßig spät. Wir wissen, daß der Italiener Pietro della Valle im 17. Jahrhundert Tonscherben mit Keilschriftfragmenten nach Europa gebracht hatte; nur ahnte damals natürlich niemand, daß es sich dabei tatsächlich um eine altmesopotamische Schrift handelte. Und einer der ungewöhnlichsten Männer seines Zeitalters, der Deutsche Carsten Niebuhr, ein gebürtiger Hannoveraner, der im Dienste des dänischen Königs Friedrich V. stand, unternahm in der Zeit zwischen 1760 und 1767 gemeinsam mit anderen Wissenschaftlern und Abenteurern eine ausgedehnte Orientreise, in deren Verlauf die anderen europäischen Teilnehmer elend zugrunde gingen, während er, der hartnäckige, starrköpfige und auch überdurchschnittlich widerstandsfähige Norddeutsche alle Gefahren und Strapazen nicht nur unbeschadet überlebte, sondern auch eine der bemerkenswertesten Reisebeschreibungen von *Arabien und den umliegenden Ländern* lieferte und zudem einige Bruchstücke von Keilschrifttafeln aus dem persischen Persepolis mit nach Europa brachte, die noch eine ganz entscheidende Rolle spielen sollten bei der ersten Entzifferung dieser altorientalischen Schrift durch einen simplen Schulmeister aus Göttingen. Hier muß man wohl auch festhalten, daß es ähnlich wie bei den Hieroglyphen, wo man zwei große Schriftkomplexe unterscheidet, nämlich die ältere hieratische und die demotische, auch bei den Keilschriften verschiedene Stilarten gab, von denen die älteste die sogenannte elamitische ist, ferner die assyrische, die altpersische und auch die hethitische, die aber bei den Ereignissen, die jetzt folgten, keine Rolle spielte. Es war letztlich die altpersische Keilschrift, die erstmals einen Zugang ermöglichen sollte zu den wesentlich älteren Schriftdokumenten aus Mesopotamien.

Es muß hier aber auch eines Mannes gedacht werden, der, zwischen 1775 und 1823 stets in Deutschland lebend und stets als eine Art Schreibtischtäter im allerbesten Sinne auftretend, eigentlich ein Lehrer war, ein braver Bürger, ein Beamter, den wohl nichts mehr erschreckt hätte als eine Aussicht auf eine abenteuerliche Expedition an jene geheimnisvollen Schauplätze, an denen die Symbole der ältesten menschlichen Schriftformen entstanden waren. Sein Name war Georg Friedrich Grotefend, und als er im Alter von 27 Jahren zufällig an eine Kopie jener ersten bekannten persischen Keilschrift geriet, die Niebuhr nach Europa mitgenommen hatte, da erklärte er sich aufgrund einer weinseligen Wette spontan bereit, diese Schrift zu entziffern. Das geschah in Göttingen; und dieser erste Versuch einer Entschlüsselung der uralten Zeichen und Symbole sollte ein durchschlagender Erfolg werden.

Schon Niebuhr hatte richtig erkannt gehabt, daß die umfangreichen Schriftdokumente von Persepolis und anderen mittelöstlichen Ruinenplätzen verschiedener Abstammung sein mußten; viele Jahrzehnte später würde man sie ja dann tatsächlich als elamitisch, altpersisch und assyrisch bezeichnen. Grotefend, der überhaupt keine orientalischen Sprachen beherrschte, wußte von alledem gar nichts; auch war der Zeitpunkt seiner glänzenden Leistung – er veröffentlichte seine Abhandlung über die altpersische Keilschrift im Jahre 1802 – nicht gerade glücklich gewählt; alles, was Grotefend vorlegte, kam viel zu früh: Denn außer dem Umstand, daß man eine vage Ahnung von riesigen Ruinenhügeln in Mesopotamien hatte, war so gut wie nichts über die Inhalte dieser Schauplätze bekannt, und das Interesse der Öffentlichkeit war damals noch vornehmlich auf altägyptische Kulturbeispiele ausgerichtet, weil sich der bildungsbewußte Bürger in Europa ja gar nicht vorstellen konnte, welche phantastische Kultur unter den Erdpyramiden Mesopotamiens schlummerte. Außerdem erschien Grotefends Abhandlung in einem wenig beachteten Journal, so daß Grotefend zwar seine Wette gewonnen, von seinen Zeitgenossen aber nicht als Entzifferer altorientalischer Keilschriften begriffen wurde. Sein Name blieb unbekannt. Und als er 1853 starb, da lobte man am offenen Grab den braven deutschen Schulmeister und pflichtbewußten Beamten und nicht den genialen Wegbereiter für die Erforschung einer der ältesten Schriften der Menschheit.

Selbstverständlich gab es in jenen ersten Jahrzehnten des 19. Jahrhunderts überall in Europa geniale Köpfe, die sich Gedanken darüber machten, was die sonderbaren Zeichen bedeuteten, die man inzwischen aus Funden von Originalschauplätzen und auch von zahlreichen Wachsabdrücken her kannte. Erwähnt werden müssen in diesem Zusammenhang zumindest der Franzose Emile Burnouf und der Norweger Christian Lassen, die beide unabhängig voneinander sorgfältige und weitgehend richtige Untersuchungen anstellten über diese Schriftbeispiele, ohne daß ihnen Grotefends fundamentale Erkenntnisse bekannt gewesen wären. Aber auch sie sollten, was den legitimen Ruhm angeht, als Entzifferer von Keilschriften zu gelten, lediglich Vorgänger bleiben. Der eigentliche Held – wenngleich er seinen Ruhm auf eine einmalige sportliche Leistung begründen sollte und im übrigen nichts anderes zustandebrachte, als schon Grotefend ein Menschenalter zuvor erreicht gehabt hatte –, der stolze Protagonist dieser Geschichte, ist ein englischer Soldat und Abenteurer namens Henry Creswicke Rawlinson, der sich schon mit siebzehn Jahren in sein zukünftiges Leben einzuarbeiten begann, als er, unterwegs an Bord eines Schiffes, das um Kap Horn nach Indien segelte, aus eigener Initiative eine Bordzeitung herausgab, was wiederum einem der Passagiere gefiel, der zufällig Gouverneur von Bombay war. Und daraus entwickelte sich letztlich alles andere. Es war wie so oft eine Kette von Zufällen, aus der dann eine der beispielhaftesten

Leistungen zugunsten der Sichtbarmachung verschollener, ja anonymer Kulturen entstehen sollte. Die Leistung selbst war möglich, weil sie von einem Manne angestrebt wurde, der in der Tat eine glückliche Mischung war aus einem Gelehrten – wie wohl Grotefend in aller stillen Bescheidenheit einer gewesen war – und einem Abenteurer wie Layard oder Carsten Niebuhr, wie alle diese kühnen Männer, die auf eigene Faust und unter Mißachtung aller Gefahren die Rätsel der Vergangenheit zu lösen versuchten.

Rawlinsons Biographie ist mit ein paar Jahreszahlen rasch beschrieben: 1810 geboren, tritt er frühzeitig in den Dienst der allmächtigen Ostindischen Kompanie, avanciert rasch, wird 1833, also mit 23 Jahren, militärischer Berater in der persischen Armee und sechs Jahre später politischer Agent im afghanischen Kandahar; 1843 befördert man ihn zum Konsul in Bagdad, 1856 kehrt er vorübergehend nach England zurück, wird nicht zuletzt seines aufsehenerregenden Abenteuers wegen, das er in der Felswand von Behistun bestanden hatte, ins Parlament gewählt, vertritt nach wie vor die Interessen der Ostindischen Kompanie, geht dann vorübergehend für einige Jahre als Botschafter nach Teheran, ehe er endgültig nach London heimkehrt, wo er bis zum Jahre 1868 dem Parlament angehört. Sein Charakter war fraglos der eines Haudegens – sofern man das so summarisch sagen kann –, sein Verstand hingegen ausgeprägt und analytisch; als Beispiel dafür mag gelten, daß er in dem Augenblick, da man ihn als Militärberater an den persischen Hof beorderte, sogleich damit begann, die Landessprache zu erlernen, was bekanntlich nicht immer die Regel ist bei solchen Avancements. Geistig geprägt worden aber war er zweifellos von jenem britischen Gouverneur für Bombay, dem er als siebzehnjähriger Schiffsjunge und Herausgeber einer reichlich dilettantisch gemachten Bordzeitung auf dem Segelschiff begegnet war, das den langen, beschwerlichen Umweg um Kap Horn eingeschlagen hatte, um nach Indien zu gelangen. Denn dieser Gouverneur, Sir John Malcolm, war nicht nur Diplomat, son-

dern auch Orientalist. Und in langen, ausführlichen Gesprächen hatte er im jugendlichen Rawlinson den Wunsch geweckt, etwas von dieser exotischen, geheimnisvollen Welt des orientalischen Altertums kennenzulernen.
Seine entscheidenden Jahre in dieser Hinsicht waren wohl jene, die er als persischer Militärberater im Rang eines Majors tätig sein durfte. Das war zwar kein sehr hoher Rang, aber Rawlinson kümmerte sich nicht weiter um solche Nebensächlichkeiten, bereiste das weite, von der Sonne ausgedörrte, von frostklirrenden Wintern in eine Wüstenei verwandelte Land, und es dauerte nicht lange, bis er, zuerst in Persepolis und dann auch an anderen historischen Schauplätzen, immer wieder auf beschriftete Tontafeln oder auf Statuen stieß, die Texte in altpersischer Keilschrift enthielten. Einer dieser Schauplätze – es war wohl der entlegenste, am schwierigsten erreichbare, wenn man die damaligen Verkehrsverhältnisse berücksichtigt – lag an der alten Karawanenstraße, die von Hamadan über Kermanshah nach dem südlichen Irak, auch nach Babylon, führte, im Westen des persischen Territoriums, ungefähr auf halber Strecke zwischen Teheran und dem Persischen Golf gelegen, an einem Ort namens Behistun, gekennzeichnet durch einen ziemlich steil, ja schroff ansteigenden Felsen, in dessen Schatten sich seit dem Mittelalter eine Karawanserei angesiedelt hatte, die heute von landlosen Bauern, Landarbeitern, Hirten bewohnt wird. In dieser Felswand aber, die ohne Zuhilfenahme technischer Hilfsmittel eigentlich als unzugänglich gelten müßte, zumindest für einen britischen Soldaten, der nicht gerade eine hochalpine Spezialausbildung genossen hat, befindet sich eine Inschrift, umrahmt von sorgfältig herausgearbeiteten Figuren, die der persische Großkönig Dareios I. im Jahre 516 vor Chr. hatte einmeißeln lassen; sie war nach der Niederschlagung einer Revolte als weithin sichtbares Zeichen königlicher Macht gedacht, als unvergängliches Zeichen, das dann wirklich rund zweieinhalb Jahrtausende mehr oder minder unbeschädigt überstanden hat. Die Inschrift selbst besteht aus drei ver-

schiedenen Kolumnen, ist also mehrsprachig wie jener berühmte Stein von Rosette, wobei hier in Behistun die erste Kolumne altpersisch – und übrigens die am leichtesten erreichbare –, die nächste elamitisch und die dritte assyrisch ist. Das alles wußte Rawlinson selbstverständlich noch nicht, als er erstmals vor diesem steil in den Himmel ragenden Felsen stand, der wie ein riesenhafter Eckzahn wirkte. Er ahnte auch nichts von der genialen Entzifferung altpersischer Keilschriftfragmente, wie sie Carsten Niebuhr nach Europa mitgebracht hatte, durch den Göttinger Schulmeister Grotefend; und nichts von den weitgehend gelungenen, gleichsam stimmigen Versuchen eines Burnouf und Lassen. Rawlinson war nicht das, was man einen Gelehrten, einen methodisch arbeitenden, sich stets gründlich informierenden Intellektuellen nennen könnte. Allerdings war er nicht dumm und verfügte über eine erstaunliche Begabung, im richtigen Augenblick die richtigen Dinge zu tun; und vor allem war er ein Mann des raschen Entschlusses, der sich über die Folgen dessen, was er tat, erst nachher den Kopf zerbrach. Und als er die gewaltige, weithin sichtbare, aber dem ersten Anschein nach vollkommen unerreichbare Inschrift in der Felswand von Behistun sah, beschloß er sofort, die Schriftzeichen zu kopieren und sie dann nach Möglichkeit auch zu übersetzen. Es war ihm klar, daß er dazu ein halsbrecherisches akrobatisches Kunststück würde zuwege bringen müssen; aber Rawlinson war eben nicht der Mann, der sich durch irgendwelche Schwierigkeiten von einer einmal gestellten Aufgabe abbringen ließ. In seiner Beschreibung des Abenteuers, das er zu bestehen hatte, wenn er an die Inschrift herankommen wollte, berichtete er mit erstaunlichem Gleichmut: »Der Felsen von Behistun ist nicht, was gelegentlich angenommen wird, eine isolierte Erhebung, sondern nur der Abschluß eines langen, schmalen Höhenzuges, der die Ebene von Kermanshah im Osten begrenzt. Diese Kette ist überall felsig und steil, steigt aber am Ende besonders hoch empor und bildet einen senkrechten Abgrund. Die Höhe stellte ich mit 1142 Metern fest;

die Inschriften des Dareios liegen gut 150 Meter über der Talsohle. Eine in Persien arbeitende Kommission französischer Altertumsforscher erklärte zwar, daß es unmöglich sei, die Behistun-Inschriften zu kopieren, ich selbst halte es aber bestimmt für kein großes Kletterkunststück, an die Stelle heranzukommen, wo die Inschriften erscheinen. Als ich vor 15 Jahren in Kermanshah lebte und noch etwas flinker war als heute, erkletterte ich den Felsen oft drei- oder viermal täglich ohne Seil und Leiter, überhaupt ohne irgendwelche Hilfen. Bei meinen letzten Besuchen fand ich es allerdings bequemer, da, wo der Zugang über eine tiefe Kluft führt, mit Hilfe von Seilen auf- und abzusteigen und über die Spalten ein Brett zu legen; ein falscher Tritt beim Herüberspringen wäre hier freilich tödlich.« – Diese Schilderung, die uns eine gute Vorstellung vom Wesen Rawlinsons gibt, erschien erstmals 1852 in einem britischen Magazin für Archäologie, zu einem Zeitpunkt also, da die großen Erdpyramiden im nördlichen Mesopotamien, Ninive und Nimrud von Botta, Layard und dem Iraqui Hormuzd Rassam gerade erst gründlich erforscht worden waren.

Man muß sich am Beispiel dieses britischen Majors, Altertumsforschers und Abenteurers vor Augen halten, daß es manchmal im Leben eines Menschen einen einzigen dramatischen Höhepunkt gibt. Rawlinson erlebte diesen entscheidenden Augenblick vor dem Felsen von Behistun. Sein glänzender Triumph, der ihn zu einem der berühmtesten Engländer seiner Zeit machen sollte, konzentrierte sich hauptsächlich auf die Eroberung dieser Felswand. Alles andere, was er an archäologischer und sprachwissenschaftlicher Leistung noch erbringen sollte, war nur ein Nachhall der Explosion seines Glücks von Behistun. Und daß man von einer Eroberung wohl sprechen kann, steht auch außer Frage, wenn man sich die Schwierigkeiten vergegenwärtigt, die Rawlinson zu überwinden hatte. »Hat man die Nische, die den persischen Text der Urkunde aufweist, erreicht«, schreibt er nach dem bestandenen Abenteuer, »braucht man unbedingt Leitern, um den obersten Teil der Inschriftfläche zu untersuchen. Auch mit Leitern bleibt es einigermaßen lebensgefährlich.« – Er arbeitete sich schrittweise nach oben vor, Zentimeter um Zentimeter die glatte, steil abfallende, teilweise sogar überhängende Felswand bezwingend, und er brachte dabei das Kunststück zuwege, in schwindelnder Höhe und wie eine Fliege in der Wand klebend die Inschrift zu kopieren, wobei er »den Körper mit dem linken Arm am Felsen abstützte«, in der linken Hand aber auch das Notizbuch hielt, in das er nun die Kopie hineinschrieb, unter sich 150 Meter Abgrund, über sich die vorspringenden Steinwülste des Felsens. Am schwierigsten erreichbar erwies sich allerdings die assyrische Kolumne, an die man überhaupt nur mittels eines rasch errichteten Flaschenzuges herankam; außerdem benötigte Rawlinson hier erstmals fremde Hilfe. Ein »wild aufgewachsener Kurdenjunge«, wie er ihn beschreibt, der von weither gekommen war, machte sich schließlich erbötig, das gefährliche Wagnis zu unternehmen und sich bis zum überhängenden Teil der Steilwand, also bis zur Stelle mit den assyrischen Keilschriftzeichen, vorzukämpfen. Rawlinson erzählt: »Er überquerte die sechs Meter breite, fast glatte, senkrechte Wand auf eine Art, die dem Beschauer wie ein Wunder erschien. Nachdem er die zweite Kluft erreicht hatte, waren die Hauptschwierigkeiten gemeistert. Das an dem ersten Pflock befestigte Seil hatte er mitgenommen; indem er nun einen zweiten eintrieb, konnte er sich gerade über die vorspringende Felswand hinwegschwingen. Hier fertigte er sich aus einer kurzen Leiter einen Hängesitz nach Malerart an und nahm, auf ihm hockend, nach meinen Anweisungen den Abdruck der babylonischen Version der Dareios-Inschrift, jenes Textes also, der für die Deutung der assyrischen Dokumente von fast dem gleichen Wert ist wie die griechische Übersetzung auf dem Stein von Rosette für die Entzifferung der Hieroglyphenurkunden Ägyptens.«

Rawlinson geriet nie wieder in die Versuchung, ein so halsbrecherisches Abenteuer unternehmen zu müssen; er hatte in der Felswand von Behistun sein Meisterwerk geliefert. Die folgenden Jahre verbrachte er damit, einen Zugang zu finden zu den Geheimnissen der von ihm kopierten Schriftbilder, wobei ihm im Gegensatz zu Grotefend der Umstand zustatten kam, daß er sich ähnlich wie seinerzeit Champollion auf drei verschiedene Schriftformen stützen konnte. Gleichzeitig mit Rawlinson unternahmen auch andere europäische Sprachforscher den Versuch, diese drei Schriften von Behistun zu entziffern: ein Däne namens Westergaard, der Deutsch-Franzose Jules Oppert, von dem übrigens erstmals die Bezeichnung »Keilschrift« für diese altorientalischen Schriftbilder kam, ferner ein aus Irland gebürtiger anglikanischer Geistlicher namens Edward Hincks und ein Brite namens Fox Talbot. Sie alle bemühten sich anfangs unabhängig voneinander um eine vernünftige Entschlüsselung des diffizilen Problems; alle benützten die Rawlinsonschen Kopien, aber auch andere Schriftdokumente, wie sie nun in immer reichlicherer Anzahl aus den Ruinenhügeln Mesopotamiens gefördert und nach England gebracht wurden. Es gab naturgemäß Rückschläge und nur scheinbar einleuchtende Lösungen, die sich bei näherer Überprüfung als Sackgassen herausstellten. Man mußte völlig umlernen, ein neues Sprachgefühl entwickeln, unterscheiden lernen zwischen Buchstabenschrift, der ein Alphabet zugrundeliegt, und Lautschriften, die ohne Alphabet auskommen. Und es war wieder Rawlinson, der als erster in diesem Wettstreit an die Öffentlichkeit trat – Grotefend war längst vergessen, der Franzose Burnouf, der Norweger Lassen hatten sich nicht entscheidend durchsetzen können –; Rawlinson jedenfalls veröffentlichte 1851 seine Version der Übersetzung eines altpersischen Keilschrifttextes, und seine Erkenntnisse waren im Grunde dieselben, wie sie ein halbes Jahrhundert zuvor bereits Grotefend publiziert hatte. Es gab kritischen Widerspruch und skeptische Einwände. Aber Rawlinson war geschickt genug gewesen, in der entscheidenden Phase seiner Tätigkeit Kontakt aufzunehmen mit seinen wichtigsten Konkurrenten, mit

Hincks, Talbot und Oppert. Ganz allgemein hatte man ja zu jenem Zeitpunkt einzusehen begonnen, daß ein Gedanken- und Erfahrungsaustausch der schwierigen Sache nur förderlich und insgesamt erfolgversprechend sein konnte. Und aus dieser gemeinsamen Tätigkeit entstand dann ja auch das großartige Experiment, das die Royal Asiatic Society inszenierte und das schließlich alle ungelösten Fragen, alle kritischen Einwände auf glänzende Weise beantwortete. Im Jahre 1857 wurde an die vier Assyrologen, nämlich Talbot, Oppert, Hincks und Rawlinson, unabhängig voneinander eine assyrische Zylinderschrift, die sich im Britischen Museum befand, zur Übersetzung übergeben. Und das Unwahrscheinliche trat ein: Die vier Männer lösten die Aufgabe fast gleichlautend, was den endgültigen Beweis dafür erbrachte, daß Rawlinsons Weg der richtige gewesen war. Es war jetzt nur noch eine Frage der Zeit, bis man auch alle anderen altmesopotamischen Schriftformen entziffern könnte. So gab es beispielsweise bereits Mitte der sechziger Jahre des 19. Jahrhunderts eine erste Grammatik der assyrischen Sprache, wie sie vor Jahrtausenden in Ninive und Nimrud gesprochen und geschrieben worden war. Und weitere zehn Jahre später, also Mitte der siebziger Jahre, stieß der ehemalige Banknoten-Graveur, leidenschaftliche Assyrologe und nunmehrige Bedienstete des Britischen Museums George Smith auf Fragmente eines literarischen Textes, die aus dem Ruinenhügel von Kujundschik geborgen worden waren, und zwar aus der sagenhaften Bibliothek Assurbanipals. Smith, der das Assyrische mühelos lesen konnte, entdeckte bei der Bearbeitung der zahllosen Tontafeln, die in den Archiven des Museums lagerten und die zuerst von Layard und dann von dessen Assistenten Hormuzd Rassam in Ninive ausgegraben worden waren, etliche Stücke, auf denen von einer gewaltigen Sintflut, wie sie auch in der Bibel geschildert wird, die Rede war. Es fehlten zwar ein paar Zeilen, fünfzehn oder siebzehn, aber daß es sich bei diesem Gilgamesch-Epos – denn das war die Entdeckung, die Smith gemacht hatte – um eines der ältesten und inhaltlich sensationellsten Literaturbeispiele der Menschheit handelte, stand sogleich zweifelsfrei fest. Andererseits erregte allein schon das vorhandene Fragment des Sintflutberichts solches Aufsehen, daß eine Londoner Tageszeitung die horrende Summe von eintausend Pfund stiftete, um das fehlende Stück im Ruinenhügel von Kujundschik zu suchen; Layard hatte noch mit sechzig Pfund anfangen müssen. Jetzt wurde George Smith zum Leiter dieser ungewöhnlichen Expedition ernannt.

Er war freilich alles andere als ein zweiter Layard oder Rawlinson. Und obgleich er das fehlende Stück aus dem Gilgamesch-Epos innerhalb weniger Tage in den Ruinen von Ninive fand – was auch einer dieser unglaublichen Zufälle ist, von denen es in der Geschichte der Archäologie genügend gibt –, so brachte ihm die Begegnung mit jenem Land, dessen uralten kulturellen Zeugnissen seine ganze Leidenschaft gehörte, doch kein Glück. Smith starb anläßlich einer weiteren Expedition nach Ninive mit 36 Jahren, zurückkehrend von Ninive, nur noch einen Tagesmarsch von der rettenden Mittelmeerküste entfernt. Er starb in der armseligen Hütte eines syrischen Bauern, die Todesursache war eine besonders gefährliche Form der Ruhr. Das war 1876. Ein Jahr vorher noch hatte Smith in den Archiven des Britischen Museums eine Sammlung von beschrifteten Tonscherben gefunden, die eine babylonische Version der Schöpfungsgeschichte enthielten, die erheblich älter war, weiter zurückreichte in die Vergangenheit als die bislang bekannte Legende von der Entstehung der Welt, wie sie in der Bibel beschrieben wird. George Smith, der so unauffällig gelebt hatte, der unauffällig gestorben war, der weder das Temperament noch die Vitalität besessen hatte, um ein großer Ausgräber zu sein, hatte mit seiner Arbeit dennoch Unerhörtes erreicht. Denn durch seine mit kriminalistischem Spürsinn und Besessenheit betriebene Tätigkeit war etwas zustandegebracht worden, was so bedeutenden Männern wie Paul Emile Botta, Austen Henry Layard oder Henry Creswicke Rawlinson bis dahin versagt geblieben war:

George Smith hatte den Beweis erbracht, daß die Menschheit nicht nur viel älter war, als man angenommen hatte, sondern daß sie auch schon viel länger und nachdrücklicher über gewisse ewigkeitsbezogene Themen nachdachte, als man das für möglich gehalten hatte.

IX
KOLDEWEY ODER EIN KAMPF UM BABYLON

Es gibt ein paar Begriffe, unsere Vergangenheit betreffend, die in diesem besonderen Fall eine übergeordnete, dem jeweiligen persönlichen Schicksal entzogene Vergangenheit ist, Namen von mythischer Bedeutung, deren dunkler Klang in uns Furcht und Aberglauben erzeugt. Bab-ilu, das »Tor der Götter« in der beigefarbenen Sandsteppe an den Ufern des Euphrat, das Babylon der Griechen, über das seit vielen Jahrtausenden Sandstürme, Winterregen und die Zumutungen der orientalischen Sonne hinweggegangen sind, ist ein solcher Name. Schon die hebräischen Propheten und Geschichtsschreiber verdammten die »große babylonische Hure«, wünschten der Weltstadt am Unterlauf des Euphrat, die zum Zeitpunkt dieser biblischen Flüche annähernd 200 000 Einwohner gehabt haben dürfte, ein Schicksal wie das von Sodom und Gomorrha. Und wenn dieser zornige Fluch nichts anderes bewirkt hätte als unsere dumpfe Abneigung vor der Riesenstadt – eine Abneigung, in die sich freilich atemloses Staunen und Bewunderung mischen –, so wäre das schon Anlaß genug gewesen, sich in dem Augenblick, da die europäischen Altertumsforscher Anfang und Mitte des 19. Jahrhunderts in den Orient eindrangen, vor allem mit Babylon zu beschäftigen, der vielleicht schillerndsten, geheimnisvollsten und faszinierendsten unter allen großen Städten der Welt. Daß dies nicht geschah, daß man zuerst Ninive wiederentdeckte, auch Nimrud, ist einer der vielen merkwürdigen Zufälle in der Geschichte der Archäologie.

Dabei gab es genügend Hinweise, von denen man im Verlaufe der Zeit Kenntnis erhalten hatte. Da war zum Beispiel Herodot – wer sonst? –, der um die Mitte des 5. vorchristlichen Jahrhunderts natürlich auch nach Babylon gekommen war und die Stadt, obgleich sie zu diesem Zeitpunkt schon mehrfach zerstört und wiederaufgebaut worden war, sogleich als

die »schönste Stadt unter allen« bezeichnete, ein viereckiges Weltwunder, deren Mauern eine Ausdehnung von nahezu hundert Kilometern hatten, in zwei Teile zerfallend, die der Euphrat mit seinem lehmgelben, schmutzigfarbenen Wasser trennte, durchzogen von gradlinigen Straßen, an denen drei-, vierstöckige Häuser standen – was an sich schon ein Wunder war, wenn man bedenkt, daß es in ganz Mesopotamien weder Holz noch Steine zum Bauen gab –, umgürtet von Mauern, in denen gewaltige erzene Tore eingelassen waren, ein Zentrum des luxuriösen Lebens, eine Handelsmetropole und vor allem auch eine heilige Stadt, obgleich sie, was auch Herodot nicht leugnete, alle Laster und Gemeinheiten, die ihr bereits die erbitterten jüdischen Propheten in der Bibel nachgesagt hatten, tatsächlich zu kennen schien.
Eine solche Stadt, vergleichbar wohl nur einem Wunder, das Menschen unter Zuhilfenahme ihrer Götter in die stein- und baumlosen Steppen des südlichen Mesopotamien gestellt hatten, geht nicht einfach verloren, verschwindet nicht aus dem Gedächtnis der Menschheit, auch wenn ihre prachtvollen Tempel seit mehr als zweitausend Jahren zerstört, ihr sagenhafter Luxus seit vielen Generationen verschwunden, ihre einstmals weltberühmten Mauern längst unter meterhohen Schuttmassen begraben sind. Ninive ist schließlich auch nicht spurlos verschollen, das blutige und grausame Ninive, wo man den Krieg mehr liebte als die friedliche Entwicklung und das doch niemals die Größe Babylons erreicht hatte, nie den strahlenden Glanz jenes Urbilds einer Weltmetropole besaß, so raffgierig und gewalttätig seine Könige auch waren, so eifrig auch die Priester um die Unsterblichkeit dieser zweiten Weltstadt Mesopotamiens alle einander abwechselnden Götter angefleht hatten. Und als seit den vierziger Jahren des 19. Jahrhunderts Männer wie Layard, Botta und schließlich auch der Iraqui Hormuzd Rassam das, was von Ninive übriggeblieben war, nach und nach ausgruben, als in London der unscheinbare George Smith, einer der großen Entzifferer und Schreibtischstrategen der modernen Archäologie, die auf

Tontafeln eingeformten Schriftdokumente aus der riesigen Bibliothek des Aussurbanipal lesen konnte, da wurde der Wunsch immer drängender, auch das sagenhafte Babylon, das vielleicht nicht die älteste Stadt der Welt, aber so etwas wie eine Urmutter aller künftigen Weltstädte war, aus der Tiefe der mesopotamischen Erde ans grelle Tageslicht dieses wißbegierigen, über die Maßen selbstbewußten und ehrgeizigen 19. Jahrhunderts zurückzuholen.

In einer deutschen Kleinstadt namens Blankenburg, die im Schatten des Brocken, des Hauptberges im Harz, liegt, wurde im Jahre 1855 jener Mann geboren, der das Rätsel von Babylon lösen sollte. Sein Name war Robert Koldewey. Zur Zeit seiner Geburt hatten der Franzose Botta und der Brite Layard schon den Spaten angesetzt gehabt auf dem ausgedehnten Ruinengelände von Babylon, ohne freilich etwas so Wesentliches gefunden zu haben, daß eine Fortsetzung der Grabungsarbeiten vonnöten schien. Das ist immerhin erstaunlich, denn seit ein paar hundert Jahren wußte man aus Erzählungen europäischer Orientfahrer – Pilger, Abenteurer, wissenschaftlich interessierter Männer –, daß es in den großen Erdhügeln am Euphrat Schächte und Stollen gab, die von arabischen Schatzsuchern vorangetrieben worden waren. Aus der Bibel und aus den Berichten Herodots sowie anderer antiker Autoren hatte man erfahren, daß Babylon eine Fülle von kostbaren Dingen besessen haben mußte, goldene Statuen zum Beispiel, deren materieller Wert unermeßlich war. Aber auch hängende Gärten mitten in der wüstenähnlichen Steppe oder jener legendäre Turmbau, der angeblich bis in die Tiefe des Himmels gereicht haben soll, beschäftigten die Phantasie der Menschen in Europa seit langem.

Und doch sollte es bis in die ersten Frühlingswochen des Jahres 1899 dauern, daß ein Archäologe – eben der Deutsche Robert Koldewey – mit der systematischen Arbeit an den Überresten von Babylon begann. Warum eigentlich erst so spät? Was war die Ursache dafür, daß das berühmtere Babylon mehr als fünfzig Jahre nach der Wiederentdeckung Ninives und Nimruds ausgegraben wurde? Expeditionen an den Euphrat hatte es schließlich schon seit längerem gegeben; der englische Geologe William Kenneth Loftus war beispielsweise 1849/50 bis zu den großen Schutthügeln vorgedrungen, die sich südlich von Bagdad an den Ufern des Euphrat erhoben, und er hatte wie fast alle seine Vorgänger schon ganz genau gewußt, daß sich hier die Überreste Babylons befinden mußten. Denn ähnliche Unternehmungen, angeregt und finanziert durch die damals noch allmächtige Ostindische Kompanie, hatte es spätestens seit den zwanziger Jahren des 19. Jahrhunderts gegeben. Das alles war ursprünglich zwar nicht im Dienste der Altertumsforschung oder unter einem kulturhistorischen Aspekt unternommen worden, sondern diente ausschließlich der kartographischen Erfassung des lebenswichtigen Landweges nach Indien, an dem die Ostindische Kompanie aus einsichtigen Gründen brennend interessiert war. Aber die Männer, die für diese weltumspannende Gesellschaft tätig waren, meist Offiziere, auch Geologen und Kartographen, verfügten über ein hinlänglich fundiertes historisches Wissen, waren neben ihrer eigentlichen Tätigkeit meist auch dilettierende Altertumsforscher, um in der Regel ganz genau zu wissen, was die großen Erdpyramiden und weithin verstreuten Schutthügel im Zwischenstromland wirklich zu bedeuten hatten.

Und noch etwas darf man nicht unberücksichtigt lassen: Mit jeder neuen Entzifferung von altorientalischen Keilschriften nahmen die anfangs noch rudimentären Kenntnisse der Archäologen über diese alten Kulturen aus dem Zwischenstromland zu; bald begriff man in Europa auch, daß Keilschrift nicht gleich Keilschrift war, sondern daß es über eine zeitliche Abfolge von einigen Jahrtausenden hinweg eine kontinuierliche Entwicklung der Schrift gegeben hatte, die sich, ausgehend von einem ganz bestimmten, genau abgegrenzten Landstrich im südlichen Mesopotamien, über den Mittleren und Nahen Osten ausgebreitet und dabei auch in qualitativer Hinsicht vervielfacht hatte. Und schließlich war

auch die Entdeckung des Gilgamesch-Epos durch George Smith ein wesentlicher Hinweis auf altbabylonische Mythen- und Kulturvorstellungen gewesen, wobei man nunmehr einzusehen begann, daß man damit noch immer nicht die wirklichen Anfänge menschlicher Kulturtätigkeit in diesem Raum aufgespürt hatte. Es war wie ein endlos langer Treppenabgang in einen dunklen Schacht; mit jedem neuen Schritt, den man abwärts in die Tiefe der Zeit unternahm, fand man neue, überraschende Erkenntnisse, traten neue, teilweise sensationelle Möglichkeiten ins Blickfeld der Historiker und Ausgräber. Es war in diesem Zusammenhang vor allem Jules Oppert, einer der großen Orientalisten des 19. Jahrhunderts und zugleich Erfinder des übergeordneten Begriffes »Keilschrift« für die verschiedenen Schriftformen in Persien, Assyrien und Babylonien, der als einer der ersten Wissenschaftler Europas auch die Überzeugung vertrat, daß sich die alten, jetzt etappenweise wiederentdeckten Kulturen in Mesopotamien nicht nur auf die Erdpyramiden rund um Mossul, also auf assyrische Städte gründeten, sondern daß es, je weiter nach Süden man vorstieß, immer ältere und eindrucksvollere Beispiele uralter Stadtkulturen geben müßte. Oppert sprach damit nur aus, was vor ihm schon der Rabbi Benjamin aus Tudela, der Augsburger Arzt Rauwolf oder auch Carsten Niebuhr und Pietro della Valle gesehen und berichtet hatten.
Hier, in der Mitte des Zweistromlandes, befanden sich die großen Ruinenstätten einer schriftkundigen, hochentwickelten Zivilisation, deren Ursprünge wesentlich älter waren als die eben erst wiederentdeckte assyrische. Ein gutes Beispiel dafür ist der naheliegende Vergleich zwischen Ninive und Babylon: Als nämlich das assyrische Ninive in den Rang einer königlichen Residenz erhoben wurde, da war Babylon schon länger als ein Jahrtausend eine Weltmetropole. Allerdings muß man hinzufügen, daß die Assyrer im Verlauf ihrer Geschichte vier Hauptstädte gehabt hatten, von denen die älteste, Assur, auf das Jahr 3 000 vor Chr. zurückgeht. Aber keine dieser Hauptstädte – auch Ninive nicht, das doch in der

Tat eine prachtvolle Metropole gewesen sein muß – besaß die Größe und das luxuriöse Ambiente Babylons, das älter als das sagenhafte Ninive war und das dieses Ninive noch in den Augenblicken des Untergangs um mehr als siebzig Jahre überdauern würde, bevor es von den Persern unter deren Großkönig Kyros endgültig erobert und später dann durch die Truppen des Xerxes zerstört werden sollte. Das wirklich Staunenswerte aber, das man allerdings erst nach der jahrzehntelangen Ausgrabung von Babylon und weiteren aufsehenerregenden Funden im südlichen Mesopotamien – einige davon machte man erst im 20. Jahrhundert – mit Sicherheit nachweisen konnte, war der Umstand, daß weder Assur noch Babylon der Ruhm zukommt, das erste Glied in jener langen Kette großartiger städtischer Zivilisation und menschlicher Kulturtätigkeit zu sein, die man nun auf dem Gebiet des heutigen Irak freilegte. Es gab noch ältere Kulturen, noch ältere Ansiedlungen, deren Zivilisation bereits städtisch organisiert gewesen war.

Robert Koldewey, der bislang letzte Eroberer von Babylon, das im Verlaufe seiner Geschichte ja schon so oft erobert, zerstört, wiederaufgebaut und wieder zerstört worden war, hatte in Berlin, München und Wien Architektur studiert, sich aber auch für Kunstgeschichte und Archäologie interessiert. Er war ein origineller Charakter, dessen Briefe und literarische Versuche voll kauziger Einfälle sind. Sein grimmiger Humor, sein Sarkasmus, seine ätzende Ironie waren sprichwörtlich und gefürchtet. Aber er war auch ein realistischer, seine Möglichkeiten genau abwägender Forscher, der nichts dem Zufall überließ. Inspiration ist gut, pflegte er zu sagen, aber zehn Stunden Knochenarbeit sind besser, wenn man etwas wirklich Interessantes erreichen will. Die ersten brauchbaren Erfahrungen als Ausgräber und Forscher hatte er sich frühzeitig in Süditalien und auf Sizilien geholt, wo er an der Erfassung und Wiederherstellung griechischer Tempelanlagen arbeitete. Er hatte auch in Mesopotamien gegraben, bevor er dann nach einem wenig erfreulichen Zwischenspiel als

Leiter einer Baumschule in Deutschland, wozu ihn Geldmangel gezwungen hatte, im Alter von 44 Jahren endlich und diesmal unwiderruflich nach Mesopotamien ging, um Babylon auszugraben. Die materiellen Mittel dafür – 600 Mark monatlich als Entlohnung, insgesamt eine halbe Million Mark für die ersten fünf Jahre, womit alle anfallenden Kosten beglichen werden mußten – waren ihm vom Generaldirektor der Berliner Museen zur Verfügung gestellt worden. Wie Koldewey selbst über sich dachte, hatte er wenige Jahre vorher einmal recht drastisch ausgedrückt: »Ich habe in mir jemanden sitzen, der immer sagt: so, Koldewey, jetzt kannst du nur das und das tun; alles andere ist mir dann einerlei.« – Am 26. März 1899 war es wieder einmal so weit. Koldewey begann, ohne daß er anfangs noch geahnt hatte, worauf er zuerst stoßen würde, an der Ostseite der verschütteten Burg von Babylon zu graben; er war in den nächsten achtzehn Jahren damit beschäftigt, die geheimnisvolle Welt der alten Babylonier und ihrer großen Herrscher Nebukadnezar und Hammurabi vom Schutt der Jahrtausende zu befreien; er fand den sagenhaften Turm von Babel, die berühmten Hängenden Gärten der Semiramis und eine der großartigsten Prachtstraßen, die je in einer Großstadt angelegt worden waren. Und er konnte mit handfesten Beweisen nachdrücklich untermauern, was nach der Entzifferung des Gilgamesch-Epos fast schon Gewißheit geworden war, daß es nämlich vor Jahrtausenden einmal wirklich eine Sintflut gegeben hatte, wie sie in der Bibel beschrieben wurde.

Es scheint zugunsten einer fundierten Objektivität der Geschichte gegenüber mitunter durchaus ratsam zu sein, Vergleiche anzustellen über jene Zeit, in der Babylon groß geworden war und sich als erste Weltstadt behauptete, also etwa um das Jahr 1800 vor Chr., und über die Verhältnisse, wie sie damals zum Beispiel in Europa herrschten. Das ist keine billige Koketterie mit der Größe untergegangener Kulturen, wie man das auf den ersten Blick annehmen könnte, sondern ein Versuch, das gravierende Ost-West-Gefälle menschlicher

Kulturtätigkeit zu verdeutlichen. Man braucht dafür ja nur festzuhalten, was es an kulturellen, zivilisatorischen Möglichkeiten an den Ufern von Euphrat und Tigris schon gab – und was in den Urwäldern, Sümpfen und kahlen Steppen Europas noch Jahrhunderte, ja Jahrtausende benötigen würde, bis es in gleicher Qualität und Menge als selbstverständliches Attribut menschlicher Fähigkeiten vorhanden sein würde –, man braucht nur aufzuzählen, was in Mesopotamien selbstverständlich und in Europa noch nicht einmal als Idee vorhanden war, um den enormen Unterschied zu begreifen. Im Babylon des Hammurabi, etwa siebzehn Jahrhunderte vor der Geburt Christi, war man nicht nur des Lesens und Schreibens, sondern auch des Rechnens durchaus kundig, gab es Schulen, existierten philosophische und medizinische Schulen, konnte man in den Vorläufern heutiger Bauernkalender nachschlagen, lagen schon Bücherkataloge auf – auch wenn es Tontafeln waren, die das geschriebene Wort vermittelten –, gab es aber auch eine Finanzverwaltung mit Steuereintreibung und Steuernachlaß, gültige Moralgesetze, eine festbegründete Vorstellung vom Paradies, eine genaue Erinnerung an das Ereignis der großen Sintflut, traten Historiker auf, die sich der vergangenen Jahrtausende annahmen, wurde eine beispielhafte Literatur geschrieben; jedoch auch medizinische Rezepturen oder umfangreiche Anweisungen zum Gartenbau wurden abgefaßt. Das alles – und das alles ist nur ein Auszug – gab es am Euphrat zu einem Zeitpunkt, da in Europa noch nicht einmal Ansätze einer zivilisatorischen Existenz, wie sie im ganzen Orient als völlig selbstverständlich galt, vorhanden waren, da Italien weder Etrusker noch Römer, Frankreich noch keine Kelten in ihrer nachmaligen historischen Funktion, Skandinavien keine Wikinger und Osteuropa weder Magyaren noch Hunnen kannte. Natürlich ist eine derartige Aufzählung, ein solcher Vergleich zweifelhaft. Natürlich waren auch die Babylonier nicht die Erfinder all dieser zivilisatorischen und kulturpolitischen Erfahrungen und Triumphe. Und natürlich gab es noch viel ältere, um

Jahrtausende länger existierende und geschichtlich beweisbare Kulturen als diese sagenhafte babylonische, die ja auch nur eine Mischkultur war, die auch nur von Erbschaften lebte, deren Wurzeln tausend, zweitausend Jahre länger in den damals so ungemein fruchtbaren Böden des Mittleren Orients steckten.
Aber Robert Koldewey, der jetzt um die Jahrhundertwende und dann bis ins Jahr 1917 die unglaublichen Geheimnisse Babyloniens wie mit einem Zauberstab aus einem langen Dornröschenschlaf erweckte, wußte noch nichts von diesen älteren Kulturen, hatte noch so gut wie keine Ahnung von Ur und den Sumerern – die Namen kannte er, die Geschichte, die sich damit verband, war in jenen Jahren noch weitgehend unbekannt – und besaß auch überhaupt keine Vorstellung von einem Land namens Dilmun, das noch um tausend Jahre älter sein sollte als das sagenhafte Reich sumerischer Stadtstaaten anfangs des 3. vorchristlichen Jahrtausends. Koldewey besaß lediglich die beiden klassischen Begleiter aller Archäologen, die jenseits der levantinischen Küsten einer rätselhaften Vergangenheit auf der Spur waren: die Bibel und die Schriften des Herodot. Er sollte mit seiner Ausgrabungstätigkeit beiden Darstellungen volle Gerechtigkeit widerfahren lassen, so unglaublich diese Beschreibungen im Detail auch gewesen sein mochten.
Allerdings muß man hier jener Versuche noch einmal gedenken, die vor Koldewey auf dem Gelände von Babylon unternommen worden waren und für die in der Hauptsache Hormuzd Rassam verantwortlich zeichnete, der bis 1879 auf dem ausgedehnten Trümmerfeld Grabungen durchführte, ohne freilich, darin seinem Vorgänger und Lehrmeister Layard nacheifernd, irgendwelche spektakulären Funde zu machen. Und außerdem muß man auch noch den wenig bekannten Umstand berücksichtigen, daß der archäologischen Forschung der Weg zu den Beispielen aus den Anfangszeiten Babylons, also aus dem 2. vorchristlichen Jahrtausend, wegen des hochstehenden Grundwassers erschwert wurde, für das

der Euphrat sorgte, und auch wegen der vielfältigen Zerstörungen, über die dann jeweils neue Schichten städtischer Kultur gewachsen waren, bis auch sie wieder vernichtet und von anderen Neugründungen abgelöst worden waren. Hormuzd Rassam, der einer der fähigsten Archäologen des 19. Jahrhunderts war, scheiterte nicht zuletzt an diesen Gegebenheiten. Und auch die geduldige, wissenschaftlich genaue Arbeit Koldeweys ließ lediglich erste Rückschlüsse, die oft nicht viel mehr als ein Verdacht waren, auf das Babylon der Hammurabi-Dynastie zu, also auf jene Zeit, da Babylon seine größte räumliche Ausdehnung und gewichtigste geistige Bedeutung besessen hatte, wovon ein seltsamer Fund, der zwei Jahre nach dem Beginn der Ausgräbertätigkeit Koldeweys im benachbarten Persien gemacht wurde, und zwar auf dem Ruinenfeld von Susa, überraschendes Zeugnis ablegte. Es handelte sich um eine Säule, die eine Höhe von rund 1,80 m besaß und in die eine umfassende Gesetzessammlung eingemeißelt war, wie sie unter Hammurabi, der von 1728 bis 1686 regiert hatte, als beispielhaftes Werk zustandegekommen war. Wahrscheinlich war dieses Gesetzeswerk, das bis dahin das älteste der Welt war, das man jemals gefunden hatte, bei einem Beutefeldzug durch die benachbarten Elamiter erobert und nach Persien verschleppt worden. Diese Gesetze, von denen wir erst heute wissen, geben uns jedenfalls eine gute Vorstellung vom Rechtsempfinden und dem ausgeprägten Gefühl der Babylonier für Moral und objektives Besitzdenken, auch wenn die Brutalität vieler Strafen ziemlich abschreckend wirkt.

Aber was Koldewey jetzt auszugraben begann, waren nicht die Hinterlassenschaften eines Hammurabi, sondern bereits das Babylon des legendären Nebukadnezar II., der mehr als ein Jahrtausend nach Hammurabi als Kriegsherr und gottähnlicher Tyrann in Erscheinung getreten war und dessen Biographie die Zeit zwischen 605 und 562 und damit einen letzten Höhepunkt babylonischer Macht beschreibt, bevor dann im Jahre 530 vor Chr. die Perser die Weltstadt am Euphrat eroberten. Dieser Nebukadnezar II., bibelkundigen Lesern wohlvertraut als Eroberer des alten orientalischen Mittelostens bis hinüber zu den Küsten Palästinas, ein unnachsichtiger Triumphator über die Juden, die er in einem der gewaltigsten Deportationsunternehmen der Weltgeschichte von ihren angestammten Plätzen aussiedeln und an die Ufer des Euphrat bringen ließ, wo sie als Arbeitssklaven die schreckliche Zeit ihrer babylonischen Gefangenschaft erleben mußten, Nebukadnezar II. also trat nicht nur als Kriegsherr und Geißel der Juden, sondern auch als Bauherr nachdrücklich in Erscheinung. Jene gewaltigen Stadtmauern, die für Babylons legendären Nachruhm so bedeutungsvoll werden sollten, wurden unter seiner Regierungstätigkeit errichtet. Er hatte auch die erste Brücke aus festgefügten Steinen über den Euphrat bauen lassen, was besondere Anstrengungen und wohl auch Kosten verursacht haben mußte, wenn man bedenkt, daß man den Baustein für dieses Bauwerk aus fernen Ländern herbeischaffen mußte. Und auch die Palaststadt im Zentrum Babylons, »ein Wunder von kühler, fremder, barbarischer Pracht«, wie rund zweiundzwanzig Jahrhunderte später die ersten Ausgräber beeindruckt urteilten, ist während der Regierungszeit Nebukadnezars entstanden, angeblich in fünfzehn Tagen, was allerdings eine kleine Übertreibung sein dürfte.

Koldewey, der unbeschadet der Jahreszeiten graben ließ und manchmal bis zu zweihundert Arbeiter beschäftigte, war also auf das Babylon Nebukadnezars II. gestoßen. Allerdings drang er zugleich auch tief in Babylons Vergangenheit ein, als er den sagenhaften Turm zu Babel auszugraben begann, dessen Überreste immer noch, auch als Schuttmasse, eindeutig feststellbar waren und dessen älteste Fundamente aus viel weiter zurückliegenden Zeitaltern stammten. Es handelte sich dabei um eine Stufenpyramide, um eine Ziggurah, wie sie in jeder größeren babylonischen Stadt als wichtigstes Heiligtum vorkam; nur war die Ziggurah von Babylon, also der Turm von Babel, das mit Abstand größte, gewaltigste Bauwerk dieser Art in ganz Mesopotamien. Koldewey selbst schrieb darüber: »Das kolossale Massiv des Turms, den die Juden als Inbegriff menschlicher Überheblichkeit betrachteten, inmitten der stolzen Priesterpaläste, der weiten Vorratshäuser . . . es muß ein überwältigender Eindruck der Größe, der Macht und der Fülle gewesen sein!« – Dieser Turm, der in späteren Generationen der Menschheit als Symbol für Maßlosigkeit, ja Gottlosigkeit vorgekommen ist, so daß man damit auch die sogenannte Babylonische Sprachenverwirrung in Verbindung brachte, was entweder eine guterfundene Geschichte oder aber ein diskreter Hinweis darauf sein könnte, daß es in Babylon viele Völker und Rassen gegeben hatte, die sich aller damals bekannten Weltsprachen, Dialekte und Idiome bedienten, was letztlich zu gewissen Verständigungsschwierigkeiten führte, – dieser Turm besaß eine Baugeschichte, die sich über ein Jahrtausend und länger hinzog; denn jede neue Generation göttergläubiger Babylonier beschäftigte sich von neuem mit der Ziggurah, die ein Heiligtum des ganzen Volkes, ein Ziel aller Prozessionen war. Hier wurde dem höchsten göttlichen Wesen geopfert – sein Name war Marduk –, hier wurde aber auch Recht gesprochen, fanden Regierungserklärungen statt, wurden Feldzüge verkündet, Siege oder Niederlagen den Bürgern mitgeteilt. Die Höhe dieses sogenannten Turms von Babel dürfte annähernd neunzig Meter betragen haben, ebensoviele Meter breit war das Fundament. Der Tempel Marduks, des Hauptgottes von Babylon, befand sich auf der obersten Plattform, war mit blauen Ziegeln ausgelegt und reichlich ausgestattet; so zum Beispiel scheint das Tempeldach mit purem Gold bedeckt gewesen zu sein. Herodot, der unermüdliche Weltreisende aus dem kleinasiatischen Halikarnassos, hatte diesen großartigen Turm, diesen Götterthron noch gesehen, hatte auch seine strahlende, unvergleichliche Schönheit beschrieben, bevor er dann von den Persern unter Kyros erobert und unter Xerxes zerstört wurde.

Der geniale Entdecker all dieser Dinge, Robert Koldewey,

hatte zwar das neubabylonische Zeitalter durch seine Ausgrabungen der Vergessenheit entrissen, aber da die Baugeschichte der meisten Anlagen bis ins 2. vorchristliche Jahrtausend, bis in die Epoche Hammurabis und Nebukadnezars I. zurückreichte, konnte auch erstmals ein ziemlich genaues Abbild altbabylonischer Religions- und Weltbildvorstellungen geschaffen werden. Es war jetzt nachweisbar geworden, daß es lange vor den Mythen der Griechen bereits eine genaue Idee von einer Unterwelt gegeben hatte, von deren Besuch durch eine babylonische Gottheit namens Ischtar – woraus dann Astarte wurde – die mythischen Überlieferungen der Babylonier berichteten. Auch die Legende von der Sintflut wurde jetzt geschichtskundig, das heißt, man stieß auf mehr oder minder glaubhafte Hinweise, daß sich tatsächlich irgendwann in grauer Vorzeit eine solche Menschheitskatastrophe ereignet haben mußte, man war sogar fähig, den Schauplatz der historischen Sintflut zu bestimmen: irgendwo zwischen Euphrat und Tigris im südlichen Mesopotamien. Koldewey war es jedenfalls in achtzehnjähriger mühsamer Arbeit gelungen, eine empfindliche Lücke in unserem Wissen über die altmesopotamische Geschichte zu schließen. Immer stärker wurde jetzt den Altertumsforschern bewußt, daß es analog zur Geschichte und Kultur Altägyptens, die bis ins dritte vorchristliche Jahrtausend reichte, auch eine eigenständige Geschichte und Kultur der Völker zwischen Euphrat und Tigris gegeben haben mußte, die gleichfalls bis ins 3. vorchristliche Jahrtausend zurückzuverfolgen war. Noch fehlte es an Beweisen für die ältesten Kulturbeispiele in diesem Raum, noch war etwa das Ur der Chaldäer, die legendäre Heimat des biblischen Abraham, nicht ausgegraben worden; noch war mancher Hinweis, mancher Verdacht nicht schlüssig beweisbar. Aber mit der Wiederentdeckung Babylons durch Koldewey, der als einer der Begründer moderner Ausgrabungsmethoden 1925 in Berlin starb, war das Bild, das man sich von den ältesten Kulturen der Menschheit machte, entscheidend bereichert worden. Vor allem aber war wieder einmal der Nachweis gelungen, daß Schriftdokumente wie die Bibel und Augenzeugenberichte wie jene von Herodot, Diodor oder Strabo stets grundsätzlich die Wahrheit vermittelt hatten. Es gab den Turm zu Babel; es existierten die Hängenden Gärten der Semiramis, wenngleich sie fälschlich dieser assyrischen Königin zugeschrieben worden waren; es hatte eine Sintflut gegeben; und Babylon war zweifellos das Urbild aller späteren Metropolen, auch im Negativen, auch in der luxuriösen Übertreibung, an der letztlich die Menschen zugrunde gehen sollten. Die Archäologen bewiesen stets von neuem, daß die Geschichte der Menschheit erstens viel älter ist, als man das bis in die Mitte des 19. Jahrhunderts angenommen hatte, und daß man zweitens aus den Erfahrungen der Geschichte unendlich viel lernen könnte.

X

MONSIEUR WILL WISSEN, WOHER DIE SPHINGEN KOMMEN

Schon ein erster flüchtiger Blick auf die verschiedenen Biographien jener Männer, die im 19. Jahrhundert in den Ländern des Orients, an den Küsten der Levante, in Griechenland, Ägypten und in Kleinasien immer neue und glanzvollere Beweise für die Existenz alter Kulturen zustandebrachten, bestätigt die merkwürdige Erfahrung, daß nur die wenigsten von ihnen, die als Archäologen wie professionelle Altertumsforscher auftraten, durch ihre berufliche Ausbildung oder durch ein akademisches Studium darauf vorbereitet waren, die engen Grenzen unseres Wissens über die Vergangenheit der Menschheit zu sprengen. Und manche dieser Männer, deren Leben der Aufgabe gewidmet schien, die historisch gerade noch erfaßbare und darstellbare Vergangenheit immer weiter zurückzuverfolgen, kamen erst über erstaunliche, ja mitunter skurrile Umwege dazu, sich der Archäologie zu verschreiben: Paul Emile Botta, Arzt und Insektensammler, stieß zufällig auf die Schriften eines anderen Orientreisenden, des Engländers Rich, und war von diesem Augenblick an nur noch daran interessiert, in Mesopotamien die Erdpyramiden rund um Mossul zu erforschen; die beiden genialen Entzifferer ägyptischer Hieroglyphen und assyrischer Keilschriften, der Franzose Champollion und der Brite Smith, waren durch beschriftete Tontafeln, deren Wachsabdrücke oder durch Bruchstücke von uralten und scheinbar nicht entzifferbaren Schriftdokumenten in diesen Zustand höchster schöpferischer Anstrengung, unterstützt durch eine unglaubliche Hartnäckigkeit, versetzt worden, wodurch das scheinbar Unmögliche letztlich doch ermöglicht wurde; der eine dechiffrierte die Hieroglyphen, der andere entdeckte das Gilgamesch-Epos; ein Mann wie Schliemann glaubte ein halbes Leben lang mit unbeirrbarer Geduld an die historische Wahrheit homerischer Aussagen und setzte Vermögen, Gesundheit und bürgerliche Reputation aufs Spiel, um durch umfangreiche Grabungen zu verifizieren, was schon seine Kindheitsträume bewegt hatte; selbst ein Genie wie Winckelmann bedurfte dieses berühmten Anstoßes von außen, nämlich des Anblicks dreier römischer Statuen aus Herculaneum, um seine wahre Berufung endgültig zu erkennen; Giovanni Battista Belzoni, der Riese aus Padua, hatte völlig andere Berufspläne und Zukunftsabsichten in jenem entscheidenden Augenblick, da er auf Malta einem ägyptischen Kapitän und Agenten namens Ismail Gibraltar begegnete; und der Franzose Auguste Mariette, den man heute gern als Vater und Begründer der ägyptischen Archäologie bezeichnet, war ursprünglich Lehrer, wollte aber eigentlich Journalist oder Schriftsteller werden, bis er eines Tages eher zufällig und wohl aufgrund seiner literarischen Fähigkeiten gebeten wurde, den Nachlaß eines Künstlers und dilettierenden Forschers, der Champollions berühmtgewordene Expedition nach Ägypten mitgemacht hatte, in Ordnung zu bringen und für eine mögliche Veröffentlichung in Buchform vorzubereiten. Immer spielte also der Zufall eine große Rolle, stets gab es einen unvermuteten Anstoß von außen, der das Leben dieser Männer, die der Welt eine neue Vergangenheit und vergessen geglaubte oder überhaupt unbekannte Kulturen schenkten, auf dramatische Weise verändern sollte.

Auguste Mariette ist eines der beeindruckendsten Beispiele für diese Feststellung. Er wurde am 21. Februar 1821 im nordfranzösischen Boulogne geboren, ging schon mit achtzehn Jahren nach Abschluß seiner Studien nach England, wo er in der Shakespearestadt Stratford-on-Avon Französisch unterrichtete, was ihn aber nicht sonderlich befriedigt haben dürfte, denn er kehrte bald wieder nach Frankreich zurück, um in seiner Heimatstadt eine Anstellung als Lehrer anzutreten. Gleichzeitig begann er sich für Literatur zu interessieren, schrieb selbst kleinere Aufsätze für Zeitungen und Journale und dachte zu diesem Zeitpunkt ganz gewiß nicht einmal im

Traum daran, jemals als Altertumsforscher, Ausgräber oder gar als Museumsdirektor im Rang eines ägyptischen Bei – und eines noch gar nicht existierenden Museums – in den Orient zu gehen, beispielsweise nach Ägypten. Archäologie interessierte den jungen Mann nicht im mindesten; von Ägypten wußte er nicht mehr als Millionen Franzosen; und das war sehr wenig.

Da ersuchte ihn eines Tages im Jahre 1842 ein Zöllner, der gerade erst nach Boulogne versetzt worden war, sich doch einmal der Hinterlassenschaft anzunehmen, die sein frühverstorbener Sohn Nestor l'Hôte, der gemeinsam mit Champollion Ägypten bereist hatte, zusammengetragen und dann allerdings nicht mehr ausgewertet hatte. L'Hôtes Vater, der Zollbeamte, war mit den Mariettes entfernt verwandt, so daß Auguste seine Bitte nicht gut abschlagen konnte. Er begann sich in den Nachlaß einzulesen und studierte die Dokumente und Zeichnungen, die sich ausnahmslos mit altägyptischen Sujets beschäftigten. Innerhalb weniger Wochen war er von dieser fremden, bizarren Welt, die er hier erstmals und vorläufig freilich nur in der Theorie kennenlernte, so fasziniert, daß er nun auch seine literarische Begabung in den Dienst dieser für ihn neuen Sache stellte und einen Aufsatz über die ägyptischen Exponate im Museum seiner Heimatstadt schrieb, dabei vor allem den Umstand beklagend, daß es nur sehr wenige altägyptische Objekte waren, über die man in Boulogne verfügte. Die Stadtväter zeigten sich beeindruckt und unterstützten Mariettes Absichten, mit staatlicher Förderung eine Expedition nach Ägypten zu unternehmen, um dort zum Ruhme des Museums von Boulogne Ausgrabungen durchzuführen. Es war ein völlig verrückter Plan. Die verantwortlichen Behörden in Paris lehnten ihn dann auch erwartungsgemäß ab. Die ganze Geschichte hätte damit beendet sein können, ohne irgendwelche Konsequenzen zu haben. Aber Mariette hatte sich bereits entschieden. Er kündigte seine Anstellung als Lehrer, verließ Boulogne und ging nach Paris, wo er sich gleichsam in der ägyptischen Abteilung des

Louvre einzunisten begann und diese Tätigkeit als Sprungbrett betrachtete für seine ziemlich hochfliegenden, allerdings auch noch reichlich ungeordneten Pläne.
Im Louvre, den er nun als interessierter, man könnte auch sagen, als fanatisierter Besucher regelmäßig frequentierte, beschäftigte sich Mariette vor allem mit der sogenannten »Tafel der Könige«. Das waren Steinblöcke, in die Porträts und Kartuschen einer Reihe ägyptischer Pharaonen eingemeißelt sind und die kurz zuvor von einer der exzentrischsten Figuren, die jemals als Künstler, Schatzsucher und Abenteurer Ägypten bereist hatten, in einem ebenso kühnen wie ungesetzlichen Handstreich aus dem Tempel von Karnak in Theben geraubt worden waren. Dieser Mann war ebenfalls Franzose und hieß Emile Prisse d'Avennes. Als er die entwendeten Steinblöcke mit den Porträts der Könige bereits in achtzehn Kisten auf seinem Schiff verstaut hatte, das ihn nilabwärts nach Alexandria bringen sollte, wurde er sowohl beim zuständigen Gouverneur seines unverschämten Diebstahls wegen angezeigt als auch durch einen Besuch des damals berühmten Altertumsforschers Lepsius überrascht. Aber Emile Prisse d'Avennes war bei seinem Raubzug unverfroren und selbstbewußt genug, um beide Schwierigkeiten mit großer Kühnheit zu meistern; den Gouverneur, der ein Schurke war, korrumpierte er durch Bestechung; und dem deutschen Wissenschaftler näherte er sich mit respektvoller Freundlichkeit, bat ihn auf sein Schiff, nötigte ihn in Ermangelung einer bequemeren Sitzgelegenheit zum Platznehmen auf einer der Kisten, in denen der Raub aus dem Tempel von Karnak untergebracht war, und bewirtete den Ahnungslosen mit Kaffee und Likör, während er ihn mit liebenswürdigen Komplimenten überhäufte.
Diese »Tafel der Könige«, die im Pariser Louvre gelandet war, erregte nun das besondere Interesse des jungen Auguste Mariette. Er schrieb alsbald einen umfangreichen Aufsatz darüber, der wohldurchdacht und stilistisch brillant war und dem französischen Ägyptologen Charles Lenormant auffiel,

was zur Folge hatte, daß man dem tüchtigen, ehrgeizigen Mann aus der Provinz eine bescheidene Arbeit in der ägyptischen Abteilung des Louvre zuwies, nämlich das Katalogisieren von altägyptischen Papyri. Gerade diese Beschäftigung aber war für den Bildungsdrang, für die fast krankhafte Neugier Mariettes, der jetzt alles, was mit Archäologie und Ägyptologie zu tun hatte, als einen Teil seines Lebens betrachtete, von unerhörter Bedeutung, denn auf diese Weise erfuhr er gleichsam aus erster Hand alles Brauchbare über diese alte Kultur, die ihn so brennend interessierte; außerdem war er dadurch bald imstande, die Hieroglyphen auf den Dokumenten, deren Katalogisierung ihm anvertraut war, ohne besondere Schwierigkeiten zu lesen.

Im Jahre 1850 und gleichsam über Nacht kam dann die Chance, auf die er gewartet, mit der er spekuliert hatte. Lenormant verschaffte ihm den Auftrag für eine kleine Expedition nach Ägypten, die freilich, wenn man sich das Dekret darüber in Erinnerung ruft, eher so etwas wie eine Geschäftsreise mit bescheidenen Mitteln und Zielen als ein großes und wohlorganisiertes Unternehmen hätte sein sollen. Mariette, der im Umgang mit Handschriften fast schon als Experte gelten konnte, sollte in Alexandria und Kairo solche Papyri für den Louvre aufkaufen; Ausgrabungen, archäologische Feldarbeit in jeder wie immer gearteten Form waren ihm ausdrücklich untersagt. Er hätte ja auch gar nicht die materiellen Voraussetzungen dafür besessen. Aber Mariette war glücklich, überhaupt einen Auftrag nach Ägypten erhalten zu haben, und kümmerte sich im übrigen von Anfang an nicht sonderlich um die einschränkenden Gebote und Anordnungen in seinem Vertrag. Im Herbst 1850 segelte er nach Alexandria, nahm unverzüglich Verbindung mit dem koptischen Patriarchen auf, um durch ihn an alte Schriftdokumente zu gelangen, erreichte allerdings so gut wie gar nichts, was er als Erfolg hätte vorzeigen können, ließ sich von diesen ersten Niederlagen nicht entmutigen, sah sich um, studierte, prüfte, lernte, beobachtete und machte Station bei der antiken Totenstadt Sakkara am linken Nilufer im Bereich von Memphis, einer der alten Hauptstädte des Pharaonenreiches, wo er ein kleines Lager aufschlug; hier begann er sich gegen den Willen seiner Vorgesetzten in Paris, die von dieser Entwicklung ohnedies keine Ahnung hatten, gewisse Gedanken zu machen, deren unausbleibliche Konsequenz eine Tätigkeit als selbständiger Ausgräber sein sollte.

Mariette war bei seinen Aufenthalten in Alexandria und Kairo, als er noch auf der ergebnislosen Suche nach alten Handschriften gewesen war, zufällig auf eine Frage von entscheidender Bedeutung gestoßen, deren Lösung ihn bald stärker beschäftigte als die wenig erfolgversprechenden Bemühungen um koptische oder altägyptische Papyri. Es war ihm nämlich aufgefallen, daß es in den Gärten und Parkanlagen gewisser Häuser, deren Besitzer wohlhabend oder sogar reich waren, immer wieder Sphingen gab, die alle der großen Sphinx von Giseh mit ihrem steinernen Riesenleib ähnlich und untereinander von gleichwertigem Aussehen waren. Man hatte sie als eine Art Dekoration aufgestellt. Aber woher kamen sie? Welches Zeitalter repräsentierten sie? Und wie war das möglich, daß sie so massenhaft in Erscheinung traten?

Mariette bediente sich eines wertvollen Ratgebers. In seinem Buch *Die Monumente Oberägyptens* schreibt er dazu: »Das Serapeum ist eines der Bauwerke von Memphis, die durch eine häufig zitierte Stelle bei Strabo – dem griechischen Geographen – und ständige Erwähnung in den griechischen Papyri berühmt geworden sind. In seiner Beschreibung von Memphis sagt Strabo: Auch gibt es einen Tempel des Serapis, an einem derart sandigen Ort, daß der Wind den Sand zu Haufen zusammenträgt. Darunter konnten wir zahlreiche Sphingen, einige fast ganz zugeweht, einige nur halb verdeckt, erkennen; wir schlossen daraus, daß der zu diesem Tempel führende Weg recht gefährlich sein müsse, wenn man von einem unvorhergesehenen Sandsturm überrascht würde.« – Und weiter heißt es: »Hätte Strabo diesen Ab-

schnitt nicht geschrieben, läge wahrscheinlich das Serapeum noch heute unter dem Sand der Nekropole von Sakkara begraben . . . Als ich eines Tages nach Sakkara kam, sah ich den Kopf einer Sphinx aus dem Sande ragen. Sie war offenbar unberührt und stand sicher noch an ihrem ursprünglichen Platz. Nahe dabei lag ein Opfertisch, auf dem in Hieroglyphen eine Inschrift eingraviert war. Urplötzlich kam mir die Strabo-Stelle in den Sinn. Die Allee, die da zu meinen Füßen lag, mußte eine von denen sein, die zum Serapeum führten, nach dem man so lange vergeblich gesucht hatte!«
Mariette verließ sich also auf Strabo, wie sich Schliemann auf Homer oder die Ausgräber von Ninive und Babylon auf Herodot verlassen hatten, auf seinen Instinkt und vor allem auf sein Glück. Er riskierte alles, seine Anstellung im Louvre, seinen guten Namen und auch seine bürgerliche Reputation. Er investierte den geringen Betrag, den er in Paris für den Ankauf von Handschriften mitbekommen hatte, jetzt in einen Verdacht, der ihm freilich als unabdingbare Gewißheit erschien, warb dreißig Arbeiter an und begann gegen alle offiziellen Anordnungen und ohne jeden Auftrag, nur dem eigenen Gefühl gehorchend, auf dem Gelände von Sakkara zu graben. Innerhalb weniger Tage legte er die von Strabo beschriebene Allee von Sphingen frei, fand eine Reihe von Grabstätten, zwei Tempel des Apis und zahlreiche Statuen. Er hatte damit das großartige Serapeum, die Totenstadt des antiken Memphis, gefunden, eines der wichtigsten Heiligtümer des ägyptischen Altertums, einen Tagesritt von Kairo entfernt, heute eine vielbesuchte Ruinenstätte inmitten rauschender Palmen und fruchtbarer Ackerböden und zweifellos einer jener idyllischen Schauplätze, an denen man den seltsamen Totenkult zumindest oberflächlich nachempfinden kann, den die Ägypter mit ihren heiligen Stieren betrieben haben. Denn im November 1851 war Auguste Mariette endlich auch auf das Grabmal des Apis gestoßen, des Stiers, der eine Gottheit war, ein Grab, das, obgleich es schon vor vielen Jahrhunderten von Grabräubern geplündert worden

war, immer noch eine staunenswerte Fülle von Kostbarkeiten besaß.
Das ebenso riskante wie ungewöhnliche, auch damals nicht zu den alltäglichen Beispielen archäologischer Bodenforschung zählende Unternehmen, auf das sich Mariette eingelassen hatte, und dann natürlich der glänzende Erfolg dieses Abenteuers sowie die zahlreichen wertvollen Grabbeigaben, Statuen, Sphingen, die von Mariette und seinen Arbeitern auf dem freigelegten Gelände der ehemaligen Totenstadt aufgespürt wurden, erregten zuerst in Kairo, dann in Paris und schließlich in ganz Europa unerhörtes Aufsehen. Vor allem die Resonanz in Ägypten selbst auf die Entdeckung des Serapeums und die dort gemachten Funde war außerordentlich und sollte einige Jahre später in der Bestellung Mariettes zum ersten Direktor über die Altertümer Ägyptens gipfeln, wobei Ferdinand von Lesseps, der geniale Erbauer des Suezkanals, seinen Einfluß zugunsten Mariettes geltend gemacht haben soll. Allerdings war die merkwürdige Situation zu bewältigen, daß man zwar über Antiquitäten verfügte, aber noch über kein geeignetes Haus, kein Museum, wo man sie sachgerecht hätte ausstellen können; der ehemalige Lehrer und dilettierende Schriftsteller aus Boulogne sollte noch ein arbeitsreiches Leben damit zubringen müssen, um seinen teilweise bereits wahrgewordenen Traum auch in architektonischer Hinsicht Wahrheit werden zu lassen. Die wichtigste Rolle spielte dabei vorerst einmal der Vizekönig, Said Pascha, der wie alle seine Vorgänger ein schlauer, wohl auch durchtriebener Charakter war, dem mehr daran gelegen schien, durch eine Statue, eine Mumie oder eine Sphinx europäische Fürsten oder Bankiers zu bestechen als eine kostspielige Antikensammlung einzurichten, der aber durch ein recht eigenartiges, widersprüchliches Freundschaftsverhältnis mit Mariette immer wieder zu Beispielen von erstaunlicher Korrektheit fähig war. Es hatte also nicht nur den Anschein, als ob jenes legendäre Regierungsdekret, das noch vom Vorgänger Saids auf Betreiben Champollions zur Rettung ägyptischer Altertü-

mer erlassen worden war, nunmehr eine gewisse praktische Wirkung zeigen sollte, sondern diese Annahme entsprach in den nächsten Jahrzehnten, die Mariette im Dienste Ägyptens und seiner Kultur tätig war, auch weitgehend der Realität. Das Problem der Grabräuberei, des frechen Plünderns, des organisierten Diebstahls und Handels mit geraubten Antiquitäten wurde dadurch freilich nicht gänzlich aus der Welt geschafft. Im Grunde gibt es dieses Problem heute noch, wenn auch jetzt mit anderen, raffinierteren Methoden Altertümer gestohlen und auf dem Schwarzmarkt gehandelt werden als vor hundert Jahren.

Die Biographie Mariettes, wie man sie nun nacherzählen muß, ist im Grunde ebenso einfach wie kompliziert, was nur dann ein Widerspruch ist, wenn man davon ausgeht, daß lediglich die unterm Strich gesammelten Resultate zählen und nicht auch ihr Zustandekommen gewertet wird. Wir wissen zum Beispiel einiges über seine Gewohnheiten durch das Zeugnis eines deutschen Ägyptologen namens Emil Brugsch, mit dem sich Mariette, der in Ägypten allmählich zum Sonderling geworden war, näher befreundet hatte. Er hauste jahrelang in einem primitiven Lehmhaus unweit des Serapeums – das, obgleich er mehr als dreißig umfangreiche Ausgrabungen unternahm, in jeder Hinsicht sein Hauptwerk bleiben sollte –, und das kuriose Interieur in diesem Haus bestand hauptsächlich aus Fliegen, Frauen, Kindern, Affen und Arbeitern, wozu sich abends die Fledermäuse von der nahen Totenstadt gesellten, während nachts Schakale, Hyänen und Wölfe um das seltsame Lager heulten.

Im Pariser Louvre waren inzwischen die schönsten Funde aus dem Serapeum ausgestellt worden und bedeuteten nicht nur eine kulturhistorische Sensation für das historisch gebildete oder zumindest interessierte Publikum der französischen Hauptstadt, wobei auch hier wieder der Nationalstolz gegenüber dem mächtigen Konkurrenten auf dem Gebiet der Altertumsforschung, nämlich England, eine Rolle spielte, sondern Mariette wurde jetzt auch zum stellvertretenden Ku-

stos des Louvre ernannt. Aber sein Ehrgeiz, sein ruheloses Naturell, seine Sehnsucht nach den archäologischen Schauplätzen in Ägypten, die er als seine wahre Heimat betrachtete, ließen ihn nicht lange in Frankreich bleiben und den frischen Ruhm genießen. In Kairo war sein Freund Lesseps, der großen Einfluß auf Said Pascha besaß, nicht untätig gewesen; die lange geplant gewesene, stets von Händlern und obskuren Diplomaten hintertriebene Ernennung eines tüchtigen Mannes zum Inspektor aller archäologischen Plätze und Funde Ägyptens, dem auch die Überwachung und Einschränkung des schwunghaften Handels mit geraubten, geplünderten Altertümern obliegen sollte und der vor allem als Direktor für ein in Kairo zu errichtendes Nationalmuseum vorgesehen war, – diese Position erhielt jetzt, 1858, wie schon erwähnt, Auguste Mariette. Die Wahl war zweifellos auf einen hervorragenden Mann gefallen, obgleich auch er anfangs nicht davor zurückgeschreckt war, Sprengstoff anzuwenden, wenn es darum ging, Zugang zu einer verborgenen Grabkammer zu finden. Andererseits war seine Meinung unmißverständlich: »Es ist unsere Pflicht, Ägyptens Monumente sorgfältig zu erhalten.« – In dieser Hinsicht war er ein gelehriger Schüler des von ihm bewunderten Champollion.
Zwei Ereignisse sind es jetzt, die, jedes auf seine Weise, Mariettes Stellung als Direktor aller archäologischen Schauplätze in Ägypten festigen und seinem beharrlich geäußerten Wunsch nach der Einrichtung eines ägyptischen Nationalmuseums wenigstens in ersten Ansätzen zum Durchbruch verhelfen. Im Spätwinter des Jahres 1859 erfährt Mariette, der sich zu diesem Zeitpunkt gerade in Kairo aufhält, daß man in Theben den goldverzierten, unbeschädigten Sarkophag einer ägyptischen Königin und Mutter des berühmten Pharao Ahmose gefunden hat; aber der zuständige Provinzgouverneur habe sich über alle getroffenen Vereinbarungen und ihm erteilten Befehle hinweggesetzt, den kostbaren Sarg kurzerhand beschlagnahmt, die wertvollen Grabbeigaben an sich genommen, um sie als Geschenk und vielleicht wohl auch als massi-

ve Bestechung an den Vizekönig nach Kairo abzusenden. Es war die erste schwere Bewährungsprobe für den neuernannten Inspektor, dessen Zuständigkeitsbereich ja alle archäologischen Schauplätze Ägyptens umfassen sollte. Mariette, der gesetzlich berechtigt war, jedes Schiff auf dem Nil anzuhalten und durchsuchen zu lassen, sofern ein begründeter Verdacht auf Schmuggel mit Altertümern vorlag, eilte sofort mit dem nächsten Postschiff nilaufwärts, erreichte das Schiff des Gouverneurs, zwang es zum Beidrehen, drohte mit Sanktionen und wurde auch in ein Handgemenge verwickelt, triumphierte aber schließlich über die völlig überraschte und wohl auch ziemlich ratlose Begleitmannschaft, die den entwendeten Grabschmuck und die anderen wertvollen Funde bewachen sollte. Unterstützt von den drohend geschwungenen Flinten seiner eigenen Begleitmannschaft, nahm Mariette den Schmuck an sich, eilte zurück nach Kairo und übergab dem Pascha die kostbaren Stücke, der von dieser für orientalische Verhältnisse ungewöhnlichen Geste der Aufrichtigkeit und Ergebenheit so gerührt war, daß er unverzüglich den Bau eines neuen Museumsgebäudes in Bulak, einem Vorort Kairos, nicht nur anordnete, sondern auch materiell absicherte.

Das andere gravierende Ereignis im Leben Mariettes, sofern man private Tragödien wie den Tod seiner Frau, die 1865 an der Pest starb, nicht miteinbezieht in die Nacherzählung einer ausschließlich der Archäologie und Ägyptologie gewidmeten Biographie, hatte gleichfalls mit diesem Grabschmuck aus Theben zu tun und hängt mit der Pariser Weltausstellung von 1867 zusammen, auf der Mariette, inzwischen zum Bei ernannt und mit der Zusicherung auf eine Altersversorgung noch gesondert ausgezeichnet, einen jener großen Auftritte in der Geschichte der Archäologie hatte, wie sie nur ganz selten der Wissenschaft ermöglicht werden. Denn in Paris war man begeistert von den prachtvollen Funden aus den Grabkammern und Tempeln der Pharaonen, wobei es eben wiederum jener luxuriöse Schmuck aus dem Sarkophag von

Theben war, der vor allem die Kaiserin Eugénie bezauberte und sie schließlich zur beispiellosen Taktlosigkeit animierte, dem ägyptischen Vizekönig gegenüber eine Andeutung zu machen, daß sie es als noble Geste betrachten würde, wollte man ihr diesen kostbaren Schmuck als Geschenk anbieten. Der Vizekönig soll allerdings diese Unverschämtheit mit dem klassischen Satz beantwortet haben: »Da gibt es einen Mann, der in Bulak mehr zu sagen hat als ich. An ihn muß man sich wenden.« – Und Auguste Mariette, der längst schon zum Wahlägypter geworden war und den nichts anderes interessierte als die Auffindung und Bewahrung jener großartigen Beweise für die Existenz einer glanzvollen altägyptischen Kultur, die er manchmal unter Lebensgefahr und immer mit beträchtlicher Anstrengung aus dem Wüstenboden Ägyptens geborgen hatte, Auguste Mariette, der voll unverhohlener Verachtung für die Habgier der französischen Kaiserin war, ließ sich weder durch Bestechungen noch durch Drohungen beeinflussen. Der Schmuck kehrte unbeschädigt nach Kairo und in das Museum zurück.

Diese Geschichte ist deshalb von so großer Bedeutung, weil sie erstmals beweist, daß die bis dahin praktizierten üblen Gewohnheiten im Umgang mit den Ergebnissen der Archäologie plötzlich nicht mehr unbedingt haltbar waren, wenn ein Mann mit den ungewöhnlichen Charaktereigenschaften Mariettes den Mut aufbrachte, die maßlosen Wünsche einer aristokratischen Gesellschaft unerfüllt zu lassen. Denn für Mariette war jede Veräußerung ägyptischer Altertümer, war jedes großzügige Geschenk, das an europäische Gäste und Liebhaber antiker Kostbarkeiten gemacht wurde, fast wie ein persönlicher Verlust; er betrachtete das als einen Eingriff in einen intakten Organismus. Außerdem wehrte er sich vehement gegen das kolonialistische Denken seiner Zeitgenossen, für die Ägypten und damit auch seine jahrtausendealte Kultur eine willkommene Beute darstellten, über deren Inbesitznahme man sich viel weniger Gedanken machte als über ihre Verteilung.

Mariette war auch zweifellos der erste in der langen Reihe jener europäischen Altertumsforscher, die nicht vom Schreibtisch aus, sondern in Ägypten selbst an Ort und Stelle die Geheimnisse einer mehr als fünftausendjährigen Kultur zu lösen versuchten. Bis dahin waren es meist die Raubgräber, die Plünderer und Diebe, die Geschäftsleute und Antikenhändler gewesen, die sich persönlich nach Ägypten bemüht hatten. Jetzt war da ein Mann, der seriös arbeitete und den Dingen selbst auf den Grund zu kommen suchte. Er ging dabei mit methodischer Gründlichkeit vor, wobei man sich immer vor Augen führen muß, mit welchen Gelegenheiten, mit welchem Wissensstand er rechnen konnte. Denn schon seine Nachfolger, allen voran der Engländer Petrie, sollten ihn dieser Methoden wegen in Grund und Boden verdammen. Aber da trifft die Schuld nicht so sehr Mariette als vielmehr die primitiven Verhältnisse der Zeit, mit denen er auskommen mußte. Er versuchte, gefährdete Tempel, aufgebrochene Grabkammern, die kolossalen Bauwerke aus der Zeit der Pharaonen zu erfassen und zu bergen, denn – wie er einmal grollend erklärte – viele dieser Kunstwerke erlitten »in den letzten Jahren mehr Schaden von der Hand der Reisenden als während der ganzen vorangegangenen sechstausend Jahre ihrer Existenz«. Tatkräftig von seinem Freund und Gönner Said Pascha unterstützt und später auch von dessen Nachfolger Ismail Pascha leidlich gefördert, beschäftigte er eine Reihe von Werkstätten, so etwa in Theben, Edfu, Memphis und Abydos, wo die zahllosen archäologischen Fundstücke, die eine Armee von Arbeitern und Ausgräbern unter seinem Kommando entdeckt und geborgen hatte, einer ersten Sichtung und, sofern das notwendig war, auch Restaurierung unterzogen wurden. Er ging, je älter und erfahrener er wurde, mit um so größerer Behutsamkeit vor und erarbeitete sich die ersten grundlegenden Voraussetzungen für das schwierige Problem der Konservierung von archäologischen Fundstükken. Jener zornige Ausbruch seines verehrten Landsmannes Champollion, der schon vor einem Menschenalter prophezeit

gehabt hatte, daß man innerhalb weniger Jahrzehnte die altägyptische Kultur zerstört haben würde, wenn man sich nicht im letzten Augenblick auch um die Bewahrung der Kunstschätze und Bauwerke kümmerte, jene verzweifelte Klage also war für ihn eine bindende Verpflichtung. Seine Bemühungen um das Zustandekommen des Museums in Bulak oder seine schroffe Ablehnung, den berühmten Grabschmuck aus Theben als beliebige Gefälligkeitsgeste für eine französische Kaiserin bereitzustellen, sind vor allem aus dieser Grundeinstellung zu verstehen.
Mariettes Ruhm wurde in seinen letzten Lebensjahren beinahe zum Mythos. Ein Zeitgenosse schilderte ihn wenige Jahre vor seinem Tod mit folgenden Worten: »Er ist ein hochgewachsener Mann, kräftig gebaut, gealtert, aber nicht alt, eine Athletengestalt, aus dem Felsen gehauen wie seine Kolosse, über denen er wacht. Sein dunkelhäutiges Gesicht hat einen träumerischen und vergrämten Ausdruck; aber wie oft saß er am Ufer des Nil und sprach mit tiefer Empfindung von diesem seltsamen Ägypten, seinem Strom, seinen Nachthimmeln.« – Mariette wurde Mitglied der Französischen Akademie, schrieb gemeinsam mit einem Landsmann das Libretto für die Verdi-Oper »Aida«, veröffentlichte über seine archäologischen Arbeiten eine ganze Reihe von vielgelesenen Büchern, war für eine ganze Generation von Ägyptologen ein verehrtes Vorbild – die Zeit der kritischen Nachfolger sollte erst kommen –, beaufsichtigte manchmal an die dreitausend Arbeiter, war von rastloser Tätigkeit und dabei doch völlig vereinsamt und wahrscheinlich auch, soweit es seine privaten Verhältnisse betraf, zutiefst unglücklich. Seine Frau, seine Kinder waren der Reihe nach gestorben; er selbst war zuletzt schwer zuckerkrank; seine Arbeit wurde durch materielle Schwierigkeiten behindert, die wiederum mit der totalen Verschuldung Ägyptens zusammenhingen. Und zu allem Überfluß wurde 1878 das Museum in Bulak, sein Lebenswerk, durch eine Überschwemmung fast gänzlich zerstört; zahllose Fundstücke, aber auch wichtige Dokumente und vor

V *W. M. Flinders Petrie,* 1853–1942 (Englischer Stich)

VI A *A. H. Layard* (1817–1894) bei der Freilegung des Palastes von Assurnassipal II. in Nimrud

VI B *Layard* beim Abtransport eines Torgenius in Nimrud

allem die unersetzlichen Unterlagen über das Serapeum gingen dabei verloren. Mariette verließ Ägypten fast fluchtartig; er selbst schrieb von einem »unbändigen Haß«, den er plötzlich für dieses Land empfunden habe. Es waren in der Hauptsache wohl die veränderten politischen Zustände, denen er mehr oder minder hilflos gegenüberstand, denn 1879 hatten Briten und Franzosen den ägyptischen Vizekönig seiner horrenden Verschuldung wegen einfach abgesetzt, nachdem sie ihn allerdings zuvor durch ihre dubiose Finanzpolitik in den Bankrott getrieben hatten. Ägypten wurde jetzt vollends von internationalen Geschäftsleuten beherrscht und von europäischen Regierungskommissaren verwaltet, von Leuten also, die weder geistiges Verständnis noch finanzielle Unterstützung aufzubringen bereit waren für die Erforschung und Bewahrung einer der ältesten und faszinierendsten Kulturen der Menschheit. Es erweckt gelegentlich den Anschein beklemmender Folgerichtigkeit, wenn man mitansieht, wie die Ideale der Menschen an der verhängnisvollen Neigung der Menschen für alles Ideologische scheitern. Ägypten war wieder, wie schon zur Zeit eines Belzoni, zum Aufmarschplatz der Spekulanten und Glücksritter geworden.
Auguste Mariette kehrte erst wenige Monate vor seinem Tod nach Kairo zurück. Er wollte in dem Land sterben, das ihm trotz aller Enttäuschungen und Niederlagen zur zweiten Heimat geworden war und wo er ein Lebenswerk geschaffen hatte, dessen imaginäre Anfänge man im Garten jenes Landhauses in Alexandria vermuten darf, wo er erstmals eine Sphinx aufgestellt sah und sich sogleich eingehend danach erkundigte, woher dieses erstaunliche Denkmal pharaonischer Kultur eigentlich gekommen war. Er starb am 18. Jänner 1881; sein letzter Blick fiel vom Fenster seines Sterbezimmers auf das Museumsgebäude in Bulak. Und hier, vor dem Eingangstor zum Museum, wurde er auch begraben, ein kleiner Lehrer aus Boulogne, der als Autodidakt der Ägyptologie zu neuem Ansehen verholfen hatte. Er war kein genialer Lehrmeister gewesen, hatte weder von konkreten Ausgra-

bungsplänen noch von wissenschaftlichen Methoden der Konservierung und Beschreibung seiner wichtigsten Funde sehr viel gehalten; und daß er in den ersten Jahren seiner Tätigkeit in Ägypten mitunter sogar mit Sprengstoff Grabkammern geöffnet hatte, verzeiht ihm die Fachwelt heute noch nicht. Aber er hat den Boden bereitet für eine neue Generation von Archäologen, für die neuen und verbesserten Techniken der Feldforschung, wie sie vor allem von einem englischen Archäologen namens Flinders Petrie in den kommenden Jahrzehnten angewendet werden sollten.

XI
PETRIE REDET MIT DEN PYRAMIDEN

Wer über Altertumsforscher und ihre hauptsächliche berufliche Tätigkeit, die Archäologie, zu schreiben versucht, befindet sich spätestens seit dem Erscheinen eines Buches wie *Götter, Gräber und Gelehrte* in einer wenig beneidenswerten Situation. Es gibt nämlich nichts wirklich Neues oder gar Sensationelles, was man über Männer wie Layard, Botta, Rawlinson, Koldewey oder Schliemann heute noch berichten könnte. Nicht einmal ein anderer Aspekt als der längst gewohnte ist vorstellbar, unter dem man jetzt, hundert Jahre später, gewisse Dinge anders erzählen könnte als noch vor einem Menschenalter, als Ceram sein grundlegendes Buch über die Archäologie veröffentlicht hatte. Dazu kommt ein besonderer Umstand, den man sich meist kaum überlegt, wenn man von Archäologen und den Schauplätzen ihrer Arbeit zu erzählen beginnt, vor allem von jenen, die im 19. Jahrhundert die ersten Grundlagen geschaffen haben für die spezielle Art moderner Grabungstechniken, wie sie heute unter Zuhilfenahme aller wissenschaftlichen Möglichkeiten ganz selbstverständlich geworden sind: Die meisten Ausgrabungsplätze des 19. Jahrhunderts besitzen längst nicht mehr das ursprüngliche, abenteuerliche Aussehen, verfügen ganz gewiß nicht mehr über den Werkstattcharakter jener historischen Augenblicke, da der Spaten der Ausgräber erstmals fündig geworden war. Selbst in Troja, das mit dem Namen Schliemanns untrennbar verbunden ist, hat man einige Mühe, sich angesichts eher dürftiger Überreste und einer gar nicht sonderlich romantischen Situation in eine Stimmung zu versetzen, die den gewaltigen Inhalten der homerischen Erzählungen entspricht. Und auf den Schauplätzen assyrischer, babylonischer und sumerischer Kulturen im heutigen Irak kann es sogar vorkommen, daß man angesichts riesiger Erdhaufen und leerer Grabungsschächte mit einem Gefühl der Resigna-

tion an die prachtvollen Exponate in den europäischen Museen zurückdenkt, die vor hundert Jahren aus diesen Trümmerfeldern geborgen wurden.
Die Archäologie des 19. Jahrhunderts heute, in den achtziger Jahren des 20. Jahrhunderts, darzustellen, bedeutet in der eigentlichen Konsequenz nichts anderes, als jeweils einige längstbekannte biographische Anmerkungen zu wiederholen, also Bekanntes und Populäres in einen bestimmten Zusammenhang zu bringen und im übrigen immer wieder unglaubliche Geschichten erzählen zu müssen wie etwa jene von Tell el-Amarna, wo 1887 eine Fellachenfrau auf der Suche nach Brennstoff und Düngemittel auf mehrere Hundert Tontafeln mit fremdartigen Zeichen stieß, die sie für ein paar Groschen an einen geschäftstüchtigen Nachbarn verkaufte; dieser wiederum veräußerte sie mit beträchtlichem Aufschlag an einen Antiquitätenhändler, der später, als man die Schrift auf diesen ägyptischen Tafeln einwandfrei als babylonische Keilschrift entzifferte, sogar der Fälschung bezichtigt wurde. Erst der englische Orientalist und Sammler Wallis Budge, der für das Britische Museum tätig war, identifizierte die seltsamen Keilschrifttafeln als diplomatische Dokumente orientalischer Vasallen an die Pharaonen. Vom Augenblick an, da man diese Texte entziffert hatte, begriff man allerdings auch, daß vieles, was man bisher über das 2. vorchristliche Jahrtausend zu wissen geglaubt hatte, vollkommen neu überdacht werden mußte und daß man bei künftigen Ausgrabungen sorgfältiger, also wissenschaftlicher würde vorgehen müssen, um eine allgemeine Standortbestimmung jener Epochen zu erreichen. Man lernte einzusehen, daß nicht nur die großen, spektakulären Baudenkmäler, die kolossalen Statuen den Blick auf die Vergangenheit freigaben, sondern daß es wesentlich häufiger die unscheinbaren Funde waren, Tonscherben etwa oder antike Gebrauchsgegenstände, mit deren Hilfe man das Schicksal untergegangener Kulturen rekonstruieren konnte.
Diese fundamentale Erkenntnis, die den ersten Pionieren der

Archäologie noch verschlossen gewesen war, hatte selbstverständlich ungeahnte Auswirkungen. Es wurde ein neuer, eher auf nüchterne Weise wissenschaftlicher als romantisch-abenteuerlicher Stil bei den Ausgrabungen notwendig; man konnte nicht mehr, wie das seit den Tagen eines Belzoni oder Botta geschehen war, ausschließlich auf große Plastiken Jagd machen, weil diese in den europäischen Museen naturgemäß das meiste Aufsehen erregten. Jetzt wurde es allmählich zur unerläßlichen Pflicht eines jeden Ausgräbers, auch das Erdreich, den Schutt, das Gelände selbst sorgfältig zu untersuchen. Und das wiederum erforderte einen neuen Typus von Archäologen, wie sich die Archäologie jetzt auch von der puren Sensationslust des Publikums zu befreien und dafür einen weniger aufsehenerregenden, jedoch ungleich wissenschaftlicheren Charakter anzunehmen begann. In Ägypten zum Beispiel, das seit der napoleonischen Expedition immer im Mittelpunkt des Interesses gestanden und das spätestens seit der zweiten Hälfte des 19. Jahrhunderts Winter für Winter so etwas wie ein Saisonziel des vermögenden europäischen, in der Hauptsache des britischen und französischen Bürgertums geworden war, wurde der neue Stil archäologischer Feldarbeit und wissenschaftlicher Auswertung zuerst erfolgreich angewendet. Das begann unmittelbar nach dem Tod von Auguste Mariette mit dem notwendig gewordenen Wechsel in der Leitung des Museums in Bulak, wo mit dem Ägyptologen und Experten für Hieroglyphen Gaston Maspero, dem Sohn eines nach Frankreich geflüchteten italienischen Irredentisten, die riesigen Sammlungen endlich in einen übersichtlichen Zusammenhang gebracht wurden. Und dieser neue Stil zeigte sich auch an den Methoden, mit denen jetzt, etwa seit 1881, der englische Archäologe Flinders Petrie die bis dahin immer noch als romantisches Abenteuer betrachtete Feldforschung zu verwissenschaftlichen begann.

Petries Erscheinen in Ägypten charakterisiert also eine Zeit des Übergangs, wobei es zu grundlegenden Veränderungen auch auf politischem Gebiet gekommen war. Denn 1881, wenige Wochen vor dem Tod Mariettes, war der noch nicht einmal dreißigjährige Flinders Petrie, der vorher bereits in England, nämlich in Stonehenge, archäologische Studien betrieben hatte, mitten in den Wirren und Nachwehen einer ägyptischen Militärrevolte in Alexandria an Land gegangen, durchdrungen von der Idee, daß alles das, was bislang unter dem Sammelbegriff Archäologie geschehen war, einer Katastrophe viel ähnlicher sei als gezielter wissenschaftlicher Arbeit. So etwa sollte er später einmal über Mariettes Arbeitsstil die böse Kritik schreiben: »Alles geschah ohne einheitlichen Plan, angefangene Arbeiten blieben unvollendet, man achtete nicht darauf, die Grundlagen für späteres Weiterforschen zu erhalten, und ging ohne Vernunft und Schonung vor. Das allenthalben ins Auge springende Maß der Zerstörung und die mangelnde Fürsorge für die Erhaltung ist widerwärtig.« Dieses schroffe, ja vernichtende Urteil entbehrt freilich nicht einer gewissen Begründung, obgleich man andererseits einwenden könnte, daß zu dem Zeitpunkt, als Auguste Mariette die Leitung der Ausgrabungen in Ägypten übernommen hatte, die allgemeinen Verhältnisse noch desolater als jetzt, dreißig Jahre später, gewesen waren. Immerhin war gerade Mariette von seinen Zeitgenossen auch deshalb gefeiert worden, daß er erstmals eine Art wissenschaftlicher Ordnung und auch Disziplin in das allgemeine Chaos auf den archäologischen Schauplätzen zwischen Giseh und Theben gebracht hatte; und auch die Errichtung eines ägyptischen Nationalmuseums in Kairo war vor allem ihm zu danken gewesen. Trotzdem war jetzt, zu Beginn der achtziger Jahre des 19. Jahrhunderts, unter den Altertumsforschern, Sammlern und Antiquitätenhändlern ein Rückfall in die recht fragwürdigen Zustände der Anfangszeiten der Ägyptologie festzustellen, woran natürlich auch die unglücklichen politischen und wirtschaftlichen Verhältnisse im Lande mitschuldig waren. Denn an die Stelle der abgesetzten ägyptischen Regierung war nun ein Konsortium europäischer Fachleute und Politiker getreten, das zwar vom Polizeiwesen bis zum diplomatischen

Dienst, von den Finanzen bis zu den öffentlichen Betrieben alle Schlüsselpositionen besetzt hielt, das aber auch nur eine Art Marionettenregierung für die britischen und französischen Machtinteressen darstellte. Es waren in der Hauptsache Engländer, die die wichtigsten Positionen einnahmen; die Franzosen beharrten lediglich auf ihrer altgewohnten Vormachtstellung in allen Fragen der Erziehung, der schönen Künste und der Archäologie. So war es beispielsweise nur folgerichtig, daß Mariettes Nachfolger als Museumsdirektor und Inspektor aller Ausgrabungen wieder ein Franzose wurde, nämlich Gaston Maspero.

Aber auch die neue europäische Verwaltung in Ägypten änderte nichts am Ausverkauf der Kultur. Manchmal wurde ein besonders aufsehenerregender Fall von Grabplünderung und illegalem Antikenhandel aufgedeckt, ohne daß es letztlich zu ernsthaften Konsequenzen gekommen wäre. Maspero mußte betont vorsichtig vorgehen, wenn er einer Gruppe von Grabräubern und Altertumshändlern das Handwerk legen wollte, weil er sowohl mit dem hinhaltenden Widerstand der einheimischen Beamtenschaft als auch mit der Verzögerungstaktik europäischer Auftraggeber rechnen mußte, unter denen sich häufig Diplomaten und vermögende, politisch einflußreiche Geschäftsleute befanden. Jener Wallis Budge, der die Keilschrifttexte von Tell el-Amarna entziffert hatte, ist ein gutes Beispiel für die schlechten Sitten, wie sie damals in Ägypten üblich geworden waren; er hatte zwar seine Laufbahn als stellvertretender Kustos in der damals bereits weltberühmten Abteilung für ägyptische und assyrische Altertümer im Britischen Museum begonnen, war aber alles andere als ein seriöser Wissenschaftler. Selbst wohlmeinende Landsleute pflegten ihr Urteil über Budge in einen einzigen Satz zu kleiden: seine Sammelmethoden müßte man schlichtweg als schandbar bezeichnen. Dabei vergessen die Kritiker allerdings, daß rund die Hälfte aller sehenswerten Exponate in den Londoner, Pariser und vielen deutschen Museen nur durch fragwürdige Methoden, durch Raubgräberei, Plünde-

rungen, durch eben diese schändliche Art und Weise des Sammelns, wie es von Wallis Budge betrieben wurde, nach Europa gebracht werden konnte.
Wenn man sich nun freilich das Temperament, den eigenwilligen Charakter eines Mannes wie Petrie vor Augen führt, der ohnmächtig mitansehen mußte, daß zwielichtige Figuren und sogenannte Sammler wie Budge gemeinsam mit korrupten Polizisten und bestechlichen Aufsehern die schönsten, wertvollsten Stücke von den bekannten und auch unbekannten Ausgrabungsplätzen Ägyptens entwendeten, wobei unersetzliche Werte zerstört wurden, und dann diese Skulpturen, Mumien, Grabbeigaben, Schmuckstücke, Kleinplastiken oder Schriftdokumente heimlich außer Landes schafften, daß sie also mit dem Diebesgut – denn genau das war es ja – einen schwungvollen Handel betrieben, so wird die vernichtende Schärfe seines Urteils nur allzu verständlich. Es waren ja nicht einmal so sehr die Schurken wie Budge, die seinen gerechten Zorn hervorriefen. Mehr noch, mitleidloser und radikaler, wandte er sich gegen die sogenannten Experten, die es jahrzehntelang zugelassen hatten, daß man zum Beispiel wertvolle Fresken einfach zerteilte, bloß um die farbenprächtigsten Stücke bergen und verkaufen zu können. Leo Deuel schreibt dazu in seinem *Abenteuer Archäologie:* »Was ohne materiellen Wert war oder die Raritätensucher in den Museen nicht reizen konnte, warf man einfach weg. Die Ausgräber suchten ausschließlich große, auffallende und kostbare Stükke. Völlig außer acht ließ man zerbrochenes Gerät, insbesondere die allgegenwärtigen Tonscherben, die sich auf jedem alten, einst bewohnten Siedlungsplatz massenhaft finden. Der Wandel, den Petrie hier schuf, war revolutionierend. Kein altes Bruchstück, das nun nicht nach Farbe, Herstellungsart, Form, Dekoration usw. auf wesentliche Auskünfte hin überprüft werden mußte. Aus diesen Beweisstücken ließ sich eine zuverlässige Beurkundung der Vergangenheit erreichen. All das schuf jene genaue Beachtung jeder Einzelheit, die den neuen Geist der Archäologie kennzeichnet.«

Einen ersten praktischen Beweis, der seine theoretischen Formulierungen über die Grundprinzipien archäologischer Feldarbeit schlagkräftig unterstützen sollte, lieferte Petrie dadurch, daß er die berühmte Große Pyramide von Giseh zu vermessen begann, eine Arbeit, die er ursprünglich gemeinsam mit seinem Vater, einem Ingenieur, mit dem er schon in Stonehenge Vermessungsarbeiten durchgeführt hatte, bewältigen wollte. William Matthew Flinders Petrie, am 3. Juni 1853 in London geboren, wurde von früher Kindheit an von seinem Vater in Mathematik, Vermessungskunde und Geometrie unterrichtet, wobei seine übrigen Schulkenntnisse, wie übereinstimmend berichtet wird, eher mangelhaft blieben. Er durchwanderte schon als junger Mann regelmäßig England und Schottland, ausgestattet mit »wenig Bargeld, einem Sextanten und einem Fernrohr aus dem Besitz des Vaters«, er nächtigte in Scheunen oder auch unter freiem Himmel, lernte mit der Natur auf eine so selbstverständliche Weise umzugehen, daß ihm später das entbehrungsreiche Leben in den primitiven Feldlagern an den archäologischen Schauplätzen Ägyptens und des Nahen Ostens keine besonderen Schwierigkeiten mehr bereitete. Er hatte mit seinem Vater auch zahllose Stunden im Britischen Museum verbracht, wo er sich seinem Selbstzeugnis zufolge bis ins Detail vorstellen konnte, was er später einmal selbst als Ausgräber und Forscher unternehmen würde. Übrigens kam auch die Idee zur Vermessung der Großen Pyramide von seinem Vater, und Petries einziger Kummer bestand darin, daß der Vater, an dem er voll schwärmerischer Zuneigung hing, ihn nicht nach Ägypten begleitet hatte.

Es gibt einige Berichte über das Auftauchen des jungen exzentrischen und überaus selbstbewußten Engländers am Rande der Wüste, der sich in einem verlassenen Felsengrab wohnlich eingerichtet hatte und meist splitternackt in die Bruthitze der Pyramide eindrang, weil ihm das als die erträglichste Möglichkeit einer Untersuchung des gigantischen Bauwerks erschien. Jahre später wird er sich an diese für ihn schöne und ergiebige Zeit zurückerinnern: »Die völlige Ruhe und die Gelegenheit, still nachzudenken, ist das Erquickende an dieser Lebensweise. Hier lebe ich und muß mich nicht plagen, um den Ansprüchen anderer zu genügen. In einem engen Grab ist gerade noch Platz für mein Bett und eine Reihe guter Bücher, an denen ich mich erfreuen kann, wenn ich mich nach dem Abendessen auf mein Lager zurückziehe. Hinter mir herrscht jener große Friede, die Wüste. Sie ist eine Wesenheit, eine Macht, so wie das Meer. Kein Wunder, daß Menschen vor den Wirren der Vergangenheit hierher geflohen sind.«

Petrie arbeitete in Giseh in der Regel vom frühen Abend, wenn die abendlichen Schatten der lohfarbenen Wüste einen feierlichen Anstrich geben, bis nach Mitternacht, »halbblind, atemschnappend in der ausgetrockneten Luft der halbverschütteten Gänge und entschlossen, die Rätsel der Pyramide mit den wissenschaftlichen Methoden seines Jahrhunderts zu lösen«. In jedem Fall war Petries gründliche Vermessung der Pyramide etwas völlig Neues. Aber auch hier kann er es nicht lassen, an der Vorgangsweise seiner Vorgänger scharfe Kritik zu üben: »Um den Granittempel auszuräumen«, schrieb Petrie, »ließ Mariette niederträchtigerweise die herabgestürzten Teile von einem Trupp Soldaten einfach sprengen . . . es macht einen krank, zu sehen, mit welcher Geschwindigkeit alles vernichtet wird und wie wenig man an der Erhaltung interessiert ist.« – Petrie hatte mit dem Nachfolger Mariettes, mit Gaston Maspero, eine Übereinkunft getroffen, die es ihm erlaubte, kleinere Fundstücke, die ohnedies niemand haben wollte, einfach fortzutragen. Niemand konnte sich damals vorstellen, daß Tonscherben, Bruchstücke von Keramik oder kleinere glasierte Gefäße irgendwelche Aufschlüsse über die altägyptische Kultur geben könnten. Aber genau das versuchte Petrie nun zu beweisen. Charakteristisch dafür ist seine dringende Bitte an einen englischen Orientalisten, ihm von den berühmtesten archäologischen Stätten Oberägyptens eine Kiste »mit gewöhnlicher Töpferware« mitzubringen, damit er endlich in die Lage versetzt werde, eine ägyptische Zeitrechnung zu entwickeln. Und wieder notierte er voll Erbitterung in sein Tagebuch: »Nach einem Jahr Arbeit in Ägypten glaubte ich mich in einem brennenden Haus zu befinden, so rapide schritt die Zerstörung fort. Meine Aufgabe war die eines Bergungsarbeiters: so schnell wie möglich zu erraffen, was nur erreichbar war.« – Vielleicht war es diese Besessenheit, mit der Petrie seine Arbeit betrieb, die ihn lange Zeit – zumindest in den ersten Jahren seiner Tätigkeit – zum Außenseiter unter den Archäologen machte. Er »redete Nacht für Nacht mit den Pyramiden«, behaupteten seine abergläubischen Gehilfen, die sich nicht im mindesten erklären konnten, weshalb Petrie jede Tonscherbe aufhob und sorgfältig untersuchte. Derlei war man damals noch nicht gewohnt.

Es würde zu weit führen, alle Leistungen Petries, die er in Ägypten zustandebrachte – später nahm er auch in Palästina zahlreiche Ausgrabungen vor –, detailliert zu schildern. Er war als Arbeiter unermüdlich und streng in seinen Forderungen; er wirkte in seinen Methoden merkwürdig auf die Zeitgenossen, aber er war überaus erfolgreich. Er pflegte die einheimischen Hilfskräfte mit einem Fernrohr zu beaufsichtigen, weil er auch an kleinsten Funden interessiert war und die Arbeiter dazu erziehen wollte, sich um Bruchstücke von Keramiken, um Tonscherben und Splitter zu bemühen. Gelegentlich drohte ihm das Geld für seine archäologischen Untersuchungen auszugehen. Dann waren mühsame Kalkulationen notwendig, wieviel Bakschisch jeder einzelne Arbeiter noch erhalten durfte. Bezeichnend für sein ausgeprägtes Mißtrauen ist ja auch die verbürgte Anekdote, daß er auf dem Grabungsgelände von Faijum, wo er in einem winzigen Zelt hauste, besonders wertvolle Mumien, die man in den Grabkammern gefunden hatte, einfach unter sein Feldbett schob, damit sie nicht gestohlen werden konnten.

Insgesamt trifft zweifellos zu, was Leo Deuel über diesen ersten wirklich seriösen, wissenschaftlich arbeitenden Ausgräber, der vor allem ein Genauigkeitsfanatiker war, in einer kritischen Zusammenfassung sagte: »Über Petries archäologischem Werk liegt weder der Zauber noch die Spannung, die einige der berühmten Entdeckungen seiner Zeitgenossen so attraktiv machen. Dennoch ist es von hohem Rang und in seiner methodischen Vollendung von bleibendem Wert. Es erstreckte sich über 60 Jahre und bezieht sich auf alle Abschnitte der ägyptischen Geschichte.« – Allerdings finde ich, daß es nicht ganz zutreffend ist, wenn man behauptet, Petrie sei lediglich als archäologischer Vermessungsingenieur aufgetreten, der nichts anderes im Sinn gehabt habe, als Herkunft, Alter und Beschaffenheit auch der kleinsten Tonscherbe zu bestimmen. Er war nämlich auch als Ausgräber überdurchschnittlich erfolgreich, entdeckte unter anderem in Lahun ein Grab mit einigen der schönsten und kostbarsten Grabbeigaben, die bis zu diesem Zeitpunkt jemals in Ägypten gefunden worden waren, und wer ihn nur als pedantischen Erforscher der Pyramiden sehen will, übersieht dabei, daß Petrie sowohl in Ägypten als später auch in Palästina eine ganze Reihe von wichtigen Ausgrabungen durchgeführt hat. Jene kleine rätselhafte Sphinx zum Beispiel, in deren rostbraunen Flanken eines der ältesten Alphabete der Welt eingeritzt ist, ein ebenso erstaunliches wie bewundernswertes Kunstwerk, das ich in einem anderen Zusammenhang schon erwähnt habe und das im Britischen Museum ausgestellt ist, fand er im südlichen Sinai, wo er, begleitet von seiner Frau und unterwegs in einem geländegängigen Wagen, jahrelang die entlegensten Wadis und Steinwüsten mit derselben methodischen Sorgfalt nach ergiebigen Fundplätzen absuchte, wie er vorher in Ägypten jahrzehntelang den scheinbar nebensächlichen Dingen seine Aufmerksamkeit zugewendet hatte. Im Jahre 1890 gelang ihm zum Beispiel erstmals die Erstellung einer Chronologie der altägyptischen Geschichte, indem er Tonscherben und Skarabäen verschiedener Epochen, die er in Tell el-Hasy gefunden hatte, in einen historisch überprüfbaren Konnex brachte. Er war auch der erste Archäologe, der schlüssig das Vorhandensein kretischer, mykenischer Keramik auf ägyptischem Boden und damit die Existenz von regelmäßigen Handelsbeziehungen zwischen den pharaonischen und den ägäischen Kulturen nachweisen konnte. Das bedeutete unter anderem, daß man nunmehr einen chronologischen Abriß jener wiederentdeckten Kulturen aufstellen konnte, die zum Beispiel von Schliemann und Evans im ägäischen Bereich gemacht wurden; und daß man endlich einen Beweis dafür fand, wie befruchtend das Wechselspiel zwischen den Völkern der antiken Welt, wie vortrefflich die wechselseitigen Handelsbeziehungen und die auf die jeweiligen Bedürfnisse abgestimmten geschäftlichen Interessen gewesen waren. Zusammenhänge, die man bis dahin nur vermutet hatte, wurden jetzt Gewißheit. Manches Rätsel altkretischer, ägäischer Kulturentwicklung konnte nunmehr zufriedenstellend gelöst werden.

Das Ergebnis seiner unermüdlichen, langjährigen Beschäftigung mit der Cheops-Pyramide publizierte Petrie in einem 1883 erschienenen Buch, das bis auf den heutigen Tag ein Standardwerk geblieben ist. Für ihn waren die Pyramiden, ausgehend von der Großen Pyramide in Giseh, die bedeutendsten Denkmäler altägyptischer Kunst. In Giseh, dann in Medum und Faijum untersuchte er eine Reihe solcher Grabmonumente – was die Pyramiden ja waren –, wobei ihn die exakten mathematischen Berechnungen von allen magischen und pseudo-prophetischen Hypothesen befreiten, die es jahrhundertelang in Verbindung mit dem Totenkult in diesen Pyramiden gegeben hatte. »Die Tatsache ist der Tod jeder Theorie«, pflegte er später zu sagen. Aus den Beigaben in den Gräbern, die er in Pyramiden fand, konstruierte er eine überzeugende Darstellung der zivilisatorischen Verhältnisse, wie sie zum jeweiligen Zeitpunkt des Pyramidenbaus die Norm gewesen waren. Seine Arbeit wurde immer stärker von der Notwendigkeit beherrscht, »alle Auskünfte sicherzustellen, die Bedeutung eines jeden Fundes zu erkennen und jedes Versehen auszuschließen, Hypothesen mit dem Fortschreiten der Arbeit ständig zu überprüfen und jedes Ding von Wichtigkeit zu sichern«. – Das waren für die damalige Zeit und die recht primitiven Methoden, derer sich die Ausgräber des 19. Jahrhunderts bedienen mußten, revolutionäre Ansichten. Aber sie bildeten die Grundlage für alle zukünftige Bodenforschung, wie sie nach Petrie selbstverständlich werden sollte. Hätte zum Beispiel Heinrich Schliemann mit dieser Akribie gearbeitet, so wäre er in Troja nicht zum ahnungslosen Zerstörer unersetzlicher archäologischer Beweise geworden, ganz zu schweigen von Botta, Layard oder Belzoni, die zugunsten der Ausgrabung spektakulärer Kulturdenkmäler unendlich viel an archäologischem Beweismaterial vernichtet hatten, weil sie dessen wahre Bedeutung nicht erkannten.

Petrie, dessen verschlossene, abweisende Art im Umgang mit neugierigen Besuchern, Altertumsforschern und beutegierigen Händlern bis zur beleidigenden Schroffheit eskalierte und der ein Einzelgänger war und es auch auf dem Höhepunkt seines Erfolgs zu bleiben beabsichtigte, was angesichts seiner wachsenden Popularität allerdings fast nicht möglich war, Petrie geriet in Kairo im Verlauf der Zeit immer häufiger in schwerwiegende Auseinandersetzungen, die zum Teil politische Ursachen hatten. Er bezichtigte die verschiedenen Abteilungen und deren Beamte, die für die Verwaltung der Altertümer zuständig waren, regelmäßig der Ignoranz, wobei außer Zweifel steht, daß manche Zustände in der Organisation dieser Altertumsverwaltung und im Museumsbereich skandalös waren. Brian Fagan schreibt in seinem Buch über die Entwicklung der Archäologie in Ägypten dazu: »Händler und unqualifizierte Ausgräber bekamen Lizenzen. Das Museum war in einem erschreckenden Zustand. Die Angestellten waren uninteressiert und ließen wertvolle Mumien und Skulpturen in vollgestopften Gängen und im Freien verrotten und verfaulen. Ein paar steckten heimlich mit den Händlern von Kairo unter einer Decke.« – Petrie selbst, der fallweise sogar Augenzeuge dubioser Geschäfte zwischen Museumsangestellten und Händlern werden mußte, urteilte voll grimmiger Ironie: »Das Museum hatte seltsame Methoden, Geschäfte ohne Schecks abzuwickeln«, eine Bemerkung, deren Richtigkeit man heute nicht anzweifelt, die ihn aber damals kaum beliebter machte und als Gegenreaktion dazu führte, daß man ihm immer wieder verwaltungstechnische Schwierigkeiten in den Weg zu legen begann; es kam sogar so weit, daß ägyptische Beamte und französische Verwalter ihn daran hinderten, an neuen archäologischen Schauplätzen mit den Ausgrabungen zu beginnen.

In jenen schwierigen, aber auch ungemein erfolgreichen Jahren, die er vornehmlich in Ägypten zubrachte, hatte Petrie eine seltsame, allerdings überraschend nützliche Bundesgenossin erhalten. Es war Amelia Edwards, Tochter eines britischen Offiziers, die zwischen 1850 und 1892, ihrem Todesjahr, einige vielgelesene Romane und Reisebücher schrieb, dazu populärwissenschaftliche Werke über verschiedene kulturhistorische Themen; im Jahre 1873 hatte sie eine ausgedehnte Reise durch Ägypten und Syrien unternommen und auch darüber eine ausführliche Beschreibung veröffentlicht. Wertvolle Anregungen für ihre Bücher holte Miss Edwards sich unter anderem von Wallis Budge, aber sie verschmähte auch Informationen nicht, die sie von den Eingeborenen erhielt. Sie drang bis Abu Simbel vor, was damals noch gar nicht so einfach zu bewerkstelligen war, sah sich gründlich in Theben um, inspizierte die Pyramiden von Giseh und wurde Augenzeugin einer Graböffnung. Nicht zuletzt durch das Beispiel von Flinders Petrie dazu ermutigt, begann auch sie ganz entschieden für eine wissenschaftliche Ägyptologie einzutreten. Im Todesjahr Amelia Edwards, also 1892, stiftete sie ihr Vermögen für die Errichtung eines Lehrstuhls für Ägyptologie an der Londoner Universität. Petrie wurde der erste Inhaber dieses Lehrstuhls. Fagan notierte in diesem Zusammenhang, daß ihm, Petrie, zur Feier dieses Ereignisses nichts anderes eingefallen sei, als das vordynastische Ägypten zu entdecken. Und tatsächlich grub er 1894 einen prähistorischen Friedhof aus, dessen Inhalte eine

schlüssige Beweiskette bis zu den Wurzeln der altägyptischen Kulturanfänge erlaubten.
Es ist erstaunlich, daß er immer noch Zeit fand, seinen Kollegen und den offiziellen Verwaltern der ägyptischen Altertümer sowie den vielen Sammlern und Händlern, die sich als Ägyptologen ausgaben, kräftig die Leviten zu lesen. Petrie scheute keinen Konflikt, wenn es darum ging, Mißstände bloßzulegen. Freilich darf dabei nicht verschwiegen werden, daß er oftmals nur dadurch seine aufwendigen Grabungsarbeiten finanzieren konnte, daß er besonders wertvolle Funde an europäische Museen oder an Zwischenhändler verkaufte, was natürlich gleichfalls illegal war. Er war ein Genie, was die Einteilung seiner Arbeitszeit und die Effizienz seiner Leistungen betrifft: »Noch heute staunen die Studenten über das Tempo und das unerhörte Ausmaß von Petries Leistungen als Archäologe«, urteilt Fagan. »Jeden Winter verbrachte er mit Ausgrabungen in Ägypten, im Frühling und im Sommer war er in Europa mit den Aufzeichnungen über die vorangegangene Arbeit beschäftigt. Jedes Jahr brachte er mindestens ein Buch heraus. Dazu hielt er Dutzende von Vorträgen neben seinen Vorlesungen an der Londoner Universität. In 42 Jahren hat Petrie mehr Stätten ausgegraben als Mariette und mehr bedeutende Entdeckungen gemacht als irgendein Archäologe vor oder nach ihm.« – Er war ein Neuerer, ein Revolutionär unter den Altertumsforschern seiner Zeit. Seine theoretischen Erkenntnisse und praktischen Erfahrungen auf dem Gebiet der Feldforschung waren bahnbrechend und sind bis heute höchstens verbessert, aber nicht überholt worden. Seine Gewissenhaftigkeit war beispielgebend. Die Genauigkeit, mit der er jeden Fund untersuchte und zu identifizieren wünschte, stets um neue Zusammenhänge bemüht, war ebenfalls bahnbrechend für die gesamte Archäologie. Dabei war Petrie ein verschlossener, mißtrauischer Mensch, jähzornig, streitsüchtig und selbstbewußt. Das alles hinderte ihn freilich nicht daran, zahlreiche junge Archäologen aufs vortrefflichste auszubilden; einer seiner Schüler hieß Howard

Carter, er sollte Jahrzehnte später das Grab des Tutenchamun ausgraben.
Im Jahre 1926 verließ Petrie plötzlich Ägypten und wandte sich Palästina zu, verdrossen durch neue strenge Kontrollen und Gesetze, die jedes großzügige Arbeiten an den ägyptischen Schauplätzen unmöglich machten. Er reiste nun mit seiner Frau in seinem altmodischen, grünbemalten Bus umher, immer noch unermüdlich unterwegs auf den Spuren der Vergangenheit. Sein Hauptwerk war freilich in Ägypten entstanden, denn der pharaonischen Kultur gehörte sein Interesse auch noch in den letzten Lebensjahren. Er starb 1942 im biblischen Alter von 98 Jahren, hochgeehrt und geliebt trotz seines hitzigen Temperaments. Mit ihm wurde das klassische Zeitalter der Ärchäologie in Ägypten abgeschlossen, begann sozusagen die Neuzeit der Ägyptologie. Der neue Stil, den er begründet hatte, sollte auch eine neue Epoche der Archäologie einleiten. Altertumsforschung wurde mit und nach Petrie nicht mehr ein abenteuerliches Unternehmen für romantische Dilettanten oder ehrgeizige Sammler, sondern blieb fortan der Wissenschaft vorbehalten. Zumindest war dies die Regel. Die aufsehenerregenden Ausnahmen von dieser Regel konnten dadurch gottlob nicht verhindert werden.

XII
SCHLIEMANN UND DER TRAUM, DER AUS DER TIEFE KOMMT

Die meisten Freunde archäologischer Geschichten kennen die gleichermaßen romantische wie abenteuerliche Lebensgeschichte Heinrich Schliemanns, dieses phantasiebegabten Sohnes eines bitterarmen Pastors aus dem Mecklenburgischen; und sie sind gerührt über die Erzählung, die berichtet, wie der kleine Schliemann im Alter von zehn Jahren – man schreibt das Jahr 1832 – seinem Vater einen Aufsatz über die Hauptbegebenheiten des Trojanischen Krieges und die Irrfahrten des Odysseus übergibt; übrigens anstelle eines Weihnachtsgeschenks, für das im Hause Schliemann wie so oft kein Geld vorhanden ist. Und nahezu jeder Leser spannender und belehrender Erzählungen über die Erfolge jener Männer, die in den vergangenen hundert Jahren die Wiederentdeckung alter Kulturen erreichten, weiß auch ganz genau, wie abwechslungsreich das Leben Schliemanns, dieses eigentlichen Helden der romantischen Altertumsforschung, verlief, bis er als reicher Kaufmann in die Lage versetzt war, seinen Kindheitsträumen eine realistische Erfüllung zu schenken. Er selbst schrieb in seiner vielgelesenen Autobiographie einmal, daß es die entscheidende Erfahrung seiner Existenz gewesen sei, niemals den festen Glauben an das Vorhandensein Trojas zu verlieren, von dem damals erst einige wenige Schatzsucher und Abenteurer eine genauere Kenntnis hatten.

Der Entdecker Trojas oder der Ruinen, die man dann als Troja identifizierte, war Schliemann allerdings nicht. Da hatte es vorher schon andere Forscher – Neugierige, Sensationslüsterne, aber auch seriöse Wissenschaftler – gegeben, die sich auf dem überwachsenen Hügel von Hisarlik oberhalb der Skamandrischen Ebene gründlich umgesehen hatten. Pierre Belon, der französische Diplomat, dessen Leidenschaft den

pharaonischen Kulturen galt, der schon in die Große Pyramide von Giseh eingedrungen war und der richtig erkannt hatte, daß alle diese kolossalen Bauwerke Ägyptens Königsgräber waren, hatte um 1550 als einer der ersten Europäer die Gegend von Troja besucht und gründliche Forschungen angestellt. Ein halbes Jahrhundert später suchte ein Engländer namens George Sandys in Hisarlik nach den Überresten Trojas. Auch Forscher, Abenteurer und Soldaten wie die Franzosen Choiseul-Gouffier und Lechevalier oder der Deutsche Helmuth von Moltke, damals noch Hauptmann im preußischen Generalstab, beschäftigten sich seit 1781 bis in die Mitte des 19. Jahrhunderts mit Troja und seinem Mythos, wobei ihnen allen das Mißgeschick widerfuhr, daß sie wie später einmal Heinrich Schliemann bei seinen Anfängen als Ausgräber andere Ruinenhügel als den Ort lokalisierten, an welchem die berühmten homerischen Erzählungen stattgefunden hatten. Es war dann um das Jahr 1859 ein gewisser Frank Calvert, ein englischer Diplomat und Archäologe, der sich in diesem südwestlichen Teil Anatoliens anzusiedeln wünschte und einen Teil des Hügels von Hisarlik käuflich erworben hatte: Ihm gebührt das Verdienst, als erster sachkundiger Entdecker Trojas gerühmt zu werden; sein Unglück oder sein Pech war, daß er in Schliemann, der zuvor wie die Briten, Franzosen oder Preußen auf dem Hügel von Bunarbaşi nach Troja gesucht hatte, einen glücklicheren und wohl auch rücksichtsloseren Nachfolger hatte.
Troja also, gelegen in der klassischen Landschaft Troas: Es gibt archäologische Schauplätze, deren Auffindung und Ausgrabung an den Aufbau eines guten Kriminalromans erinnern, weil die Geschichten, die man darüber erzählen kann, so ereignisreich und im allerbesten Sinne ungewöhnlich sind. Weshalb dann gerade diese Schauplätze, nachdem sie zuvor gründlich erforscht und ausgebeutet wurden, etwas banal oder enttäuschend auf den Besucher wirken, kann niemand erklären. Troja ist jedenfalls ein hervorragendes Beispiel dafür. Denn wer diese wohl berühmteste Wirkungsstätte klassi-

scher Helden und moderner Ausgräber nicht aus eigener Anschauung kennt, wird sich kaum vorstellen können, daß der legendäre Ruinenhügel von Hisarlik ziemlich unbedeutend wirkt und unter Umständen sogar leicht zu übersehen wäre, gäbe es nicht rundherum alle diese Baracken, länglichen Steinhäuser, Parkplätze, Souvenirläden und eine Nachbildung des Trojanischen Pferdes, was gleichsam ein herausforderndes Signal sein soll: Schau her, Fremder, das ist Troja!

Wovon soll hier erzählt werden? Ich könnte sagen, daß ich wie vor hundert Jahren Schliemann und vor ihm alle die anderen abenteuerlichen Figuren, die das homerische Troja immer wieder von neuem gesucht und manchmal gefunden hatten, durch die Skamandrische Ebene gewandert bin. Ich könnte davon erzählen, wie ich im scharfen Dezemberlicht der östlichen Ägäis unten an der sumpfigen Küste zwischen den gutgetarnten und strengbewachten Festungsanlagen der türkischen Armee umherirrte, den Blick sehnsüchtig auf die hellgraue Schraffur der Hügel gerichtet, die sich weiter landeinwärts aus dem Sumpf erheben, während ich im Widerschein des winterlichen Meeres durch mannshohes Schilf watete und über moosbedeckte Säulen und an verwahrlosten türkischen Friedhöfen vorbeistolperte und nach Anhaltspunkten dafür suchte, daß hier die große Landschaft der legendenumwobenen Troas beginnt. Und ich könnte von den Ruinen der schönen Stadt Troas selbst erzählen, die wie schlafende Tiere unter Ölbäumen ruhen, den toten Blick ihrer geborstenen Bögen und leeren Fenster aufs Meer gerichtet, Ruinen, die wie melancholische Erinnerungen aus den grünen Wiesen wachsen und die noch keines Archäologen scharrende und suchende Hand berührt hat. Ich könnte von türkischen Bauerndörfern inmitten dieser alterslosen Landschaft berichten, halbwegs zwischen Troas und Troja oder auch schon im Schatten der schwarzen Basaltmauer von Assos, von armseligen und so gut wie namenlosen Bauerndörfern, deren Wände und Türstöcke gespickt sind mit antikem Bauschutt, aber auch mit wunderschönen römischen Reliefs, griechischen Säulen, mit Marmortafeln, während das Vieh der Bauern aus prachtvollen Sarkophagen säuft, die wie Findlinge über den ganzen Horizont verstreut sind. Und ich könnte mich schließlich fragen, warum aller archäologischer Ruhm und damit alle touristische Neugier immer nur auf den eher unscheinbaren Hügel von Hisarlik fallen, auf diese unordentliche Schutthalde aus gebleichtem Stein und gelbem Stroh, das knisternd im Wind weht, der stetig aufs Meer hinausbläst.

Troja also; und dann Mykene in der peloponnesischen Argolis: An Heinrich Schliemann kommt niemand vorbei, der über Archäologie oder über Schatzgräberei, was sehr oft dasselbe ist, ausführlich berichten will. Der Schatten seines widersprüchlichen Charakters, aus dem heraus erst alle Erfolge verständlich werden, lastet dabei schwer auf den nachfolgenden Ereignissen. Und so ermüdend es vielleicht auch sein mag, immer dieselben Fakten einer weltberühmten Biographie und stets die gleichen Daten einer beispiellosen Karriere aufzuzählen, so begreift man doch spätestens vor den drei gewaltigen Schutthügeln Troja, Mykene und Tiryns, die alle untrennbar mit Schliemanns Namen verbunden sind, das Zwingende einer solchen Wiederholung.

Es gibt zwei Möglichkeiten, über diesen Mann zu berichten. Die eine und durchaus legitime ist die einer romanhaften Darstellung, in der alle dramatischen und gelegentlich auch grotesken Details, aus denen sich seine hinreißende Lebensgeschichte zusammensetzt, vor dem Leser ausgebreitet werden, wobei die Figur einer gewissen Sophia Engastromenos ebensowenig fehlen darf wie die des väterlichen Freundes Rudolf Virchow und wo geschickt die im buchstäblichen Sinne des Wortes goldenen Höhepunkte hervorgehoben werden müßten, durch die Schliemann sich nicht nur wissenschaftlichen Ruhm, sondern auch profanen Reichtum erwarb. Eine solche romanhafte Darstellung kann weder auf die sattsam bekannte Szene im mecklenburgischen Fürstenberg verzichten, wo der Lehrling Schliemann sein Erspartes für Schnaps

ausgibt, den er einem versoffenen Müllerburschen spendiert, damit dieser fortfahre mit der Deklamation homerischer Verse, noch darf sie den Zynismus unterschlagen, der darin liegt, daß ostdeutsche Bauernburschen nach 1945 an einem fröhlichen Polterabend nichts anderes zu tun haben, als den während der letzten Kriegswirren in ihrem Heimatdorf eingelagerten Bestand an mykenischer Keramik nach guter alter Vätersitte auf der Schwelle eines bräutlich geschmückten Zimmers zu zerschlagen.
Und die andere Möglichkeit? Nun, ich glaube, daß sie in dem eher mühsamen persönlichen Nachvollzug dessen besteht, was Schliemanns Lebenswerk ausmacht. Denn erst derjenige Biograph, der beispielsweise während eines quälenden Schirokko den Hügel von Mykene selbst erklettert und so allmählich begreift, unter welchen Arbeitsbedingungen hier ein verschüttetes Zeitalter rekonstruiert wurde, erst dieser Biograph kann dann auch die Besessenheit des Ausgräbers Schliemann nachempfinden und, während ihm selbst der Schweiß von der Stirn flockt, die schweißüberströmten Körper der Arbeiter vor sich sehen, wie sie unter einer fast unsichtbaren Sonne – das Land, der Himmel drohen in heißen Dunstschwaden zu zerfließen – nach verborgenen Schätzen graben.
Was bedeutet Mykene – oder Troja, Tiryns – heute? An manchen Tagen in der touristischen Hochsaison, die am Golf von Nafplion mindestens vier Monate dauert, kommen bis zu tausend Autos und hundert Autobusse auf die Parkplätze von Mykene und entlassen ihre Insassen zum langen Marsch in einen Alptraum. Denn es hat etwas Alptraumhaftes, wenn man die lange Kolonne der Besucher beobachtet, wie sie sich, einem vielgliedrigen Raupentier ähnlich, über den wuchtigen Ruinenhügel windet. Mykene, so gewaltig und beeindrukkend es mit seinen Zyklopenmauern, Fluchtgängen und dem Löwentor auch sein mag, verschwindet buchstäblich unter dem Massenauftritt der Menschen. Dabei entwickelt sich die Vermarktung eines der eindrucksvollsten archäologischen

Schauplätze Europas mit selbstmörderischer Geschwindigkeit, was möglicherweise mit dem ständig wachsenden Interesse der Menschen an archäologischen Dingen und mehr noch mit der Programmgestaltung der griechischen Fremdenverkehrsindustrie zu tun hat. Denn längst schon sind Schauplätze wie Mykene, Tiryns oder Olympia zu Fixpunkten in der touristischen Kartographie geworden, was nicht einmal so sehr auf Heinrich Schliemann oder Ernst Curtius, den Ausgräber von Olympia, zurückzuführen ist, sondern auf das peloponnesische Straßennetz, das so traumhaft gelegene und immer noch vereinsamte historische Orte wie Bassai oder Messene stiefmütterlich behandelt. Ähnlich verhält es sich auch in Kleinasien, wo Troja während der Saison sehr stark besucht wird, ähnlich wie Ephesos oder die Ruinen von Milet, während die großen Trümmerstätten weiter im Osten oder tiefer im Landesinneren auf ihre Entdeckung durch den Tourismus noch warten müssen.

Das romantische Zeitalter der Archäologie gehört der Vergangenheit an. Eine verwehte Erinnerung daran ist freilich immer noch spürbar, wenn man unter den duftenden Föhren liegt, wenn die Zikaden schreien und der herbe Geruch abgebrannter Weizenfelder von der Ebene heraufweht. Das sind die Augenblicke, in denen man sich gut vorstellen kann, wie Schliemann seine Arbeiter anwies, an welcher Stelle sie zu graben hätten; und wie die Spaten dann tiefer drangen, wie sie die Höhlung der Schachtgräber aufbrachen, aus denen es goldgelb schimmerte.

Aber wer war nun Heinrich Schliemann wirklich? In jedem Fall wohl das Musterbeispiel für eine der erstaunlichsten Bilderbuchkarrieren des 19. Jahrhunderts. Die teils rührenden, zum Teil auch erschütternden Erzählungen über seine armselige Kindheit sind von beispielhafter Eindringlichkeit. Der Tod des Vaters zwingt den Vierzehnjährigen, die Schule vorzeitig zu verlassen und als Lehrling in einen Krämerladen einzutreten. Doch macht sich Schliemann frühzeitig selbständig, geht mit 19 Jahren zur See, gerät in Lebensgefahr, wird

Bürodiener in Amsterdam und schafft es mit unglaublicher Zähigkeit, eine tatsächlich märchenhaft anmutende Entwicklung zu erleben. Charakteristisch dafür ist die Geschichte, wie er in Amsterdam einen Juden anheuert, um ihm, der dann kein Wort davon versteht, den »Telemach« ausgerechnet in einer russischen Übersetzung vorzutragen; denn Schliemann lernt zu dieser Zeit Sprachen, darunter die russische, damit er sich mit den Kaufleuten aus Moskau und Petersburg, die nach Amsterdam kommen, besser verständigen kann. Das ist auch der erste Schritt zum einflußreichen Großkaufmann in St. Petersburg, dem heutigen Leningrad. Dann geht Schliemann in die USA, wo er 1848 die Staatsbürgerschaft erwirbt, lernt neue fremde Sprachen – er ist ein Sprachengenie wie vor ihm vielleicht nur noch Champollion, der Entzifferer der Hieroglyphen –, benützt jede Gelegenheit, um sich auf seinen vielen Reisen zu bilden und vergißt in all diesen turbulenten Jahren nie auf seinen Kindheitstraum, dessen sentimentaler Höhepunkt die Wiederauffindung Trojas ist.

Dabei weiß Heinrich Schliemann ganz genau, daß die Schwierigkeiten, die sich der Erfüllung dieses Traumes entgegenstellen, ebenso zahlreich wie scheinbar unüberwindlich sind. Denn in der zweiten Hälfte des 19. Jahrhunderts hielt man Homers Erzählungen, die Schliemann ein Leben lang nachdrücklich beeinflußten, für ein Produkt dichterischer Phantasie, betrachtete man sie als »eine Art Volksdichtung, die eher ein sublimer Ausdruck des Geistes der Nation sei, als daß sie tatsächliche Begebenheiten der Vergangenheit bewahrte«, wie das Leo Deuel ausgedrückt hat. Schliemann hingegen, der Autodidakt und Dilettant, war als Ausgräber ein Selfmademan und Idealist, während er als Geschäftsmann durchaus imstande war, die rüden Mechanismen kapitalistischer Geschäftsgebarung bedenkenlos anzuwenden; was zum Bild eines fast berüchtigten und allerdings ungemein erfolgreichen Schatzgräbers sicher beigetragen hat. Schliemann glaubte gegen die ausdrückliche Meinung der meisten Gelehrten an sein selbstgestecktes Ziel. Übrigens betonen allzu viele Biographen Schliemanns zu auffällig seine vermeintliche Unbildung und werfen ihm völlig ungerechtfertigt den Mangel an formaler Ausbildung vor. Denn abgesehen davon, daß Schliemann fast ein Dutzend Sprachen geläufig beherrschte und als Kaufmann sich profilieren konnte, widmete er sich auch, bevor er mit seinen ersten Ausgrabungen begann, jahrelang einem intensiven Studium der griechischen Literatur und Geschichte: nachdrücklich kümmerte er sich um alle Probleme und Möglichkeiten der Altertumsforschung, soweit sie damals überhaupt schon bekannt waren; schließlich erreichte er auch die Promotion an einer deutschen Universität, wobei er zu diesem Zweck einen altgriechisch geschriebenen Text ablieferte, der das Staunen der Professoren auslöste. Schliemann begann also, wenn man so will, als halber Analphabet und unterprivilegierter Kleinbürger, aber seine Zähigkeit, seine außergewöhnliche Intelligenz und nicht zuletzt auch seine Rücksichtslosigkeit, die er auch gegen sich selbst erfolgreich anzuwenden wußte, machten ihn zu einem der gebildetsten Ausgräber des 19. Jahrhunderts, soweit es die von ihm verehrte oder eigentlich leidenschaftlich geliebte Welt der Griechen betraf. Ein Botta, Layard, Koldewey, ja selbst ein Auguste Mariette oder Flinders Petrie hatten bei weitem nicht das Wissen über den Gegenstand ihrer Forschungen, als sie sich als Ausgräber zu profilieren begannen. Jeder einzelne von ihnen lernte erst durch die Praxis, machte seine entscheidenden Erfahrungen erst an Ort und Stelle, während Schliemann mit einem exakten Programm nach Troja ging. Irrtümer, teilweise auch katastrophale Mißverständnisse sind im übrigen allen Archäologen des 19. Jahrhunderts widerfahren – vielleicht mit der Ausnahme Flinders Petrie –, also darf man auch Schliemann, gegen den jahrelang eine der gehässigsten Verleumdungskampagnen geführt wurde, das Recht auf Irrtum nicht absprechen.

Schliemann war 46 Jahre alt, als er sich endlich aus dem Geschäftsleben zurückzog und, abgesehen von den unerläßlichen Handgriffen, die das Verwalten eines beträchtlichen Vermögens erfordert, sich nur noch seinem Kindheitstraum zu widmen begann. Er unternahm eine Reihe von Reisen, geradeso, als habe er noch keinen Entschluß gefaßt, wo er zuerst den Spaten ansetzen sollte. Im Jahre 1866 läßt er sich für längere Zeit in Paris nieder und betreibt grundlegende archäologische Studien. Zwei Jahre später geht er nach Kleinasien, erlebt anfangs einige Enttäuschungen, begeht Irrtümer, kommt mit Frank Calvert zusammen, der ihm die Erlaubnis erteilt, auf seinem Grundbesitz in Hisarlik Grabungen durchzuführen, und findet so im vollkommen überwachsenen, verschütteten Hügel von Hisarlik endlich Troja. Es folgen Jahre angestrengtester Arbeit. Im Jahre 1873 stößt Schliemann buchstäblich am letzten Tag der alljährlichen Grabungskampagne auf einen der wertvollsten Goldschätze, der je einem Archäologen unter die Augen gekommen ist; er bezeichnete ihn kurzerhand als »Schatz des Priamos« und inszeniert eine kleine Komödie, um seine vorzeitige Entdekkung geheimzuhalten; nur seine zweite Ehefrau, Sophia, ist ihm bei der Bergung der Kostbarkeiten behilflich. Später wird er auch in Mykene einen aufsehenerregenden Fund machen und den sogenannten Schatz des Agamemnon ausgraben, eine Fülle atemberaubend schöner Schmuckstücke aus purem Gold und von höchstem künstlerischen Wert. Und diese beiden Funde, vor allem jener von Mykene, machen Schliemann weltberühmt. Die großen Zeitungen Europas und in den USA überbieten einander in ihren Schlagzeilen, die Londoner *Times* bringt sogar ein tägliches Bulletin. Archäologie ist plötzlich eine modische Wissenschaft geworden.

Das, was Schliemann mit seinen Ausgrabungen auf dem Hügel von Hisarlik und dann auch in Mykene erreichte, entsprach in seiner spektakulären und zugleich romantischen Art und Weise genau dem, was sich das europäische Bildungsbürgertum des 19. Jahrhunderts unter Archäologie vorzustellen wünschte: die Auffindung und das Zutagefördern von interessanten Überresten mythischer Schauplätze, die erfolgreiche Schatzsuche, an deren lohnendem Ende einmal der Schatz des Priamos und dann der Schatz des Agamemnon stehen. Insgesamt waren das alles Ereignisse, mit denen man sich identifizieren konnte, deren historischer Hintergrund auf angenehme Weise vertraut war. Eine wissenschaftliche Verifizierung der sensationellen Funde wurde kaum einmal angestrebt; zumindest nicht vom breiten Publikum. Kritische Stimmen, die vor einer zu raschen Standortbestimmung, vor falschem Jubel und dem Beharren auf fatalen Irrtümern warnten, wurden entweder geflissentlich überhört oder als Neid abqualifiziert. Heute wissen wir längst, daß Schliemann sowohl in Kleinasien als auch auf der Peloponnes monumentale Kulturbeispiele freigelegt hatte, die älter waren als das klassische Troja oder das historische Mykene des Agamemnon. Die Schachtgräber in der Argolis, in denen Schliemann seinen sagenhaften Schatz entdeckt hat, stammen aus einer Zeit, die man einige Jahrhunderte vor Agamemnon ansiedeln muß, und das Troja, das Schliemann im Hügel von Hisarlik ausgegraben und wo er gleichfalls einen bewundernswerten Schatz gefunden hat, dürfte bereits rund ein Jahrtausend vor dem legendären Trojanischen Krieg existiert haben. Das bedeutet natürlich, daß auch der angebliche Schatz des Priamos ein Jahrtausend älter sein muß, als es Schliemann angenommen hat.

Schliemann, ein ehrgeiziger Egoist, hatte den spektakulären Fund von Troja unter tatkräftiger Mithilfe seiner Frau aus der Türkei geschmuggelt – was zu langwierigen Auseinandersetzungen mit den osmanischen Behörden führen sollte – und dann verschiedenen europäischen Institutionen zum Kauf angeboten. Zeitweise entwickelte sich daraus ein recht würdeloses Feilschen, bis schließlich durch die Vermittlung Rudolf Virchows, des bedeutenden Arztes und dilettierenden Altertumsforschers, die ganze Sammlung nach Berlin ging, wo sie nach manchen Umwegen im damaligen Museum für Vorgeschichte landete. Im Zweiten Weltkrieg evakuierte man die kostbaren Stücke. Der sogenannte Goldschatz des Priamos kam zuerst in das Depot der Preußischen Staatsbank, dann in einen Luftschutzbunker am Berliner Zoo; dort wurden die Kostbarkeiten in den Bombennächten des Zweiten Weltkrieges zerstört. Die Keramiken aus Troja und Mykene wiederum waren in den Osten des Deutschen Reiches verlegt worden; ein kleinerer Teil kam auf das Schloß Petruschen bei Breslau. Dieses Gebiet ist heute polnisch; Verhandlungen über die Rückgabe der archäologischen Fundstücke blieben ergebnislos. Ein Rest der wertvollen Keramikschätze fand sich nach Beendigung des Krieges in der sowjetisch besetzten Zone, und zwar in Form von Scherben, was damit zusammenhing, daß es anläßlich einer Hochzeit auf dem Lande einigen Dorfburschen eingefallen war, die Kunstschätze einfach für den Polterabend zu verwenden; so hatten sie genügend Porzellan zum Zerschmeißen. Das spielte sich auf dem Schloß Lebus ab, und alles, was die Wissenschaftler, die mit dem Einsammeln der Schliemannschen Funde beauftragt waren, machen konnten, bestand im mühsamen Einsammeln der übriggebliebenen Scherben. Es ist also der tragische Umstand eingetreten, daß fast nichts von diesen Stücken, die Schliemann meist illegal aus Kleinasien und Griechenland nach Deutschland gebracht hatte, den Zweiten Weltkrieg unbeschädigt überdauerte. Nur der Goldschmuck aus den Schachtgräbern von Mykene kann heute noch im Nationalmuseum von Athen bewundert werden.

Schliemann war ein Leben lang unermüdlich tätig, zuerst als Geschäftsmann und dann als Ausgräber. Wenn man die Chronologie seiner Arbeiten überprüft, könnte man den Eindruck gewinnen, er wäre mit dem Spaten in der Hand der rinnenden Zeit nachgeeilt. Im Jahr 1876 begann er, immerhin schon im Alter von 54 Jahren, in Mykene zu graben. 1878 arbeitete er gemeinsam mit seinem Freund Virchow in Troja. Danach kam Orchomenos an die Reihe, eine jener antiken Städte, die Homer gerühmt hatte. 1882 grub er mit Wilhelm Dörpfeld, der nach Schliemanns Tod die Arbeiten am Hügel von Hisarlik weiterführen sollte, wieder in Kleinasien, und zwei Jahre später wandte er sich nach Tiryns in der Argolis. Dann, etwa ein Jahr vor seinem tragischen Tod, ging er nach Kreta, um dort den riesigen Schutthügel südlich der Hafenstadt Heraklion zu untersuchen. Wenige Monate vor seinem Ende schrieb er noch: »Ich möchte die Arbeiten meines Lebens mit einem großen Werk abschließen, nämlich mit der Ausgrabung des uralten, prähistorischen Palastes der Könige von Knossos in Kreta, den ich vor drei Jahren entdeckt zu haben glaube.« – Aber Schliemann, der Knossos praktisch gar nicht zu entdecken brauchte, weil die Palaststadt nur darauf wartete, vom Schutt der Jahrtausende befreit zu werden, und weil es außerdem bereits einheimische Ausgräber und Schatzsucher gegeben hatte, die fallweise in den Trümmern nach verborgenen Kostbarkeiten gesucht hatten, Schliemann scheiterte diesmal an der Habgier des Grundeigentümers, der ein Mehrfaches des korrekten Kaufpreises für das Grundstück forderte, auf dem sich der Palast von Knossos befand. Das sollte später einem anderen Ausgräber nützlich werden, nämlich dem Briten Arthur Evans.

Im Winter 1890 hielt sich Schliemann vorübergehend in Neapel auf. Er befand sich auf der Heimreise nach Athen, wo er mit seiner Frau Sophia und den beiden Kindern Andromache und Agamemnon lebte; er hatte ihnen versprochen, gemeinsam mit ihnen das Weihnachtsfest zu feiern. Am ersten Weihnachtstag brach er auf der belebten Piazza della Santa Carità im Zentrum Neapels zusammen. Er litt seit längerem unter starken Ohrenschmerzen, hatte auch in Neapel einen Arzt aufgesucht, ohne daß sein Übel gelindert worden wäre. Nun brachte man den Bewußtlosen in ein Krankenhaus, wo man aber die Aufnahme des eher ärmlich gekleideten, abgerissen wirkenden Fremden verweigerte, weil man befürchtete, der Unbekannte würde kaum die anfallenden Rechnungen bezahlen können. Bei einer Durchsuchung seiner Kleider fand man schließlich Namen und Adresse des Arztes, der ihn zuletzt behandelt hatte, und dieser lüftete dann auch die

Identität des Sterbenden. Jetzt wurde zwar alles Erdenkliche getan, um Schliemann zu retten, doch es war bereits zu spät. Das Begräbnis in Athen, wohin man den Leichnam überführte, geriet zum pompösen Staatsakt. Aber das konnte den erbärmlichen Eindruck seines Sterbens in Neapel nicht mehr vergessen machen.

Worin lag nun eigentlich Schliemanns Bedeutung? Seine Irrtümer, die Datierung gewisser wichtiger Funde in Troja und Mykene betreffend, sind zweifellos entschuldbar; gegen solche Fehlinterpretationen war fast kein bedeutender Archäologe des 19. Jahrhunderts gefeit. Bedenklicher sind die Zerstörungen, die Schliemann in seinem fast manischen Eifer, das homerische Troja zu entdecken, an den archäologischen Materialien im Hügel von Hisarlik angerichtet hatte. Seine Arbeitsmethoden waren noch diejenigen eines Botta, Layard oder Mariette, das heißt, er räumte rücksichtslos alles hindernde Gestein fort, trieb unbekümmert tiefe Schächte in den Ruinenhügel, auch wenn dadurch kostbares Beweisgut für eine spätere wissenschaftliche Arbeit vernichtet wurde. Er war in diesem speziellen Fall eher ein Schatzsucher als ein vorsichtig operierender Ausgräber. Aber einen ernsthaften Vorwurf kann man Schliemann daraus nicht machen, da er lediglich das tat, was alle Ausgräber seines Zeitalters als ganz selbstverständlich betrachteten. Im übrigen werden seine Fehler, seine Irrtümer durch seine Leistungen mehr als wettgemacht. Denn er steigerte durch die spektakulären Erfolge in Troja und Mykene nicht nur das Ansehen der Archäologie, förderte nicht nur ihren Bekanntheitsgrad, was sich durch bessere Dotationen für andere Archäologen, durch großzügigere Arbeitsbedingungen für eine nachfolgende Generation von Altertumsforschern bezahlt machen sollte, sondern er hatte ja tatsächlich das mythische Troja gefunden, wenngleich nicht das homerische – dessen Spuren er durch sein verständliches Wüten und Drängen wahrscheinlich zerstörte –, sondern ein älteres, bronzezeitliches Troja, ebenso wie er in der peloponnesischen Argolis eine der glänzendsten Kulturen der griechischen Frühgeschichte freigelegt hatte. Leo Deuel, der gewiß kein Verfechter dilettantischer Grabungsmethoden ist, urteilt dann auch völlig richtig, daß Schliemanns Entdeckungen »ein ganz neues Blickfeld« eröffneten, neue Anschauungen in der Altertumskunde ermöglichten und eine Unmenge neuer Probleme aufwarfen, mit denen sich die zukünftige Forschung nachdrücklich beschäftigen mußte. Als Beweis dafür mag gelten, daß in Hisarlik noch jahrzehntelang und in Mykene und Tiryns sogar bis auf den heutigen Tag gegraben und wissenschaftlich gearbeitet werden konnte. Schliemann war also nicht nur ein bedeutender Ausgräber, sondern auch ein großer Anreger auf dem Gebiete der Altertumsforschung. Seine ärmliche Kindheit, sein abenteuerliches Leben, gewisse romantische Züge in seiner Biographie machten ihn überdies zum ersten wirklich populären Helden der Archäologie. Denn spätestens seit jenen dramatischen Augenblicken, da Schliemann sein Troja und einen Schatz gefunden und dann in Mykene einen weiteren Goldschatz ausgegraben hatte, war die Archäologie endgültig gesellschaftsfähig und, was vielleicht noch bedeutsamer war, auch volkstümlich geworden.

XIII
EIN ZEITUNGSKORRESPONDENT GEHT NACH KRETA

Von allen archäologischen Schauplätzen, die es auf Kreta gibt, ist wahrscheinlich Kato Zakros der schönste, der am stärksten den Zauber dieser großen Insel und ihrer Kultur ausstrahlt. Kato Zakros ist viel stimmungsvoller als das weltberühmte, überlaufene Knossos, das mich immer an eines dieser Phänomene des Massentourismus erinnert, über deren tatsächliche Bedeutung man geteilter Meinung sein kann, deren Attraktivität für das Publikum aber enorm ist. Kato Zakros im äußersten Osten Kretas besitzt diese knallige Attraktion freilich nicht oder nicht auf diese einprägsame Weise, wie sie Knossos hat, das Aushängeschild Kretas. Dafür neigen sich im Osten der Insel Thymian, Feigen, Salbei, Erika hügelabwärts dem schimmernden Meer entgegen, wo manchmal die russische Eskadra ebenso komplizierte wie fragwürdige Verbandsübungen durchführt, bewacht von einer der größten Radarstationen Europas, die oberhalb von Kato Zakros hügelbeherrschend in die Höhe ragt. Immer bläst der Wind über die Hochebene, die steil abfällt zum Meer. Unten an der Küste liegt eine weitgeschwungene Bucht, die wie ein blauweißer Halbmond wirkt, zusammengesetzt aus aufgerauhtem Wasser und körnigem Sand; dahinter, landeinwärts, das dünne Schilfgras, etwas Bambus, einige weitausladende Platanen und die unvermeidlichen Ölbäume, verkrüppelt vom Alter, niedergeduckt durch den Wind; kleine Weizenfelder leuchten im Frühling wie Löwenmähnen; viele Zikaden, gelegentlich eine Seeschwalbe, stets das heisere Schreien der Esel. Und in den tiefergelegenen Ruinen der archäologischen Ausgrabungen von Kato Zakros das schaumige Grundwasser.

Im Winter ist das hier der einsamste Ort der Welt. Dann überschneiden sich draußen vor der Küste die schweren Stürme, die aus der östlichen Levante kommen, aus den Wüsten Liby-

ens, von den schneebedeckten Bergen Kleinasiens und vor allem aus der nördlichen Ägäis. Rollende Wellen erstürmen den Strand, schwere Brecher schlagen über die Bucht, ein Chaos aus schäumendem Wasser und stöhnender Erde ist dann drei, vier Monate lang die Regel. Der Wind redet mit einer Stimme, die einen furchtsam macht. In die verquollenen Vierecke der alten Mauern, die erdbraun, hellgrau und schmutzigbraun von der Krümmung der Küste hangaufwärts laufen und nur eine vage Erinnerung an die Pracht des Palastes vermitteln, der hier einmal stand, schlägt knisternd der Winterregen. Es ist dann schwer vorstellbar, daß an diesem Platz einst eines der großen Schatzhäuser der minoischen Kultur stand oder daß man aus diesem Labyrinth von Mauern, schlammigen Pfaden, Büschen, Steinen, Marmortrümmern eine der schönsten Stierplastiken holte, die man im ganzen östlichen Mittelmeerraum jemals gefunden hat; heute kann man dieses Kunstwerk im Museum von Heraklion bewundern. Im übrigen war Kato Zakros der Verbindungshafen für Ägypten, Zypern und die phönikischen Häfen: Hier wurden die wichtigsten Zeugnisse pharaonischer Kultur an Land gebracht, während andererseits in diesem Hafen altkretische Keramik für ägyptische Abnehmer versandfertig gemacht wurde. Kato Zakros, das vielleicht ein Beweis für ägäische Bedürfnislosigkeit oder sogar Armut ist, war damals neben Knossos und Phaistos die reichste Gemeinde Kretas.
Trotzdem verfügt Kato Zakros nicht einmal annähernd über die Popularität von Knossos. Das hat mit seiner abgesonderten Lage im äußersten Osten der Insel zu tun, aber wohl auch damit, daß zuerst die Entdeckung und Ausgrabung von Knossos, später die Freilegung von Phaistos und anderen antiken Schauplätzen die wesentlichen Voraussetzungen dafür schufen, daß man sich erst seit ungefähr fünfzig Jahren um die Hinterlassenschaften dieses uralten Haupthafens von Kreta kümmert. Arthur Evans, der Ausgräber von Knossos, ist also auf eine indirekte Weise auch für Kato Zakros verantwortlich, obgleich er wahrscheinlich nicht einmal eine Ah-

nung gehabt hatte von der Existenz dieses sagenhaften Ortes. Wer heute Knossos besucht, sollte sich allerdings vergegenwärtigen, daß er bewundernder oder auch skeptischer Beobachter einer freundlichen Illusion ist; und daß die historische Wahrheit möglicherweise an einem Ort wie Kato Zakros ungleich wirkungsvoller und überzeugender demonstriert wird. Dabei sind die beiden wichtigsten archäologischen Feststellungen von Knossos dem täglich in Divisionsstärke anrükkenden Publikum weitgehend unbekannt: die Position des ehemaligen Hafens im Hintergrund des ausgegrabenen Palastes sowie die Entdeckung einiger Tonscherben mit Fragmenten der altkretischen Schrift. Die hellgefleckte Steinwand im gegenüberliegenden Hang von Knossos mit dem trapezförmigen Einschnitt, der uns heute noch daran erinnert, daß hier vor dreieinhalb Jahrtausenden die Schiffe der Minoer und Achäer ankerten, diese tiefe Mulde im dunkelgrün und pastellfarben getönten Tal, das früher einmal ein gewaltiges Hafenbecken war; das alles entgeht meist der Aufmerksamkeit des touristischen Publikums; es beansprucht das Interesse der drängenden und schiebenden Massen weit weniger als der moderne Beton, mit dem eine detailgenaue Rekonstruktion antiker Verhältnisse vorgetäuscht wird. In Kato Zakros hingegen bedarf es keines detektivischen Spürsinns, um den einstigen Hafen zu erkennen. Aber Kato Zakros ist nicht von Arthur Evans ausgegraben worden, sondern wurde erst ein Menschenalter später eher zufällig entdeckt. Dennoch sollte jeder wirklich interessierte Besucher nach dem Modell von Knossos auch die Ruinenstätte an der kretischen Ostküste aufsuchen, weil erst dadurch ein relativ wahrheitsgetreues Bild altkretischer Kultur vermittelt wird.
Der Engländer Evans, 1851 geboren, als blutjunger Zeitungskorrespondent für den *Manchester Guardian* auf dem unruhigen Balkan unterwegs, wo damals gerade die Österreicher ihre Vorstellungen von europäischer Großmachtpolitik zu realisieren suchten, Evans also gilt völlig zu Recht als der Entdekker einer bis dahin ziemlich unbekannten mediterranen Kul-

turepoche. Er begann seine Vorbereitungen frühzeitig und mit einem ausgeprägten Sinn für methodisches Arbeiten; es war dies der Zeitpunkt, da Schliemann seinen Kindheitstraum in Troja zu verwirklichen suchte. Arthur Evans, gerade neununddreißigjährig, als Schliemann in Neapel starb, war allerdings in jeder Hinsicht das Gegenteil des deutschen Ausgräbers von Troja und Mykene. Er hatte unter anderem in Oxford und Göttingen studiert und interessierte sich von Jugend an für alle archäologischen Fragen – seine Tätigkeit als Journalist in Bosnien und der Hercegowina während der Okkupation durch österreichische Truppen war fast so etwas wie eine Einstimmung auf seinen zukünftigen Beruf, denn diese beiden Balkanprovinzen galten den Briten mindestens als so exotisch wie vorgeschichtliche Stätten auf Kreta, von deren Existenz man damals in England noch keine Ahnung hatte. Und Evans begann dann im Jahre 1900, nachdem ihm längst schon altkretische Schriftbeispiele bekanntgeworden waren, mit seinen Grabungen auf Kreta. Er selbst konnte später zutreffend feststellen: »Noch vor knapp einer Generation war der Ursprung der griechischen Zivilisation und damit die Quelle aller Hochkultur in undurchdringliches Dunkel gehüllt. Waren die legendären Könige und Helden der homerischen Zeit mit ihren Palästen und Burgen am Ende doch etwas mehr als nur vermenschlichte Gestalten aus Sonnenmythen? Es gab einen Mann, der daran glaubte: Schliemann. In ihm erstand der Wissenschaft vom klassischen Altertum ein Kolumbus.« – Evans verschweigt hier freilich den Umstand, daß man auf Kreta selbst ziemlich genau wußte, was sich unter dem meterhohen Schutt des Hügels von Kephala befand. Ein einheimischer Kaufmann, ein Grieche, der ein dilettierender Archäologe war, hatte bereits eine Reihe von Probegrabungen vorgenommen und dabei erstaunliche Funde gemacht. Und die Frauen von Kreta waren seit langem dafür bekannt, daß sie uralte minoische Glückssteine bei sich trugen, kleine Amulette, die von den Bauern unter anderem auch im Umfeld von Knossos gefunden wurden. Man wußte, daß da etwas ebenso Erstaunliches wie Uraltes unter der Grasnarbe, unterm Wurzelwerk der Ölbäume lag, aber man hatte keine exakte Vorstellung davon, um welche Kulturbeispiele es sich tatsächlich handelte.

Evans ging von anderen Voraussetzungen aus als sein Vorgänger Schliemann, der bekanntlich davon überzeugt war, auf dem Ruinengelände im Süden von Heraklion einen königlichen Palast, eine Art Residenz altkretischer Kultur ausgraben zu können. Aber Schliemann hatte sein ganzes Leben lang nichts anderes beabsichtigt, als eine Bestätigung seines homerischen Traumes zu erfahren; er glaubte an die absolute historische Wahrheit dieser sagenhaften Erzählungen. Evans hingegen war von Anfang an daran interessiert, den Ursprüngen und den Zusammenhängen einer hochentwickelten Zivilisation nachzuspüren, deren Existenz damals zwar bekannt, aber keineswegs gründlich erforscht war. Er wollte auch beweisen, daß es zwischen den orientalischen Zivilisationen und der ägäischen Welt Kontakte gegeben hatte und daß Kreta, ungefähr gleich weit von der Peloponnes und von Kleinasien entfernt sowie diejenige aller griechischen Inseln war, die dem pharaonischen Ägypten am nächsten gelegen war, daß also Kreta in dieser besonderen Situation eine ganz besondere Rolle gespielt haben mußte. Allerdings konnte auch er sich nicht der ungeheuren Faszination durch die griechische Mythologie entziehen: Man wußte immerhin, daß der Berg Ida auf Kreta als Geburtsstätte des Göttervaters Zeus galt; man hatte längst schon eine Vorstellung von jenem sagenhaften König Minos, dessen Baumeister ein gewisser Dädalus war, der Vater des unglücklichen Ikarus; und auch Minotaurus, der mörderische menschenfressende Stier im Labyrinth, der erst durch den Mut des attischen Königssohnes Theseus und durch die List einer kretischen Königstochter namens Ariadne besiegt werden konnte, schien auf Kreta wirklich in einer historischen Form existiert zu haben. Jedenfalls gab es hier zwischen Mythos und Wirklichkeit mehr Anhaltspunkte, überzeugendere Verbindungen, als man das ursprünglich angenommen hatte. Schließlich hatte ja auch Evans die Schriften des griechischen Historikers Thukydides gelesen, in denen von Minos berichtet wird, dem gewaltigen Herrscher im südlichen Archipel; er stützte sich auf Herodot, der von den Seeleuten berichtet, die für Kreta von Insel zu Insel unterwegs waren. Darüber hinaus konnte Evans auch auf die Erfahrungen Schliemanns zurückgreifen, der bereits 1878 mit einem der Eigentümer des Hügels von Kephala über einen Ankauf des Geländes verhandelt hatte; freilich ergebnislos, wie wir wissen. Auch die Erfolge jenes dilettierenden Kreters, der als erster Ausgräber von Knossos bezeichnet werden könnte und der den klassischen Namen Minos Kalokairinos trug, waren Evans selbstverständlich nicht unbekannt. Immerhin war es dieser Minos Kalokairinos, der einige Schächte quer durch den Ruinenhügel von Kephala gegraben und hartnäckig behauptet hatte, daß dies das sagenhafte Knossos, vielleicht sogar das Labyrinth des unheimlichen Minotaurus sei. Evans brauchte also nur, sehr vereinfacht ausgedrückt, den Spuren seiner Vorgänger zu folgen, um die ganze archäologische Wahrheit zu erfahren. In den neunziger Jahren des 19. Jahrhunderts erwarb er nach und nach die meisten Grundanteile am Hügel von Kephala, und 1899 begann er, vorerst noch zögernd, ein Jahr später unter Aufbietung aller Kräfte, den Palast von Knossos auszugraben.

Nun darf man sich das freilich nicht so vorstellen, als wäre Arthur Evans einfach nach Kreta gegangen, um dort einen prüfenden Blick auf den Hügel seiner Wahl zu werfen. Er mußte zum Beispiel jahrelang mit den verschiedenen Grundeigentümern verhandeln, die zum Teil schon Schliemann durch ihre unverschämten Forderungen abgeschreckt hatten; und es bedurfte dann noch einer Revolution und grundlegender politischer Veränderungen auf Kreta, daß das Grundstück von Kephala doch noch zu einem erschwinglichen Preis erworben werden konnte. Es wäre auch trügerisch zu glauben, daß Evans einfach auf irgendeinen Punkt gezeigt und dann den angeworbenen Arbeitern aufgetragen hätte, dort mit ihren Grabungsarbeiten zu beginnen. Erstens wußte Evans – der übrigens wie Schliemann ziemlich vermögend war, was nicht ganz belanglos hinsichtlich der kretischen Mentalität gewesen sein dürfte – nur einige ungenaue Details über diese damals noch reichlich mysteriöse mykenische Epoche, von der er ja hartnäckig behauptete, sie sei lediglich eine Art Forsetzung einer viel älteren minoischen Kultur gewesen; den Beweis für diese recht gewagt anmutende Bemerkung wollte er mit seinen Ausgrabungen erbringen. Zweitens war Evans ein gänzlich andersgearteter Charakter als Schliemann, das heißt, ihm fehlte sowohl die Spontaneität als auch das Sentimentale, dem Schliemann gelegentlich zwingende wissenschaftliche Erkenntnisse geopfert hatte. In einem zeitgenössischen Porträt Evans' lesen wir, daß er nicht wie Schliemann als Philhellene nach Kreta gegangen sei; man darf sogar annehmen, daß ihn das klassische Griechenland ein wenig gelangweilt habe. Er hatte Schliemann in Mykene kennengelernt, weil sein Vater, ein Industrieller und kenntnisreicher Liebhaber mediterraner Frühgeschichte, mit Schliemann durch geschäftliche Beziehungen verbunden gewesen war. Und dieser Besuch in Mykene, die Bekanntschaft mit dem damals bereits weltberühmten Ausgräber aus Deutschland, könnte auch das einschneidende Erlebnis gewesen sein, so daß Evans jetzt selbst daran dachte, Ausgrabungen größeren Stils durchzuführen. Es gab da vor allem einen wichtigen Umstand, der ihn nachdenklich machte: das vollkommene Fehlen schriftlicher Aufzeichnungen aus jenen Epochen, deren historische Existenz Schliemann durch seine Ausgrabungen von Mykene und Tiryns nachgewiesen hatte. Evans konnte nicht daran glauben, daß eine geistig und technisch so hochentwickelte Kultur wie die mykenische ohne Schrift, also gleichsam sprachlos, geblieben sei; Schliemanns Einwände in diesem Zusammenhang lehnte er als »sentimentale Literatur« ab.

Alles weitere war dann eine Sache folgerichtiger Entwicklung. Evans war methodisch erzogen worden, das heißt, er war fähig und willens zu einer wissenschaftlich nüchternen Betrachtungsweise und genauen Analyse aller anfallenden Fragen. Romantische Spekulationen lehnte er als unwissenschaftlich ab. Jetzt beschäftigte ihn das Problem der scheinbar fehlenden Schrift aus dem mykenischen Zeitalter. Da kam ihm ein Zufall zu Hilfe. Er war seit 1884 am Ashmolean Museum in Oxford tätig, wobei man diese Tätigkeit nicht als Gelderwerb, sondern als einen Ausdruck seiner intensiven archäologischen Interessen betrachten muß. Jedenfalls erhielt er eines Tages im Jahre 1889 einen altgriechischen Siegelstein zugespielt, ein sonderbares und rätselhaftes Stück, auf dem etliche schriftähnliche oder eigentlich hieroglyphenartige Zeichen eingegraben waren. Nun hatte aber Evans bereits auf seiner ersten Reise nach Kreta die erstaunliche Feststellung machen können, daß es solche »Schriftsteine« – die zum Beispiel von den Frauen Kretas als Zaubersteine getragen wurden – auf der großen Insel im Süden der Ägäis häufig gab, vornehmlich dort, wo einige dieser charakteristischen Schutthügel existierten, die sogleich sein besonderes Interesse beanspruchten. Seine nunmehr formulierte Theorie bestand darin, daß Kreta vor Jahrtausenden eine Art Kulturbrücke gewesen sei zwischen dem Orient und Europa und daß die hieroglyphischen Zeichen auf den Siegelsteinen ein Beweis für den altägyptischen Einfluß sein müßten, der auf Kreta damals zweifellos vorhanden gewesen war. Er verfaßte darüber auch eine längere Arbeit, unterbreitete sie 1893 der einflußreichen »Hellenistischen Gesellschaft« in London, veröffentlichte drei Jahre später einen weiteren grundlegenden Aufsatz über »Kretische Piktogramme und vorphönikische Schriften« und erkannte bei all diesen Bemühungen ziemlich rasch, daß jede rein theoretische Arbeit mehr oder minder nutzlos oder auch fragwürdig bleiben müßte, sofern sie nicht durch praktische Ergebnisse unterstützt oder abgesichert würde. Solche Ergebnisse aber waren nur durch archäologische Feldforschung zu erreichen. Also kaufte Evans folgerichtig jenes Grundstück im Süden von Heraklion, den Hügel von Kephala, wo er am ehesten fündig zu werden hoffte, begann mit den Arbeiten und hatte praktisch von Anfang an das Glück des Tüchtigen. Evans, der nach Kreta gegangen war, um seine Theorien über mykenische und vormykenische Schriften zu beweisen, fand sozusagen im Handumdrehen einen riesigen Palast, eine königliche Residenz, legte prachtvolle Fresken mit faszinierenden Bildinhalten frei, entdeckte auch eine größere Anzahl von schriftlichen Dokumenten, stieß also auf eine Fülle von Beweisen, die das Vorhandensein einer vorklassischen Kultur, nämlich der minoischen – wie Evans sie nannte – nachdrücklich bestätigten.

Über die Vorarbeiten zu seinen Ausgrabungen von Knossos berichtete er: »Von 1894 an führte ich vor allem in Mittel- und Ostkreta eine Reihe von Forschungen durch. Dabei kamen ohne Unterlaß von allen Seiten neue Zeugnisse ans Licht: kyklopische Ruinen von Städten und Burgen, bienenkorbähnliche Gräber, Vasen, Weihbronzen und feingravierte Gemmen; sie bewiesen zur Genüge, daß die großen Tage in der Geschichte dieser Insel weit vor der historischen Epoche lagen. Aus den mykenischen Siedlungen Kretas erhielt ich eine ganze Reihe beschrifteter Siegel; sie bewiesen die Existenz eines vollständigen Schriftsystems aus hieroglyphischen oder halb-bildhaften Zeichen mit gelegentlichem Hinweis auf das Vorhandensein auch mehr linearer Formen. Aus der großen Höhle Dikte, der Geburtsstätte des Zeus, verschaffte ich mir eine steinerne Votivtafel, die einen Weihetext von mehreren Zeichen in frühkretischer Schrift trug. Für eine umfangreichere Ausgrabung aber faßte ich gewisse Ruinen ins Auge, in deren Gipssteinblöcken eigenartige symbolische Zeichen eingraviert waren; diese Ruinen krönten den Südabhang eines unter dem Namen Kephala bekannten Hügels, der über der alten Stätte von Knossos – der Stadt des Minos – aufragte. Offensichtlich gehörten sie zu einem großen prähistorischen Bauwerk. Harrte hier vielleicht der Palast des Königs Minos oder gar das geheimnisvolle Labyrinth selbst seiner Entdekkung?« – Diese Blöcke, von denen Evans hier spricht, waren

bereits Schliemann aufgefallen, als er Jahre vorher auf Kreta mit den Eigentümern des Grundstückes verhandelt hatte. Evans war dann entweder geschäftstüchtiger oder vielleicht auch nur glücklicher, denn ihm verkaufte man verhältnismäßig rasch ein Viertel der Fläche, auf die er reflektierte. Die eigentliche Schwierigkeit lag darin, daß es mehrere Besitzer gab, mit denen man verhandeln mußte; und daß es galt, die Interessen aller Beteiligten zufriedenzustellen, was auf Kreta stets eine diffizile Sache ist. Dazu kam noch der verhängnisvolle Umstand, daß die Insel in jenen Jahren immer wieder von Aufständen der griechischen Bevölkerung gegen die türkischen Unterdrücker heimgesucht wurde, wobei es zu Akten sinnloser Grausamkeit kam. Evans, der seine Geschäftspartner, mit denen er über den Ankauf von Kephala verhandelte, manchmal aus dem Gefängnis befreien mußte, wo sie als Geiseln festgehalten wurden, erreichte es nicht zuletzt auch durch die massive Unterstützung britischer Kanonen, daß er nach und nach das ganze, archäologisch erfolgversprechende Gelände kaufen und mit seiner eigentlichen Arbeit beginnen konnte; ein britisches Geschwader kreuzte nämlich vor Heraklion, verschoß ein paar Salven zugunsten der aufständischen Kreter und vertrieb die türkische Besatzung von der Insel. Evans selbst schreibt: »Zu Beginn des Jahres war ich endlich in der Lage, mir den Restteil der alten Siedlung Kephala zu sichern und mit Genehmigung der Regierung alsbald mit den Ausgrabungen zu beginnen. Ich erhielt einige finanzielle Zuschüsse und hatte das Glück, für meine Unternehmungen Duncan Mackenzie als Assistenten gewinnen zu können, der bereits mit gutem Erfolg auf der Insel Melos gearbeitet hatte. Bei der Ausgrabung selbst wurden achtzig bis hundertfünfzig Mann beschäftigt; sie blieb im Gang, bis Hitze und Fieber ihr im Juni für diese Saison ein Ende setzten.«
Evans erzielte aufsehenerregende Ergebnisse, die nachdrücklich seine Theorie bestätigten, daß es vor der mykenischen Kultur eine andere, wesentlich ältere und gleichfalls hochentwickelte Zivilisation gegeben haben mußte, nämlich die soge-

nannte minoische, und daß eine solche Gesellschaft zweifelsfrei schriftliche Dokumente hinterlassen hatte. Diese Bestätigung warf aber auch eine Reihe von wichtigen Fragen auf: Wie viele solcher Paläste, wie Evans jetzt einen in Knossos ausgrub, gab es eigentlich auf Kreta? Welche Kultvorstellungen dominierten in jener Zeit, als diese Paläste noch unversehrt waren? Warum und wann wurden sie zerstört? Evans begnügte sich ja nicht nur mit der bloßen Ausgrabung und wissenschaftlichen Verwertung der Funde, sondern er beschäftigte sich auch eingehend mit der Frage der Rekonstruktion. Seine Vorstellung war, daß es zum besseren Verständnis minoischer Geschichte möglich sein sollte, den Palast von Knossos so wiederherzustellen, daß man eine gute Übersicht besaß über die architektonischen, religiösen und sozialen Verhältnisse jener minoischen Epoche, als Knossos ein Zentrum Kretas und die Insel selbst ein Mittelpunkt des kulturellen und ökonomischen Lebens in der östlichen Levante war. Man muß sich in diesem Zusammenhang an verschiedene Funde in Ägypten erinnern, die einwandfrei das Vorhandensein kretischer Keramik im pharaonischen Ägypten nachweisen, während andererseits Evans nun hier in Knossos altägyptische Kultgegenstände entdeckte. Außerdem wurde mit jeder neuen Schicht, die man freilegte, der Anfang kretischer und damit europäischer Zivilisation weiter zurück datierbar und zugleich exakter bestimmbar. »Das erste wichtige Ergebnis der archäologischen Forschungen auf Kreta war die Erkenntnis, daß die mykenische Kultur ohne Zweifel ihre Wurzeln in der minoischen hatte«, schreibt Nikolas Platon, der Ausgräber jenes großen und wissenschaftlich ungemein ergiebigen Palastes unterhalb der Hochfläche von Kato Zakros an der Ostküste der Insel, dessen Bedeutung vor allem darin besteht, daß er weder von Schatzsuchern noch von Plünderern heimgesucht wurde, so daß man hier wirklich einmal mit einer Fülle von archäologischen Originalzitaten rechnen durfte. Das große Verdienst Evans' aber war, daß er, ausgehend von der Methodik seines Landsmannes Flinders Petrie, der die Altertumsforschung revolutioniert und in einem durchaus professionellen Sinne verwissenschaftlicht hatte, erstmals eine altkretische Chronologie erstellte; er bezeichnete für Kreta drei Hauptperioden, alt-, mittel- und spätminoisch, und setzte sie jeweils in Verbindung zur altägyptischen Geschichte.

Das alles aber waren ganz beachtliche, ja außerordentliche Fortschritte auf dem Weg zurück in eine mythische Vergangenheit. Weniger glücklich war Evans bei seinem Versuch, durch nachempfundene Rekonstruktion der Gegenwart eine umfassende Idee von der Baukunst und der Lebensqualität jener altkretischen Gesellschaft zu geben. Kritiker meinen, er habe ganz einfach zuviel Beton und abscheuliche Farben verwendet, was den Palast von Knossos heute zu einem zwiespältigen Erlebnis macht. An der Großartigkeit dieses Kulturbeweises ändert das allerdings nichts.

Die grundlegende Frage gibt es freilich immer noch: Wie, wann, durch welche Katastrophe endete die Herrlichkeit minoischer, mykenischer Kultur? Ceram erzählt in seinem Werk *Götter, Gräber und Gelehrte* dazu eine hübsche Geschichte: »Am 26. Juni 1926, abends 21,45 Uhr, Evans lag lesend im Bett, erfolgte ein jäher Erdstoß. Sein Bett bewegte sich, die Wände des Hauses zitterten, Gegenstände fielen um, ein Eimer vergoß sein Wasser, die Erde seufzte und stöhnte erst, dann brüllte sie auf, als sei der Minotaurus lebendig geworden. Doch der Stoß dauerte nicht lange. Als sich die Erde beruhigt hatte, sprang Evans aus dem Bett und rannte hinaus. Er stürzte zum Palast. Seine Rekonstruktionen hatten gehalten. Wo es möglich gewesen war, hatte er seit Jahren Träger und Stützen aus Stahl benützt. Aber in den Dörfern der Umgebung hatte das Erdbeben schrecklich gewütet.« – Evans reagierte auf dieses Erlebnis mit der Hypothese, daß das minoische, mykenische Kreta durch ein Erdbeben zerstört worden sei.

Im Museum von Heraklion klirren heute noch manchmal leise die gläsernen Vitrinen, was dann dem Besucher den An-

schein vermittelt, als bewegten sich die Tonscherben mit den Schriftzeichen, die von den banalen ökonomischen Verhältnissen, aber auch von den Wünschen und Hoffnungen jener Menschen erzählen, die vor Jahrtausenden wahrscheinlich unter einer riesigen Flutwelle zugrunde gingen; sie war von der Insel Santorin, wo es einen Vulkanausbruch unvorstellbaren Ausmaßes gegeben hatte, südwärts gerast und hatte alles Leben vernichtet. Es ist überhaupt ein erstaunlicher Anblick, einige der weltberühmten schwarzen, sandfarbenen und rostroten Tontafeln, die ja eigentlich der Anlaß waren für Evans' Interesse an jenem Hügel von Kephala, aus dem dann der Schauplatz von Knossos wurde, jetzt in einer verhältnismäßig bescheidenen, ja sogar provinziell anmutenden Umgebung zu finden. Denn während in den großen Museen von London, Paris und Jerusalem auch der äußere Rahmen den Schätzen angemessen ist, liegen hier in Heraklion die beschrifteten Tonscherben und Keramiken eher wie zufällig in den Glasvitrinen.
Begreift man, daß hier vor rund vier Jahrtausenden ein Zauber zu wirken begann, der bis heute noch nicht gebrochen worden ist? Überlegt man sich aber auch, daß schon tausend Jahre vor diesen geheimnisvollen Schriftzeichen drüben im Osten, am Unterlauf von Euphrat und Tigris, andere mythische Schriftzeichen entstanden waren? Und daß all diese frühesten Symbole menschlicher Kunstfertigkeit und Nachdenklichkeit stets zuerst materielle, ökonomische Inhalte beschrieben und die romantischen Gefühle der Menschen jener fernen Zeit hartnäckig verschwiegen?
Arthur Evans, der sein Vermögen, angeblich fünf Millionen Goldmark, in die Betonkulisse von Knossos investierte, weil er demonstrieren wollte, vor welcher architektonischen Kulisse seiner Meinung nach die altkretische Gesellschaft bis zum Untergang – verursacht durch eine gewaltige Naturkatastrophe – gelebt hatte, Evans benützte sozusagen den richtigen Schlüssel und öffnete das Tor, hinter dem sich Kretas faszinierende Geheimnisse verbargen. Er verbrachte sein halbes

Leben auf der großen Insel, richtete sich gegenüber der Ausgrabungsstätte ein Landhaus ein, die Villa Ariadne, wo er 1935 auch sein Hauptwerk vollendete, den mehr als dreitausend Seiten umfassenden Rechenschaftsbericht über den Palast des Minos; er wurde geadelt, in England als eine Art Volksheld bewundert, nachgeahmt, aber auch seiner eigenwilligen Rekonstruktionsversuche wegen von vielen Archäologen heftig kritisiert. Sir Arthur Evans starb 1941 in England; er hatte wenige Tage vorher seinen neunzigsten Geburtstag vollendet. In seiner Villa Ariadne in Knossos hatte sich gerade ein deutsches Fallschirmjägerkommando eingerichtet; sein engster Mitarbeiter und designierter Nachfolger, der Archäologe Pendlebury, der während der Invasion Kretas durch die Deutschen auf der Insel geblieben war und sich den Partisanen angeschlossen hatte, wurde in einem nächtlichen Feuergefecht tödlich verwundet.
Kreta ist heute längst schon ein weiträumiger Schauplatz für Archäologen und Historiker. Das begann mit der Tätigkeit des Italieners Frederico Halbherr, der sogar noch vor Evans erste erfolgreiche Ausgrabungen durchgeführt und die Paläste von Phaistos und Hagia Triada freigelegt hatte; zwei Amerikaner gruben Gournia aus den meterhohen Schlamm- und Erdmassen, die von der Flutwelle aus Santorin über die minoische Küstenstadt geschleudert worden waren; französische Archäologen arbeiteten in Mallia, und der Grieche Nikolas Platon darf den Ruhm für sich beanspruchen, der Ausgräber des Palastes unterhalb von Kato Zakros zu sein. Dennoch bleiben zwei wesentliche Fakten von allen diesen Aktivitäten unberührt: Evans war der Wiederentdecker der minoischen Kultur; und es gibt noch viele archäologische Geheimnisse auf Kreta, die alle erst gelöst werden müssen, bevor man eine endgültige Aussage machen kann.

XIV
EIN GRAB IN PERGAMON

Niemand, der zum erstenmal nach Pergamon im Südwesten Anatoliens kommt und schon aus einiger Entfernung den Berg sieht, der sich wie eine mittelalterliche Sturmhaube aus der Ebene erhebt, ahnt etwas davon, daß auf der Stirn dieses Berges ein seltsames Grab liegt. Denn anfangs blickt man nur erstaunt auf das tiefeingeschnittene und wie von einer zauberkundigen Hand aus dem Berg herausgebrochene Dreieck, das einem künstlichen Krater ähnelt und herausfordernd in die Ebene herableuchtet. Später, wenn man die kleine, betriebsame Landstadt Bergama, deren dreißigtausend Einwohner fast ausnahmslos auf antiken Grundmauern leben, hinter sich gelassen hat und die tiefeingeschnittene Wunde im Berg als das steilste und vielleicht auch furchteinflößendste Theater der antiken Welt erkennt, später, bereits im Anstieg auf den Berggipfel und umgeben von dunklem Basalt, der in dikken Strängen über die Abhänge kriecht, umgeben vom verstaubten Ziegelrot byzantinischer Mauern und der aufgetürmten Hinterlassenschaft pergamenischer Architektur, später also vergißt man vollends darauf, nach einem vergessenen Grab Ausschau zu halten, dessen einfacher Grabstein aus hellgrauem Marmor ohnedies nur wie beiläufig mitten im Bauschutt einer überwachsenen hellenistischen Agora ruht. Man blickt jetzt in die Tiefe, wo sich aus der dunstverhüllten Ebene gelbe und schwarze Hügel erheben, unter deren gerundeten Kuppen antike Gräber liegen; man stöbert im rostbraunen Häusergewirr der Stadt merkwürdig plumpe Bauwerke auf, die einen an Signale aus anderen Zeitaltern erinnern; man nimmt mit einem einzigen umfassenden Blick die braungelbe Woge der Landschaft wahr, die den mächtigen Burgberg von Pergamon wie eine Flutwelle umbrandet, bis man sich dann mit einem Gefühl der Resignation und Erschöpfung kopfüber ins riesige Ruinengelände stürzt, das den Berg mit einer ganzen Reihe sonderbar geformter Halskrausen aus Marmor, Ziegelschutt und behauenem Stein umgibt. Und während man nun schon auf der Suche ist nach den einstigen Schauplätzen der größten Bibliothek und des beeindruckendsten Zeusaltars der antiken Welt, die wie andere sagenhafte Bauwerke einer hochentwickelten Zivilisation seit einem runden Jahrhundert durch archäologische Ausgrabungen wieder sichtbar gemacht wurden, verliert man kaum noch einen Gedanken an den Mann, der das Wunder der Wiedererweckung von Pergamon vollbracht hat und dessen Grabstein auf der Oberen Agora von Pergamon liegt.

Er hieß Carl Wilhelm Humann, wurde am 4. Januar 1839 unweit von Essen als Sohn eines biederen Gastwirtes geboren, der freilich Carl und auch dessen älteren Bruder Franz studieren ließ, und zwar Mathematik, auch Architektur, also Voraussetzungen für die Laufbahn eines Ingenieurs, der einmal Brücken und Straßen bauen sollte. Man war ziemlich praktisch veranlagt im Hause Humann. Carl zum Beispiel mußte, wenn er seine Zeichnungen im väterlichen Gastraum ausstellen wollte, dafür den Schankburschen oder Kellner spielen, der den mehr oder weniger kunstinteressierten Gästen das Bier an den Tisch zu bringen und abzukassieren hatte.

Carl Humann starb am 12. April 1896, knapp dreiundfünfzigjährig, während seiner Arbeit auf dem Ruinenhügel von Priene; als Todesursache wird ein Leberleiden angegeben. Seine Witwe, die in Smyrna lebte, wurde von den preußischen Behörden mit einer kärglichen Rente abgefertigt; Reichtümer hatte der Gastwirtssohn aus Deutschland keine erwerben können. Dafür hinterließ er der kunstinteressierten Welt den wahrscheinlich schönsten Zeusaltar, den er, als sei er selbst der Schöpfer dieses unwiederholbaren Kult- und Kunstwerks, aus dem Bauschutt des Burghügels von Pergamon hervorgeholt und dann unter unvorstellbaren Mühen über eine eigens dafür errichtete Straße an die Küste gebracht und auf Frachtschiffe nach Deutschland verladen hatte.

Angefangen hat das alles mit einem Lungenschaden Carl Humanns. Sein Bruder Franz war damals als Ingenieur beim Ausbau des Hafens von Tigani auf der Insel Samos beschäftigt, und was war naheliegender, als daß Humann nun auch nach Samos ging, wo das Klima nützlich schien für seine angegriffene Lunge. Im November 1861 traf er »mit bescheidenem Gepäck« auf der großen Insel vor der kleinasiatischen Küste ein. Und hier stieß der ausgebildete Ingenieur, der sich bis dahin nie um Altertumsforschung gekümmert hatte, erstmals auf Beispiele antiker Kultur, denn es wurde damals gerade – wenngleich eher dilettantisch – das berühmte Heraion von Samos freigelegt, eine der großen Kultstätten der hellenischen Welt. Carl Humann beteiligte sich anfangs aus Langeweile an dieser Arbeit, übernahm sie dann in eigener Verantwortung und begriff hier auf Samos erstmals, daß Archäologie »eine anstrengende, aber großartige Sache fürs ganze Leben« sei. Später arbeitete er gemeinsam mit seinem Bruder für die türkische Regierung; sie bauten Straßen- und Eisenbahnverbindungen zwischen Istanbul und Izmir, wobei das Unternehmen durch die fragwürdige Zahlungsmoral der türkischen Auftraggeber kläglich endete. Damals war es wohl auch, daß Carl Humann erstmals nach Dikili kam und dabei in sein Tagebuch notierte: »Für einen Zögling der Bauakademie, der seine halbe Zeit mit Zeichnen nach der Antike im Museum verbrachte, lag nichts näher, als dem nur fünf Stunden von Dikili entfernten Pergamon einen kurzen Besuch zu machen.« – Humann machte diesen »kurzen Besuch«, und die erste Erfahrung dabei war, daß er, kurz nach Sonnenuntergang auf der Höhe des Burgberges stehend, »über tausend Rätsel nachdenken mußte«, wie er das damals formulierte.
Seine weitere berufliche Karriere verläuft abwechslungsreich, aber insgesamt doch nicht so erfolgreich, wie er sich das erträumt hatte. Zeitweise lebt er von Gelegenheitsarbeiten – inzwischen hat er sich aus Preußen seine Jugendliebe als Ehefrau nach Smyrna geholt –, die meiste Zeit jedoch verbringt er auf dem Hügel von Pergamon, wo er instinktiv ahnt, daß er

einer entscheidenden Entdeckung auf der Spur ist. Er wendet sich an die Museen in Berlin, bittet um Unterstützung, obgleich er noch nichts wirklich Unterstützungswertes vorweisen kann, und erreicht, daß der berühmte Historiker Ernst Curtius sich für diese merkwürdige Geschichte in Pergamon zu interessieren beginnt. Eine kleine Delegation preußischer Wissenschafter kommt nach Pergamon, überzeugt sich von den Ambitionen dieses Bauingenieurs und hartnäckigen Archäologen und sichert ihm schließlich die erhoffte materielle Hilfe zu. Ein wesentlicher Grund dafür war, daß Humann sich bereit erklärt hatte, alle Funde von einiger Bedeutung kostenlos nach Deutschland zu schaffen. Es war zweifellos eine der günstigsten Investitionen, die in der Geschichte der Archäologie getätigt wurden. Allerdings hatte man zum Zeitpunkt dieses Abschlusses, der die materielle Existenz Humanns zumindest notdürftig absicherte, noch keine Ahnung von der Existenz des pergamenischen Zeusaltars. Denn was damals noch niemand ahnte: Das gewaltige Mauerwerk dieses Weltwunders der Antike war ums Jahr 700 nach Christus von den letzten byzantinischen Verteidigern als Schutzwall für die Verteidigung der Burg gegen islamische Invasoren verwendet worden. Es sollte noch Jahre dauern, nämlich bis zum 9. September 1878, daß Humann einen scheinbar toten Mann aus dem Bauschutt auftauchen sah, eine Statue jenes Gigantenkampfes, von dem schon der römische Schriftsteller Lucius Ampelius in seinem Werk *Miracula mundi* ausführlich berichtet hatte. Drei Tage nach diesem ersten aufsehenerregenden Fund konnte Carl Humann nach Berlin telegraphieren: »Elf große Reliefs meist mit ganzen Figuren, dreißig Bruchstücke und Altar gefunden.« – Das war, wie erwähnt, im Herbst 1878. Acht Jahre später erst wurden die letzten Marmorplatten und Skulpturen nach Dikili gebracht. Denn was im Augenblick der ersten Entdeckerfreude niemand geahnt hatte, waren die tatsächlichen Ausmaße dieses riesigen Zeusaltars. Allein der Fries, der den Altar schmückte und eine Darstellung des mythischen Gigantenkampfes zeigte,

besaß eine Länge von 120 Metern; der Altar selbst war 36 mal 34 Meter groß und rund zweieinhalb Meter hoch. Pergamon war in jenen Jahren, als Humann hier arbeitete, eine einzige große Baustelle. Inzwischen hat sich natürlich einiges verändert. Es arbeiten zwar immer noch Archäologen auf dem weitläufigen Gelände, aber die Zeit der großen, sensationellen Entdeckungen scheint endgültig vorbei zu sein. Manchmal legt heute der jüngste Sohn eines der türkischen Aufseher, die mit ihren Familien auf dem Ausgrabungsgelände leben, ein paar gelbbraune Disteln und scharfriechendes Minzenkraut auf die hellgraue Marmorplatte, die hier an den Bauingenieur und nachmaligen Ausgräber Pergamons und Prienes erinnert. Es ist eine rührende, freilich auch wohlbeabsichtigte Geste, die wahrscheinlich, sofern deutsche Besucher kommen, regelmäßig einige Groschen abwirft. Trotzdem könnte nur ein Zyniker zwischen dem spröden Grabschmuck und dem fragwürdigen Nachruhm des Toten auf der Agora von Pergamon eine Verbindung herstellen.
Ich selbst begann meine anfangs zögernde und dann teilnahmsvolle, ja ergriffene Wanderschaft auf den Spuren Humanns mit einer etwas ungewöhnlichen Autofahrt. Denn nirgends hatte ich eine erschöpfende Auskunft erhalten über den Schauplatz der Einschiffung jener gewaltigen Friese, die heute noch in Ost-Berlin Aufsehen erregen und von denen einige bis zu sechzig Zentner schwer sind und damals nur auf speziell konstruierten Schlitten den steilen Berg heruntergeschafft werden konnten, bevor sie irgendwo an dieser kleinasiatischen Küste verladen und nach Hamburg transportiert wurden. Aber was waren das für Schiffe? Und was war das für ein Hafen, von dem man nur den Namen weiß: Dikili? Und wie oft mußten die hölzernen Schlitten unterwegs sein zwischen dem Burghügel von Pergamon und dem kleinen Kai in Dikili, bis alle elf Hochreliefs und mehr als dreißig Bruchstücke von Friesen des Zeusaltars sorgfältig verladen werden konnten? Und überkam die türkischen und in jener Zeit wohl auch griechischen Hilfsarbeiter, die gegen geringes

Entgelt mithalfen, eines der prachtvollsten Kulturbeispiele ihrer eigenen Vergangenheit außer Landes zu schaffen, mitunter nicht ein Gefühl der Trauer?

Ich fuhr jedenfalls langsam vom Burgberg herab und durch die braungetönte Ebene bis nach Dikili, dreißig Kilometer weit durch das sonnenverbrannte und völlig ausgedörrte Mysien, das einst Bedeutung besaß als Kernland des pergamenischen Königreiches, bis ich nach knapp halbstündiger Fahrt den Hafen von Dikili erreichte. Fauliger Gestank wehte mir entgegen, durch offene Kanäle wälzte sich schwärzlich und zähflüssig die Kloake dem blauen Meer entgegen. Einige verwahrloste Hotels täuschten eine kleinbürgerliche Riviera vor. Im Hafen selbst, der mich aus verständlichen Gründen am meisten interessierte, schaukelten drei oder vier hochbordige Kaikis. Das Hafenbecken war kreisförmig und gegen das offene Meer durch eine schmale Mole aus schweren Granitblöcken abgeschirmt. Sah das so aus wie damals, als Humann hier war? Ich fragte einige alte Männer, die wie in jedem ägäischen Hafen gelangweilt oder auch nachdenklich am Kai kauerten, abhängig von kleinen Gelegenheitsarbeiten und mehr noch vom immerwährenden Gespräch mit dem Nachbarn, ich fragte sie also, ob dieser kleine Hafen sich während der letzten Jahrzehnte entscheidend verändert hätte. Sie schüttelten überrascht den Kopf. Dann sei das wohl ein sehr alter Hafen, forschte ich weiter. Die Männer nickten. Hundert Jahre und noch älter! Und während ich überlegte, wie ich es anstellen sollte, sie an diese Zeit vor hundert Jahren zu erinnern, als ihre Väter und Großväter für Carl Humann arbeiteten, erzählten sie mir schon eine sonderbare Geschichte von einem reichen Pascha, der vor langer Zeit in diesem Hafen Steine verladen hätte, die er oben aus Bergama für ein großes Haus in Europa holen mußte. Viele Schiffe voll, sagten die alten Türken und lachten. Und immer nur Steine. Sie schüttelten belustigt die eisengraue Köpfe. Immer nur Steine . . .

Es waren in jenen Jahren tatsächlich sechs oder sieben Schiffsladungen voll, die Humann als Ergebnis seiner Aus-

grabungen vom Herbst 1878 bis Ende 1886 nach Deutschland schickte. Aber es war weder der Beginn noch der Abschluß einer der bewundernswertesten archäologischen Karrieren dieses an archäologischen Entdeckungen so reichen 19. Jahrhunderts.
Den vielleicht ergreifendsten Eindruck des ganzen Ruinenbezirks von Pergamon macht heute neben dem gewaltigen, senkrecht in die Tiefe abfallenden Theater fraglos der Sockel des inzwischen längst weltberühmt gewordenen pergamenischen Zeusaltars, der auf einer verhältnismäßig kleinen Plattform zwischen der tiefergelegenen Agora und den Überresten eines großen Tempels der Athene steht. Windzerzauste Nadelbäume, Aleppokiefern und Tamarisken werfen ihren Schatten über die leblosen Trümmer. Und immer weht Wind über die kleine Schanze ins scheinbare Nichts der Landschaft, denn unmittelbar hinter den letzten Stufen dieser Landschaft beginnt der steile Absturz des Berges, der erst unten in der Stadt Bergama sein Ende findet. Es ist etwas Eigenartiges und seltsam Zeitloses um diesen schönen verlassenen Platz, und wenn ich für mich selbst ein unverwechselbares Beispiel griechischer Vergangenheit auf kleinasiatischem Boden nennen sollte, ein Kulturbeispiel, das heute noch die Welt Homers und des klassischen Griechentums verkörpert, dann würde ich ohne zu zögern diesen ausgeplünderten Altarsockel von Pergamon nennen.
Der Blick von der höchsten Rampe der Akropolis hinab in die Tiefe des griechischen Theaters hingegen ist furchteinflößend und einschüchternd. Die schmalen Zeilen der Sitzreihen fallen wie Maschen eines enggeknüpften Netzes in diesen Abgrund aus Dunst und lautlosem Widerhall; die Vorstellung, daß hier einmal fünfzehntausend Menschen Abend für Abend in diesem grauen Netz aus Marmor hingen, hat etwas Beängstigendes. Was für Spiele wurden am Fuße dieses kunstvoll gegliederten Steilabsturzes aufgeführt? Und was war, wenn die Menge in Raserei geriet? Und sich die obersten Menschenreihen wütend nach vorne beugten, wo nichts war

außer erhitzter Luft und einem Stück brauner oder gelblich eingefärbter Landschaft? Die dunklen Grundmauern im Hintergrund dieses ebenso schrecklichen wie faszinierenden Theaters und die pompösen Überreste einstiger Tempelanlagen vermitteln zwar so etwas wie einen imaginären Halt, aber die Erinnerung an die mächtige und hochaufragende Säulenhalle, die in antiker Zeit das Theater gleichsam himmelwärts abschloß und mit ihrer überladenen Dekoration wie ein erstarrter Marmorvorhang hangabwärts wehte, macht die Besucher heute noch mutlos. An dieser Mutlosigkeit, an diesem Gefühl erschrockener Bewunderung ändert auch der Blick auf einen schönen ionischen Tempel nichts, der nordwestlich der Theaterterrasse steht, wahrscheinlich zu Ehren des Dionysos errichtet wurde und jetzt ein halbverwehtes Echo auf verlorenen und vergessenen griechischen Kult ist.
Aber Carl Humann, der ursprünglich an die ägäischen Küsten gekommen war, um seine angegriffene Lunge auszukurieren, und der dann in Kleinasien gemeinsam mit seinem Bruder und auch auf sich allein gestellt eine Reihe von geschäftlichen Unternehmungen inszenierte, die alle mehr oder minder erfolgreich anliefen, um zuletzt erfolglos zu enden, Humann, der am Anfang seiner Wanderjahre nicht im Traume daran dachte, sich archäologisch zu betätigen, war nicht nur der Wiederentdecker und Ausgräber von Pergamon, sondern er war auch – was anscheinend völlig vergessen worden ist – der Wegbereiter einer humanistischen Eroberung des antiken Asien, also des Teiles der mächtigen Landmasse Kleinasiens, dem zuerst schon Homer, als er einen Wiesengrund unweit seiner möglichen Heimatstadt Smyrna besang, und dann auch noch die Römer diesen klassischen Namen gaben, der heute für einen ganzen Kontinent gilt: Asia. Und es ist beeindruckend zu sehen, wie die archäologische Wanderschaft des Gastwirtsohnes aus der Gegend von Essen in Etappen ostwärts verläuft und dabei den historischen Zeitraum der Funde und Entdeckungen erweitert. Denn was am 15. November 1861 auf der ostägäischen Insel Samos wie ein

Zufall begann, als Humann seiner schwächlichen Gesundheit wegen das milde Klima dieser Region aufsuchte, was vier Jahre später beim ersten Besuch der türkischen Hafenstadt Dikili schon die Möglichkeit künftiger Nutzung für archäologische Zwecke einschloß und was schließlich in den syrischen Grenzbergen weit hinter den letzten halbwegs zivilisierten osmanischen Küstenstädten Iskenderun und Antakya den mythischen Nebel um eine Vergangenheit lüftete, die damals noch nicht einmal in Umrissen bekannt war: Das alles war eine aus Genialität und Arbeitswut zusammengesetzte Leistung, die eigentlich eines langen Lebens bedurft hätte. Aber es waren nur knapp zwei Jahrzehnte, die Carl Humann blieben, um sowohl Pergamon mit seinem Altar als auch die legendäre Burg des Tantalos in der Nähe von Smyrna oder die großen Ruinenfelder von Magnesia, Hierapolis und Priene, aber auch das hethitische Zinçirli auszugraben. Ein möglicherweise mittelmäßiger Bauingenieur wurde zum genialen Ausgräber! Man kann das kaum anders formulieren, denn was Humann in wenigen Jahren und vor allem nach seiner glänzenden Leistung von Pergamon tatsächlich zustandebrachte, war ein beharrliches Nachforschen und Entreißen von Geheimnissen, und das in einer Landschaft, die alles andere als freundlich oder gar zivilisatorisch erschlossen war.
Nehmen wir zum Beispiel Priene, dessen Ruinenfeld in der alten Landschaft Karien liegt, gleichsam hingegossen über eine einsame Felsenterrasse, die fast übergangslos aus der weiten, flachen Schwemmlandschaft des Büyük Menderes, also des Großen Mäander, aufsteigt und von einem vierhundert Meter hohen Marmorfelsen überragt wird, auf dessen höchstem Plateau die Akropolis des antiken Priene stand, zugleich auch stets der letzte Zufluchtsort in größter Not und heute nur noch über einen schmalen, kaum begehbaren Felsenpfad erreichbar, der identisch ist mit der einstigen Burgtreppe. Dieses Priene, das jetzt eine der schönsten archäologischen Stätten des ganzen östlichen Mittelmeerraums ist, weil es eine seltene Übereinstimmung von Landschaft und

antiker Baukunst bietet und zu den ganz wenigen Beispielen idyllischer Geschichtsbetrachtung zählt, dieses Priene war, als Humann hier 1895 im Auftrag der Königlichen Museen in Berlin nach der früher einmal berühmten lydischen Stadt suchte, ein von Macchia, wilden Eichen, Föhren, Ölbäumen und verfilzten Dornenhecken überwachsener Hügel, der weitab jeder menschlichen Ansiedlung lag. Natürlich ahnte man damals schon etwas von der Existenz des legendären Milet unter den Trümmern einer osmanischen Hafen- und Handelsstadt südlich des Hügels von Priene – der kongeniale Freund und Mitarbeiter Humanns, der deutsche Archäologe Wiegand, sollte erst vier Jahre nach der Entdeckung Prienes in Milet zu graben anfangen –, und selbstverständlich wußte man auch, daß noch weiter im Süden, im Südosten schon seit bald vierzig Jahren die Ruinen von Didyma, der einst größten griechischen Orakelstätte ganz Kleinasiens, mühsam freigelegt wurden; aber das waren alles nur ungefähre und letztlich unzulängliche Hinweise auf den möglichen Standort der Heimatstadt eines der »Sieben Weisen« der Antike, des sagenumwobenen Bias. Und die endgültige Auffindung Prienes, die systematische Ausgrabung der antiken Stadt, die unter den längst vergessenen Trümmern einer osmanischen Siedlung namens Samsun Kaleşi und auch unter den Ruinen älterer byzantinischer Kirchen und Festungsanlagen verborgen war, diese wahrhaft herkulische Arbeit in einer völlig verödeten und zudem noch malariaverseuchten Landschaft zählt zweifellos zu den respektabelsten Ergebnissen archäologischer Forschung im 19. Jahrhundert.

Ich betrat Priene zuletzt an einem erschreckend heißen Augusttag, an dem schon um acht Uhr morgens die Sonne die endlose Schwemmlandschaft des Mäander in feurigen Dunst hüllte. Die Zikaden schrien in der altgewohnten Weise, die einen doch immer wieder von neuem irritiert; der Duft der Föhren war betäubend; vom mächtigen Marmorfelsen oberhalb des Ruinenhügels flutete die schmelzende Widerhitze in langen Schüben hangabwärts. Es war früh genug am Morgen, daß außer den Insassen eines luxuriösen Wohnmobils mit deutschem Kennzeichen noch niemand auf den Hügel gegangen war, der mit seiner sanften Wölbung, aus deren östlicher Flanke nur einige wenige Mauerreste hervorkrochen, wie eine Barriere vor der eigentlichen Ruinenstätte lag. Denn Priene gehört zu jenen archäologischen Schauplätzen, deren ganze Schönheit und vielleicht sogar Erhabenheit man erst in dem Augenblick erkennt, wenn man einen recht mühsamen Anmarsch hügelaufwärts bewältigt hat. Dann aber, auf der Höhe dieses Hügels und damit auf der Plattform, auf der früher die antike Stadt lag, enthüllt sich dem Besucher in einem einzigen Augenblick ein erstaunlicher Anblick. Ich selbst war immer wieder betroffen, wie groß der Eindruck ist, den man vom obersten Rand dieser Plattform empfindet. Da erheben sich aus dem Schatten der ringsum aufragenden Felswände geheimnisvolle ionische Säulen eines Tempels der Athene, dessen kostbarster Schatz freilich nur noch im Britischen Museum in London besichtigt werden kann, nämlich eine von Alexander dem Großen gestiftete Weihinschrift. Der Architekt dieses schöngelegenen Tempels war übrigens jener berühmte Pytheos, der auch das weltweit bekannte Mausoleum von Halikarnassos gebaut hat. Hier in Priene kerben sich die Sitzreihen eines kleinen Theaters in einen sanft abfallenden Hang, zu dessen Füßen die eigentliche Stadt lag. Und auf den leeren Steinbänken kauern graugrüne Eidechsen, während der heiße Wind, der stetig vom Meer hereinweht, in den Feigenbäumen und Föhren rauscht. Da stößt man inmitten des scheinbar planlos aufgehäuften Schutts auf rätselhafte Schriftzeichen im Boden, die von heiligen, kultischen Dingen und den demütigen Beteuerungen der anonymen Bewohner Prienes erzählen. Und über allem liegt ein Hauch von so vollkommener Weltabgeschiedenheit, daß nicht einmal die höhersteigende Augustsonne etwas an dieser Idylle zu ändern vermag.

Ich unterhielt mich an jenem frühen Vormittag lange mit dem türkischen Aufseher des Ruinengeländes, den diese Umgebung anscheinend zum Philosophen gemacht hatte. Er war ein einfacher Mann, aber er begriff wie kaum einer der vielen Besucher, die tagsüber den Hügel von Priene besichtigen, die Schwierigkeiten, mit denen Humann hier im letzten Jahr seines Lebens zu kämpfen hatte. Denn im Gegensatz etwa zu Pergamon, wo er in der Stadt Bergama ein unerschöpfliches Reservoir an arbeitswilligen Hilfskräften vorfand, war Humann in dieser menschenleeren Wildnis im Schwemmland des Mäander praktisch auf sich allein gestellt. Und es spricht für die Tatkraft des Todkranken, daß er trotzdem auch hier unmittelbar nach der Entdeckung von Priene mit den Ausgrabungen begann und die dafür notwendigen Arbeiter scheinbar aus dem Nichts der entvölkerten, verwüsteten Landschaft herbeizauberte. »Humann war ein bedeutender Mann«, sagte der türkische Wächter an jenem heißen Augustmorgen, »denn er hat viel für dieses unglückliche Land getan. Die Menschen in den Dörfern hier verehren ihn immer noch.«

Humann, völlig entkräftet, fiebernd, schwer leberkrank, starb während seiner Arbeit auf dem Ruinenhügel von Priene. Die Vollendung dieses archäologischen Unternehmens dauerte dann noch einige Jahre und wurde von seinem Freund, dem Archäologen Theodor Wiegand, geleitet. Aber seit dem Jahre 1898 gab es auf Priene überhaupt keine Ausgrabungen mehr. Die wichtigsten Funde daraus sind heute im Britischen Museum von London, im Pariser Louvre und im Pergamon-Museum in Ost-Berlin ausgestellt. Priene selbst verfügt noch über eine Fülle von Möglichkeiten für die archäologische Forschung, denn Humann war viel zu früh verstorben, und Wiegand hatte sich anderen Schauplätzen zugewendet. Die Bauern aus den umliegenden Dörfern entdecken immer wieder einmal attraktive Funde, Münzen etwa oder Statuen; was davon brauchbar ist für den Hausbau, wird als Baumaterial verwendet; der Rest verschwindet auf dem Schwarzmarkt für Altertümer in Istanbul.

XV
EIN PRIVATDOZENT STÖSST AUF DIE HETHITER

Alle großen Kulturen, die man als Vorläufer oder eigentlich als die zivilisatorischen Voraussetzungen für das Zustandekommen der abendländischen Kultur bezeichnen kann, wurden im 19. Jahrhundert, und zwar innerhalb weniger Jahrzehnte, wiedergefunden und archäologisch erfaßt; alle ... bis auf eine, die hethitische, von deren Existenz die Altertumsforscher um die Jahrhundertwende immer noch weniger Ahnung hatten als etwa von der sumerischen, von der man seit den Ausgrabungen in Ninive und Babylon zumindest die geistigen Umrisse ahnte. Weder das pharaonische Ägypten noch das klassische Assyrien und erst recht nicht das antike Griechenland waren aus dem Gedächtnis Europas gänzlich verschwunden gewesen; und für eine weitgehende Neuentdeckung der Sumerer gab es gewisse Anhaltspunkte gleichfalls schon um die Mitte des 19. Jahrhunderts. Nur die hethitische Kultur war im Verlauf der Jahrtausende auf eine so radikale Weise der historischen Erinnerung abhanden gekommen, daß man verschiedene Hinweise darauf, wie es sie immerhin zum Beispiel im Alten Testament gibt, als literarische Erfindungen betrachtete. Dabei siedelten diese Hethiter während des 2. vorchristlichen Jahrtausends in ganz Kleinasien und in weiten Gebieten des Vorderen Orient, gleichrangig den damaligen Großreichen Ägyptens und Mesopotamiens; sie waren schriftkundig und besaßen ein hohes kulturelles Niveau. Die Geschichte ihrer Wiederauffindung ist zweifellos eines der spannendsten Kapitel im abwechslungsreichen und phantastischen Roman der Archäologie.

Es begann eigentlich schon 1812 damit, als der Orientalist Johann Ludwig Burckhardt, berühmt geworden als Scheich Ibrahim, der bereits mit Giovanni Battista Belzoni gemeinsame Pläne zur Erforschung altägyptischer Tempelanlagen dis-

kutiert hatte, in der nordsyrischen Stadt Hamat einen Stein mit rätselhaften Zeichen entdeckte, »die, obwohl der ägyptischen unähnlich, eine Art Hieroglyphenschrift zu sein scheinen«. – Mehr als ein halbes Jahrhundert später wurden diese Schriftzeichen neuerlich erwähnt, und zwar von zwei amerikanischen Diplomaten, die sogar eine kleine Privatexpedition unternahmen, um diesen beschrifteten Stein zu bergen. Aber niemand hatte eine Vorstellung davon, zu welchem unbekannten oder einfach spurlos verschwundenen Volk diese vorerst noch nicht entzifferte Schrift gehörte. Auch nicht der Franzose Charles Texier, ein Abenteurer mit wissenschaftlichen Ambitionen, der im Jahre 1839 rund 150 km östlich von Ankara bei einem Dorf namens Boghazköy zufällig auf ein riesiges Trümmerfeld gestoßen war, das er ursprünglich als die Überreste einer Keltenstadt betrachtete, eine Annahme, der auch der englische Archäologe William Hamilton beipflichtete, der nach Texier in dieser Gegend war. Aber beide Forscher ahnten, daß die These von der Keltenstadt mitten im anatolischen Hochland nicht wirklich stichhaltig sein konnte; nur wußte niemand, woher die grandiosen Felszeichnungen, die gewaltigen Trümmer und eindrucksvollen Skulpturen auf diesem seltsamen Schauplatz stammten. George Smith, der Entdecker und Entzifferer des Gilgamesch-Epos, hatte auf seiner letzten Reise in das Zwischenstromland, die er nicht überleben sollte, einen Trümmerhügel am Oberlauf des Euphrat entdeckt und als das verschwundene Karkemisch identifiziert; dort gab es zwar ähnliche Überreste wie in Boghazköy, aber auch Smith ahnte nichts von den Hethitern; daß dieses Karkemisch eine der großen hethitischen Siedlungen im Vorderen Orient war. Diese Erkenntnis wurde erst einer späteren Generation von europäischen Ausgräbern zuteil.
Es war dann ein englischer Gelehrter und Orientalist aus Oxford, der Reverend Archibald Henry Sayce, der anläßlich eines Vortrages in London im Jahre 1880 plötzlich erklärte, daß alle bisher aufgefundenen Monumente und Inschriften, die keiner der bekannten Kulturen Ägyptens und Mesopota-

miens zuzuordnen waren, höchstwahrscheinlich hethitischen Ursprunges seien. Und aus der verhältnismäßig weiten geographischen Streuung der verschiedenen Einzelfunde, über deren Herkunft man sich damals noch nicht einigen konnte, schloß Sayce intuitiv auf eine große räumliche Ausdehnung dieser Hethiter und damit auch auf das Vorhandensein von politischer Macht und militärischer Stärke. Er hatte für diese kühne Behauptung freilich keine konkreten Beweise, sondern lediglich die Hypothese, daß gewisse archäologische Funde aus Kleinasien, Syrien und dem Zwischenstromland, die weder ägyptisch noch mesopotamisch im Sinne pharaonischer oder assyrischer Kultur waren, die aber zweifellos aus einer vorhellenischen Epoche stammten, daß sie also Spuren dieser sagenhaften Hethiter seien, von denen man zu diesem Zeitpunkt nicht viel mehr wußte, als was in der Bibel nachzulesen war; und das war wenig genug und wurde überdies von den Archäologen, die meist auf Homer und Herodot fixiert waren, nicht im mindesten berücksichtigt.
Im Jahre 1887 kam es jedoch zur Entdeckung des großen Archivs im ägyptischen Tell el-Amarna, das später dann von Flinders Petrie vollständig ausgegraben wurde, und neben einigen anderen grundlegenden Erkenntnissen fand man hier jetzt auch erste wichtige Hinweise ägyptischer Vasallen aus Palästina und dem nördlichen Syrien, die sich über kriegerische Einfälle und Raubzüge der Hethiter beklagten. Eines der aufgefundenen Tontafelfragmente enthielt sogar den Namen eines hethitischen Königs. Damals, in den achtziger und neunziger Jahren des 19. Jahrhunderts, konnte man mit dieser Entdeckung freilich nicht viel anfangen, denn man wußte ganz einfach nichts von diesen sagenhaften Hethitern. Später identifizierten Sprachwissenschaftler das Idiom der Hethiter als eine indoeuropäische Sprache. Und erst während des Ersten Weltkriegs gelang dem tschechischen Sprachforscher Friedrich Hrozny die Entzifferung dieser Sprache.
Aber wo war das Zentrum dieses Volkes zu suchen? War möglicherweise Boghazköy östlich von Ankara die erste be-

kannte Hauptstadt der Hethiter? Sayce, der Orientalist und Reverend aus Oxford, der fest von dieser Annahme überzeugt war, hatte sich bemüht, für Boghazköy eine Grabungserlaubnis von den türkischen Behörden zu erhalten. »Aber unglücklicherweise waren die Deutschen auf der gleichen Fährte«, schrieb er später, »und sie hatten es erreicht, den Kaiser für den Plan zu gewinnen.« – Man darf ja nicht übersehen, daß Archäologie immer noch, wie in den goldenen Zeiten um die Mitte des 19. Jahrhunderts, eine Angelegenheit des nationalen Prestiges war, daß die Altertumsforscher nicht nur im Dienste der Wissenschaft, sondern auch ihres jeweiligen Vaterlandes tätig waren; und daß Deutschland gerade auf dem Gebiet der Archäologie den Franzosen und Engländern gegenüber einiges an Terrain aufzuholen hatte. Im Falle von Boghazköy wurden sogar diplomatische Anstrengungen unternommen, um das große Los, die Wiederauffindung der hethitischen Kultur betreffend, der deutschen Archäologie zuzuspielen. Die englische Expedition unter der Leitung von Sayce, die bereits auf dem Weg nach Boghazköy war, mußte im letzten Augenblick ein anderes Ziel wählen und wich nach Karkemisch aus, einem anderen Zentrum hethitischer Kultur. Und der Deutsche Hugo Winckler reiste im Jahre 1905 erstmals nach Boghazköy. Im Jahr darauf begann er mit den Forschungen an Ort und Stelle und fand bald die ersten Fragmente beschrifteter Tontafeln. In seinen Erinnerungen schreibt Winckler: »Die Mehrzahl der zunächst gefundenen Stücke zeigte den bereits bekannten Charakter in der unbekannten Sprache. Sie waren von verschiedenartigstem Inhalte, allein vorerst noch zu klein, um die Frage zu beantworten, welche vor allem noch offen war: an welcher Stelle der alten Welt wir uns befanden. Daß es ein großer Mittelpunkt gewesen war, war jetzt ohne weiteres klar, und daß es nicht die Reste eines Archivs eines unbedeutenden Königs und Staates gewesen sein konnten, die uns täglich in der Zahl von 100–200 in die Hände fielen, stand jetzt auch fest.« – Und dann notierte Winckler die entscheidende Bemerkung: »Bald gewährten vereinzelte Stücke in babylonischer Sprache den Aufschluß. Es waren vorerst kleine Bruchstücke von Briefen, ganz nach der erwarteten Art von Tell el-Amarna, Reste des diplomatischen Briefwechsels zwischen zwei Königen. Es waren dies der König von Ägypten und der König von Hattusa. Es war also schon nach wenigen Tagen kein Zweifel mehr, daß wir uns auf dem Boden der Hauptstadt des Chatti- oder Hethiterreiches befanden und daß wir das Königsarchiv der hethitischen Herrscher aus der Zeit von deren Beziehungen zu Ägypten gefunden hatten. Das war die Zeit von Tell el-Amarna und die unmittelbar darauf folgende, also das 15.–13. Jahrhundert vor Christus.«

Hugo Winckler, 1863 in einem kleinen Ort in Sachsen geboren, war in jeder Hinsicht eine Ausnahmeerscheinung unter den Archäologen seiner Zeit. Er war es vor allem in dem Sinne, daß er seine Aufgabe als Altertumsforscher nicht so sehr im Aufspüren und Freilegen bemerkenswerter Baudenkmäler als vielmehr im Entziffern alter Schriftdokumente sah. Am ehesten vergleichbar scheint dieser ewig kränkelnde, mißtrauische, unleidliche Sonderling mit dem Engländer George Smith gewesen zu sein, der wie Winckler ein Fanatiker der theoretischen Wissenschaft gewesen war und der, als er dann doch einmal und eher zufällig als Feldforscher in Erscheinung trat, einen großen Erfolg verzeichnen konnte, ohne daß man ihn aber deshalb schon als einen professionellen Archäologen bezeichnen könnte. Winckler, der als Halbwaise aufwuchs, verfügte über eine ungewöhnliche Intelligenz und war eines der vielen Sprachengenies, die im 19. Jahrhundert das Verständnis der Menschen für die Vergangenheit vertiefen halfen. Man erzählte sich, daß er imstande war, innerhalb weniger Wochen eine Sprache zu erlernen, und so überrascht es auch nicht, daß er schon mit 23 Jahren, ganz in der Tradition eines Champollion oder Auguste Mariette, eine erste und gutfundierte wissenschaftliche Arbeit über assyrische Keilschrifttexte veröffentlichte. Es gibt einen bezeichnenden Ausspruch von Winckler selbst, der viel über seinen Charakter und alles über seine Interessen aussagt: »Ich habe von Kindheit an für die Weltgeschichte nur bis zum Jahre eins vor Christus Interesse gehabt.« – In Verbindung damit gewinnt auch sein öffentliches Bekenntnis, ein überzeugter Atheist zu sein, an Bedeutung.

Es erhebt sich nun die Frage, wie ein solcher Charakter, der nichts Romantisches oder Spontanes besitzt, der nicht wie Schliemann ein Leben lang an eine faszinierende Idee glaubt und auch von keinem schönen Ideal durchdrungen ist, plötzlich, von einem Tag auf den anderen, in die schwierige Rolle eines Feldforschers und archäologischen Ausgräbers zu schlüpfen vermag, der die Welt gleichsam im Alleingang um eine der interessantesten Kulturen des Altertums bereichert. Denn die Rolle, die Winckler vor seinem Auftreten in Boghazköy-Hattusa als wenig beachteter Gelehrter, als kümmerlich honorierter Privatdozent spielte, war wenig schmeichelhaft und nicht gerade erfolgversprechend, was eine internationale Karriere als bedeutender Archäologe angeht. Er war arm, nicht sonderlich angesehen oder gar beliebt, woran sein unglückliches Temperament nicht ganz schuldlos gewesen sein mochte, und insgesamt mit sich und der Welt äußerst unzufrieden. Einmal, 1888, durfte er, abgefertigt mit einem Taschengeld von 1500 Mark, das ihm die Berliner Akademie der Wissenschaften zugestanden hatte, für kurze Zeit nach Ägypten fahren, um bestimmte Tontafeltexte zu kopieren; interessant daran ist lediglich, daß es sich dabei um das legendäre Archiv von Tell el-Amarna handelte. Und einmal wurde er von einem Privatmann finanziert, um im palästinenischen Sidon phönikische Inschriften zu studieren. Dieser Mäzen, Wilhelm von Landau, ein vermögender Grundbesitzer mit wissenschaftlichen Ambitionen, sollte dann Winckler auch jenes Abenteuer materiell ermöglichen, oder doch den Anfang dieses Abenteuers, von dem sich der damals noch junge, aber sauertöpfische Privatdozent eine grundlegende Änderung seiner tristen Situation erhoffte. Denn Winckler spekulierte völlig richtig, daß Anerkennung, ja sogar Ruhm und materielle Sicherheit nicht durch eine noch so bemühte, sorgfältige wissenschaftliche Arbeit in irgendwelchen Museumsarchiven, sondern nur durch einen spektakulären Erfolg bei einer Ausgrabung zu erreichen seien. Außerdem beschäftigte ihn spätestens seit seiner Arbeit an den Dokumenten von Tell el-Amarna, wo es bekanntlich eine Reihe von Hinweisen auf das rätselhafte Volk der Hethiter gab, der allmählich zur fixen Idee, zur Leidenschaft werdende Wunsch, diese Hethiter, von denen man zu diesem Zeitpunkt nur ahnte, daß es sie gegeben haben könnte, aber nicht wo, wann und wie, durch eine Ausgrabung gewissermaßen zu verwirklichen. In dieser Hinsicht scheint Winckler also doch wie Schliemann und andere Archäologen vor ihm zumindest vorübergehend empfänglich gewesen zu sein für eine Passion; charakteristisch war freilich, daß er, als er erst einmal am Ziel seiner Wünsche war, sich keine großen Gefühlsregungen mehr leistete.

Der riesige Ruinenschauplatz von Boghazköy-Hattusa war damals bereits längst bekannt. Sayce, Hamilton und andere Abenteurer und Orientalisten hatten diesen Platz gesehen und darüber berichtet. Winckler stellte nun eine gewagte Theorie auf, derzufolge dieses Boghazköy, dessen Ruinen und Skulpturenreste noch immer nicht identifiziert waren, eine hethitische Königsresidenz, ja vielleicht sogar die Hauptstadt dieses sagenhaften Volkes sein könnte. Er selbst beschrieb die näheren Umstände am Schauplatz seiner künftigen Tätigkeit so: »Wir rechneten auf etwa acht Wochen Arbeit und wollten diese, da es Hochsommer war, unter den Zelten oder Laubhütten verbringen. – Eine zweite Laubhütte mußte mir den Schatten für meine Tontafelstudien geben und konnte bald in ausgiebige Benutzung genommen werden. Der ganze Lagerplatz war mit einem aus Laubwerk geflochtenen hohen Zaun umgeben, der zugleich den nötigsten Windschutz abgab. Eine Strecke davon – unsere Pferde. Ihre Nachbarschaft hatte natürlich einen gewaltigen Fliegenüberfluß zur Folge, und für mich hatte das die Annehmlichkeit,

VII *Jean François Champollion*, 1790–1832

VIII A
Arthur Evans
1851–1941

VIII B
Hugo Winckler
1863–1913

daß ich mit bedecktem Kopf und Nacken und mit Handschuhen an den Händen meine Tontafeln abschreiben mußte, wenn ich nicht bei jedem einzelnen Schriftzeichen aufhören wollte, um dem übermäßigen Interesse zu wehren, welches die zutraulichen Tierchen an meiner Arbeit nahmen.«

Es liegt auf der Hand, daß Winckler sehr viel aufs Spiel setzte, als er sich diese Arbeit in Boghazköy einbildete, nämlich seinen ohnedies geringen Ruf als Gelehrter und Altertumsforscher, aber auch seine Existenz als Universitätsprofessor. Er war 1905 mit seinem Mäzen Wilhelm von Landau nach Istanbul gereist, wo ihn Landau verließ; dann, Ende September, war Winckler gemeinsam mit dem türkischen Archäologen Mackridy Bey, dem vielleicht einzigen Freund, den Winckler jemals besessen hatte, weiter nach Ankara gefahren, das damals ein trostloses Dorf war und wo die seltsame Expedition erst einmal die notwendige Ausrüstung für das riskante Unternehmen beschaffen mußte. Denn soviel kann man mit Sicherheit sagen: Winckler war gewiß der am wenigsten vorausplanende, am wenigsten realistisch operierende Ausgräber seiner Zeit. Seine Vorbereitungen waren dilettantisch; seine Grabungsmethoden sollten es gleichfalls sein.

Bevor man aber die recht abwechslungsreichen Geschichten rund um den Anfang dieser sogenannten hethitischen Archäologie erzählt, scheint es vonnöten, sich eine dringende Ermahnung des türkischen Historikers und Archäologen Bahadir Alkim in Erinnerung zu rufen: »Wenn von hethitischer Archäologie die Rede ist, soll das nicht – wie zum Beispiel im Falle der ägyptischen Archäologie – als ein ethnisch homogener Begriff verstanden sein. Die hethitische Archäologie spiegelt das kulturelle Gesamtbild, an dem alle die Gemeinschaften mitwirkten, die das äußerst weit sich erstreckende geographische Areal besetzt hielten, das Zentral-, Ost- und Südanatolien umfaßt und darüber hinaus den Norden Mesopotamiens und Syriens einbezieht. Wann und von wo sind die indoeuropäischen Gruppen, einschließlich der Hethiter, nach Anatolien gekommen? Gegenwärtig ist eine genaue

Antwort auf die Frage der Herkunft noch schwer zu geben. Wie die letzten Forschungen vermuten lassen, sind die Indoeuropäer gewiß eher von Osten als von Westen nach Kleinasien eingedrungen. Was die Frage nach dem Zeitpunkt anbelangt, so bezeugen Tontafelfunde die Niederlassung der Hethiter in Anatolien für das 20. Jahrhundert vor Christus.« – Ebenso sollte man zumindest in den allernotwendigsten Umrissen die bisher erforschte Vergangenheit des rätselhaften Volkes nachzuzeichnen versuchen. Die hethitische Geschichte, soweit sie bisher recherchiert werden konnte, beginnt demnach im 20. oder 19. vorchristlichen Jahrhundert und zerfällt in zwei große Perioden: in das sogenannte Alte Reich, das bis etwa 1460 vor Christus existiert, und in das Hethitische Großreich, das dann bis ungefähr 1180 vor Christus Bestand hatte. Hethitische Raubzüge verheerten vorübergehend sogar das mächtige Babylon, und es war ja nicht zuletzt auf den kriegerischen Gestus dieses Volkes zurückzuführen, daß die Hethiter, die immer wieder ausgedehnte und oftmals erfolgreiche Feldzüge gegen ihre Nachbarn unternahmen, den damals führenden Kulturnationen, den Ägyptern und Assyrern, wohlbekannt waren. »Mit diesen militärischen Unternehmungen gingen möglicherweise gewisse neue Elemente in die hethitische Kunst ein«, schreibt Bahadir Alkim, wobei man eine der originellsten Beschreibungen hethitischer Lebensart und Kulturvorstellung im Werk der amerikanischen Sachbuchautorin Dora Jane Hamblin findet, deren Darstellung den Vorzug genießt, weitgehend authentisch zu wirken und dabei auch noch amüsant zu sein: »Als rauhe Bergbewohner schufen die Hethiter keine sonderlich eleganten und raffinierten Kunstwerke. Allerdings waren sie Meister in der Bewältigung von Massen, und ihre großen Felsreliefs sprechen eine eindrucksvolle Sprache. Sie stellten recht hübsche einfarbige Keramik her, vor allem hatten sie sich auf die Fertigung langschnäbliger Kannen spezialisiert, wie man sie heute noch in den türkischen Basaren finden kann. Sie verfügten über Eisen und bearbeiteten es mit so großem Erfolg, daß Ägyptens Pharaonen sie brieflich um ihre wertvollen Eisenerzeugnisse baten. Zur Zeit der Hethiter war Eisen kostbarer als Gold, dies seiner militärischen und waffentechnischen Bedeutung halber, und es war viermal so teuer wie Silber.« – Die Hethiter führten freilich nicht nur Kriege, sondern verstanden es auch, durchaus angenehm zu leben. Auf den großen Felsenreliefs im Inneren der anatolischen Hochebene kann man neben kriegerischen Szenen auch spielende Kinder, landwirtschaftliche Motive erkennen, die Zeugnis ablegen für eine gewisse ungestörte Kontinuität der zivilisatorischen Entwicklung. Die Hethiter verehrten auch eine ganze Reihe von Gottheiten, wobei sie es mit deren Herkunft nicht sonderlich genau nahmen; einige dieser Götter und deren Kulte waren sumerischen und assyrischen Ursprungs, während der mächtige Hauptgott ihrer weiträumigen und offenen Kultstätten ein Wetter- oder Klimagott namens Teschupp war; in ihm erblicken manche Forscher einen Vorläufer des griechischen Zeus. Seinen Haupttempel fand man in Boghazköy-Hattusa. Das Nationalheiligtum der Hethiter aber befand sich wahrscheinlich in Yazilikaya, einem Ort im näheren Umkreis von Boghazköy, den der Franzose Texier als erster Europäer besichtigt hatte, »eine natürliche Felsformation, durch Felsbilder hethitischer Götter in eine Kultstätte umgewandelt«.

Anfang dieses Jahrhunderts machte nun Hugo Winckler in Boghazköy die erfreuliche Feststellung, daß viele Texte auf den aufgefundenen Tontafeln, die buchstäblich zuhauf auf dem Ruinengelände lagen und von den einheimischen Bauern und Hirten nicht selten als Wurfgeschoße gegen ausbrechende Schafe und Ziegen verwendet wurden, durchaus leicht lesbar waren. Das war eine wichtige Erfahrung und eine ungemein nützliche Hilfe, obgleich sie natürlich die Entzifferung der hethitischen Keilschrift, die erst viel später gelingen sollte, vorerst um keinen Schritt weiterbrachte. Denn viele der Dokumente, die jetzt gefunden wurden, waren in der Diplomatensprache jener Epoche abgefaßt, in der babylonisch-assyrischen Keilschrift, die längst schon entziffert war. Und noch etwas entdeckte Winckler, nämlich einen Nachweis für die historische Bestätigung eines Vertragstextes, dessen Inhalte in ägyptischen Hieroglyphen im Tempel von Karnak, also in Ägypten, aufgezeichnet waren und von einer Übereinkunft zwischen dem Pharao Ramses und den Hethitern handelten. Das hethitische Pendant dazu, allerdings in babylonisch-assyrischer Keilschrift, fand Winckler jetzt in den Ruinen von Hattusa hinter dem Dorf Boghazköy. Das und andere Funde erlaubten schließlich die Annahme, daß es sich bei den gefundenen Tontafeldokumenten möglicherweise um das Staatsarchiv der Hethiter handelte; und das wiederum machte eine gezielte, länger andauernde Ausgrabungskampagne notwendig, für die Winckler aber nicht die materiellen Voraussetzungen besaß. Er wandte sich zuerst an das Archäologische Institut in Berlin, um das notwendige Geld für eine umfassende Ausgrabung von Hattusa zu erhalten, und wurde von diesem Institut an einen privaten Mäzen weitervermittelt. Der Bankier James Simon war Jude, was Winckler, ein erklärter Antisemit, anfangs freilich nicht ahnte. Und tatsächlich schrieb dieser Bankier ohne zu zögern einen Scheck in der Höhe von 30.000 Mark aus, den er »dem erklärten Feind seiner Rasse lächelnd übergab«, was freilich auf Wincklers Antisemitismus keinen besonderen Eindruck machen sollte. Winckler fühlte sich sogar übervorteilt, weil er eine wichtige Bedingung, die ihm vom Archäologischen Institut gestellt worden war, jetzt wohl oder übel würde erfüllen müssen: nämlich nicht nur herumliegende Tontafelfragmente einzusammeln und zu kopieren, sondern in Hattusa auch grundlegende Ausgrabungen vorzunehmen. Und gerade diese traditionelle Art archäologischer Feldforschung interessierte Winckler wenig. Aber er hatte gar keine andere Wahl und akzeptierte mürrisch die gestellten Bedingungen. Ludwig Curtius, der als junger Wissenschaftler für einige Monate an der Grabungskampagne von 1907 teilnahm und als angehender klassischer Archäologe frustriert bis entsetzt war angesichts der unglaublich primitiven bis sträflich leichtsinnigen Art der Ausgrabungsmethoden, wie sie Winckler und sein türkischer Mitarbeiter Mackridy Bey anwendeten, schilderte später einmal einige Details, die uns eine Vorstellung von der seltsamen Atmosphäre und den recht eigenartigen Verhältnissen in Boghazköy-Hattusa vermitteln: »Winckler nahm an den Ausgrabungen selbst nicht den geringsten Anteil, sondern saß den ganzen Tag in seinem Studierzimmer und las, um eine rasche Übersicht über die täglich massenhaft zuströmenden Funde von Keilschrifttontafeln zu gewinnen, ihre Texte rasch durch. Mackridy sah sich keineswegs veranlaßt, uns über die Herkunft dieser und über die Art ihrer Auffindung irgend etwas mitzuteilen. Sein Vertrauensmann und eine Art von Oberaufseher über die Arbeiter war ein junger, baumlanger, ganz in seine braune Landestracht gekleideter schöner Kurde mit Namen Hassan. Eines Tages fiel mir auf, daß dieser am Morgen von unserem in halber Höhe des Ausgrabungsgeländes erbauten Haus mit einem Korb und einer Spitzhacke zum großen, in der Ebene gelegenen Tempel ging. Ich folgte ihm, um zu erfahren, was er dort tue. Da sah ich, daß in der Kammer 11 des großen Tempels geschichtete Reihen schrägliegender, ganz erhaltener Tontafeln lagen, von denen der Kurde in kurzer Zeit, so wie eine Bäuerin Kartoffeln aus ihrem Acker klaubt, so viele Stücke loslöste, als in seinem Korb Platz fanden. Mit dieser Ernte ging er in unser Haus zurück, überlieferte sie Mackridy Bey, der sie triumphierend Winckler überreichte.«

Winckler kümmerte sich freilich um solche Nebensächlichkeiten überhaupt nicht. Später einmal würden Archäologen seine Ausgrabungspraxis hart kritisieren; sogar Schliemann, urteilte man, habe Jahrzehnte vorher mehr Verständnis für die grundlegenden Methoden und Erfordernisse der Grabungstechnik bewiesen als dieser kränkelnde und mißtrauische deutsche Professor, der nur an schriftlichen Aufzeichnungen in Form von Tontafeln interessiert war. Dafür durfte er auch für sich in Anspruch nehmen, die drittgrößte Bibliothek gefunden zu haben, denn nur das Archiv Assurbanipals in Ninive und die Tontafelsammlung von Tell el-Amarna waren größer als dieser ergiebige Fund von Hattusa. Und als Winckler 1907 eine *Vorläufige Nachricht* über die Resultate seiner Arbeit veröffentlichte, da konnte er sich bereits auf rund zehntausend Einzelfunde stützen und entscheidende Angaben machen über die bis dahin gänzlich unerforschte und unbekannte Geschichte der Hethiter.

Allerdings muß man auch hinzufügen, daß Hattusa wahrscheinlich auf Jahrzehnte hinaus der wissenschaftlichen Forschung verlorengegangen wäre – sofern man von den Tontafelfunden einmal absieht –, wenn nicht im Jahre 1907 ein junger englischer Archäologe, John Garstang, nach Boghazköy gekommen wäre. Er unternahm in der näheren Umgebung Ausgrabungen, aber seine hauptsächliche Tätigkeit bestand zweifellos darin, die Arbeit Wincklers zu studieren. Drei Jahre später veröffentlichte Garstang in London ein Buch über seine umfangreichen Beobachtungen, und das rund 400 Seiten starke Werk war der erste wissenschaftliche Versuch einer sorgfältigen Dokumentation dieses ersten und ergiebigsten Schauplatzes hethitischer Archäologie. Sayce, der Kontrahent Wincklers, der mit grimmiger Skepsis die Tätigkeit seines Konkurrenten beobachtete und keine Gelegenheit ausließ, die Arbeit des deutschen Professors mit vernichtender Kritik zu verfolgen, urteilte über dieses Buch: »Hätte nicht Garstang zufällig den Ausgrabungsarbeiten einen Besuch abgestattet, würden wir nicht einmal das Wenige, was wir nun über die archäologische Geschichte des Platzes wissen, erfahren haben. Sogar die Abfolge der Keramik, wie Winckler sie darstellte, ist ungewiß.«

Hugo Winckler, der in seiner letzten Grabungskampagne von 1911–12 nur noch unter der ständigen Obhut einer Krankenschwester imstande war, seine Arbeit zu leisten, kümmerte sich herzlich wenig um alle diese Vorwürfe. Er änderte auch seinen Grabungsstil keinesfalls, sondern blieb vor allem an den Tontafeln interessiert, die er zu Tausenden, nachdem er sie zumindest oberflächlich kopiert hatte, nach Berlin sandte. Damals, in der Zeit unmittelbar vor dem Ersten Weltkrieg, gab es massive Kritik an der Tätigkeit Wincklers. Diese Kritik schien dadurch gerechtfertigt, daß man in Karkemisch gleichfalls auf uraltem hethitischen Gelände Ausgrabungen unternahm und dabei wesentlich behutsamer und wissenschaftlich zielstrebiger vorging. Aber Winckler entzog sich durch seinen frühen Tod jeder weiteren kritischen Auseinandersetzung. Er starb am 19. April 1913 in Berlin, noch nicht einmal fünfzigjährig, und das Geheimnis, das er der anatolischen Erde entrissen hatte, hinterließ er ungelöst der Nachwelt. In seinem Testament fand sich zwar ein nachdrücklicher Hinweis darauf, daß er schon seit Jahren an der Entzifferung der hethitischen Keilschrift gearbeitet habe, aber in den nachgelassenen Papieren fand sich kein einziges diesbezügliches Manuskript. Es brach dann der Erste Weltkrieg aus. Man vergaß Hugo Winckler. Und es dauerte noch einige Jahre, bis der in Polen geborene Tscheche Friedrich Hrozny endgültig den Schlüssel zur Entzifferung der hethitischen Keilschrift fand.

XVI
ES BEGANN MIT KLEINER MÜNZE

Wann und wie hat das eigentlich angefangen, daß unser gemünztes Geld, an dessen Existenz wir uns mit gedankenloser Selbstverständlichkeit gewöhnt haben, erstmals von Hand zu Hand ging und den primitiven Tauschhandel mit Naturalien ablöste? Und wo liegt der Schlüssel zum Geheimnis, daß aus einer der wichtigen Erfindungen, die ursprünglich den zwischenmenschlichen Verhaltensweisen zugute kommen sollte, zuerst eine leidenschaftliche Sucht und dann ein kühl kalkulierbares Geschäft wurde? Und welche Beweise an welchen Schauplätzen vermögen uns heute davon zu überzeugen, daß alle Geldgeschäfte in der Tat zuerst einmal mit kleiner Münze begonnen haben?

Als ich vor Jahren einmal in der südwestlichen Türkei durch ein ziemlich verwahrlostes, schmutzigbraunes Dorf namens Sartmustafa ging, vorbei an römischen Ruinen, zwischen denen Ölkessel und Autowracks vor sich hinrosteten, versuchte ein etwa sieben- bis achtjähriger Türkenjunge, dessen Gesicht freilich erschreckend alt aussah, mir hartnäckig irgendwelche Antiquitäten zu verkaufen. Der Preis, den er dabei nannte, war überraschend niedrig. Das Sonderbare daran ist, daß ich heute noch von der Echtheit der Stücke überzeugt bin, die er mir angeboten hatte.

Einige Jahre später war es einer der Bauern von Sartmustafa, der mir um jeden Preis eine beschriftete Tonscherbe, eine Münze, ein Marmorstück aus einer Skulptur verkaufen wollte. Sein Gesicht war auf eine ähnliche Weise frühzeitig gealtert wie das des türkischen Jungen, aber obgleich ich auch jetzt wieder keinen Zweifel daran hatte, daß die angebotenen Fundstücke echt waren, kaufte ich natürlich nichts.

Aber warum kam ich dann immer wieder von neuem in dieses armselige Dorf? Und stöberte zwischen mannshohen Disteln und gelbverbranntem Unkraut umher, während einige gefährlich aussehende Hirtenhunde mir knurrend folgten? Wozu war ich eine Stunde lang mit dem Wagen von Izmir herübergefahren in diese grüne und leichtgewellte Ebene, die von Pappeln, Ulmen und Birken bedeckt ist und aus deren Boden sich spätestens hier auf der Höhe von Sartmustafa diese strohfarbenen und ebenmäßig gerundeten Hügel erheben, die der ganzen Landschaft den Namen »Bin Tepe« gegeben haben, also »Tausend Hügel«? Die Beantwortung dieser Frage hat mit einigen Legenden, mit vielen Geschichten, aber auch mit einer Reihe bemerkenswerter archäologischer Funde und mit einer Unzahl von Ausstellungsstücken in verschiedenen Museen zu tun; sie beschäftigt sich mit der Entdeckung des wahrscheinlich ältesten Schiffswracks, dessen denkwürdige Ladung etwa eine schwache Flugstunde von Sartmustafa entfernt vor der türkischen Mittelmeerküste unter abenteuerlichen Umständen geborgen wurde; sie erzählt die näheren Umstände der Auffindung des Grabes eines der legendärsten Könige der Antike, das nur ein paar Autostunden nordöstlich von Sartmustafa liegt; und sie hat damit zu tun, daß es in der Türkei derzeit schon an die 3.000 identifizierte archäologische Grabungsstätten gibt, wozu immer noch rund 20.000 unausgegrabene und damit nicht identifizierte Höhlen, Hügel und andere Schauplätze kommen, von denen man mit einiger Sicherheit annehmen kann, daß sie archäologisch und historisch interessante Inhalte bergen. Denn was nicht allgemein bekannt sein dürfte, ist der Umstand, daß Kleinasien im Grunde eine einzige riesige archäologische Stätte ist, was unter anderem dazu führt, daß in den letzten zehn, fünfzehn Jahren alljährlich an die dreißig neue Grabungen durchgeführt werden. Trotzdem darf man annehmen, daß auch in hundert oder fünfhundert Jahren noch nicht der größere Teil jener verborgenen archäologischen Kostbarkeiten wissenschaftlich aufgearbeitet sein wird, von deren Vorhandensein in Anatolien die Archäologen und Historiker in der ganzen Welt überzeugt sind.

Das Dorf Sartmustafa, wo meine Geschichte beginnt, liegt

rund hundert Kilometer östlich von Izmir und bedeckt seit etwas mehr als achtzig Jahren – denn so lange existiert es – ziemlich genau die Grundmauern einer römischen Ansiedlung, die im Jahre 17 unserer Zeitrechnung nach einem verheerenden Erdbeben auf den Trümmern einer anderen uralten Stadt errichtet worden ist. Diese ältere Stadt hieß Sardes. Erwähnenswert ist vielleicht, daß in der römischen Nachfolgestadt von Sardes das Christentum schon frühzeitig Eingang fand, und zwar durch den Apostel Paulus; das römische Sardes war nämlich eine der sieben apokalyptischen Gemeinden Asiens. Im Jahre 1402 wurde diese traditionsreiche Stadt von den Horden des Tamerlan endgültig zerstört. Ihre spärlichen Überreste, sofern sie nicht von den Bauern der näheren Umgebung als kostenloses Baumaterial verwendet wurden, stehen heute als fremdartige Ruinen mitten in der ärmlichen Eintönigkeit des kleinen Dorfes. Sie haben allerdings nur wenig mit meinen wiederholten Reisen nach Sartmustafa zu tun.

Der wahre Grund für alle diese Besuche liegt einen kurzen Fußmarsch weit hinter dem Dorf, und zwar am Nordufer eines Flusses, der idyllisch die Landschaft zerteilt. Sein Name ist Sart Çayi, und in jener Zeit, in der unsere Geschichte beginnt, hieß er Paktolos. Die Landschaft selbst ist von bizarrer und eindringlicher Schönheit. Rötlichfarbene Sandhügel und eigenwillig geformte Felsen drängen sich in malerischer Gruppierung um dieses Tal, das sich wenige hundert Meter nach dem Dorf zu einer großen Arena rundet. Und in dieser Arena erheben sich die imponierenden Überreste der alten lydischen Hauptstadt Sardes, die einst ihres sprichwörtlichen Reichtums wegen berühmt war.

Und genau hier begann auch aus einer unglaublichen Legende handfeste Wirklichkeit zu werden. Denn einige Hundert Kilometer von diesem Sardes entfernt, im düsteren Phrygien südwestlich des heutigen Ankara, bewirtete einmal der sagenhafte König Midas den Gott Dionysos, was ihm, Midas, allem Anschein nach so vortrefflich gelang, daß der Gott dem

König später einen Wunsch freistellte; Midas, der ungemein habgierig war, erbat sich sofort, daß alles, was er mit seinen Händen berühre, zu purem Gold werde. Der Wunsch wurde ihm erfüllt. Bereits am nächsten Morgen nach dem dionysischen Festmahl faßte Midas glücklich und gierig alle erreichbaren Gegenstände und Dinge an, die unter seinen verzauberten Händen tatsächlich im Handumdrehen zu Gold wurden. Der Triumph des Königs verwandelte sich freilich bald in ohmächtiges Entsetzen, als er feststellen mußte, daß auch alle Speisen und Getränke, die er berührte, unversehens zu Gold wurden. Und verzweifelt beschwor er noch am gleichen Tag den heimtückischen Gott, ihn von diesem fragwürdigen Zauber wieder zu befreien. Dionysos ließ sich nach längerem Zögern dazu überreden und wies dem König den Weg zum nahegelegenen Paktolos, der damals in Phrygien entsprang. Midas sollte sich ausgiebig im klaren Wasser dieses Flusses baden, damit der Zauber von seinen goldenen Händen abgewaschen würde. Der König befolgte dankbar den Rat. Und seit diesem Tag führte der Fluß viele Jahrhunderte lang Gold mit sich.

Wir alle kennen natürlich diese berühmte Legende. Aber hat König Midas tatsächlich gelebt? Und entspricht die Sage vom goldführenden Paktolos der historischen Wahrheit? Und was hat es mit diesen alten Geschichten auf sich, denen zufolge in mythischer Zeit die Felle von frischgeschlachteten Schafen solange in das Wasser des Paktolos gehalten wurden, bis sie schließlich golddurchtränkt waren? Entspringt aus solchen Quellen vielleicht auch die Legende vom Goldenen Vlies?

Ende der fünfziger Jahre begann jedenfalls im Südwesten von Ankara eine Gruppe amerikanischer Archäologen unter der Leitung von Rodney Young, die von der University of Pennsylvania finanziert wurde, mit der gezielten Suche nach Gordion, der Hauptstadt des alten Königreiches Phrygien, die später auch noch im Zusammenhang mit Alexander dem Großen und seiner Lösung des Gordischen Knotens berühmt werden sollte. Und die Archäologen entdeckten in der Tat die vermuteten Überreste dieser verschollenen Hauptstadt. Bedeutender aber war zweifellos die wissenschaftliche Erschließung eines Grabhügels, der aus der anatolischen Hochebene zu einer Höhe von mehr als fünfzig Metern aufragte und den Young mit seinen Mitarbeitern während der Grabungskampagne von 1956 in Angriff nahm. Dieser Tumulus war nämlich insofern erfolgversprechend, als er alle anderen Grabhügel, die es im Umfeld des alten Gordion südwestlich von Ankara zu Hunderten gab, an Umfang und Höhe bei weitem übertraf. Young, der vom erfolgreichen Abschluß seiner schwierigen Arbeit überzeugt war, ließ mit einem sogenannten Ölbohrer, wie er auch im Bergbau Verwendung findet, zahlreiche Probebohrungen vornehmen, bis er annehmen durfte, fündig geworden zu sein. Jetzt entschloß er sich, einen schrägen Stollen in den Hügel hineinzutreiben, und er warb zu diesem Zweck eine Gruppe türkischer Bergleute an, die sich ganze 22 Tage lang damit abmühten, einen mehr als siebzig Meter langen Stollen quer durch den Tumulus zu graben. In dem Augenblick, als die Bergleute auf eine massive Steinmauer stießen, war man davon überzeugt, die Grabkammer entdeckt zu haben; und zwar nicht irgendeine Grabkammer, sondern die letzte Ruhestätte eines phrygischen Königs. War es König Midas?

Aber alles, was die Archäologen vorerst fanden, waren winzige Kieselsteine, die ihnen aus der rasch geschlagenen Öffnung in der Steinmauer entgegenkollerten. Und nachdem man diese erste Ladung Kieselsteine fortgeräumt hatte, strömte immer noch neues Füllmaterial nach, bis man schließlich nach einer Woche angestrengtester Arbeit auf eine dicke Wand aus Wacholderholz stieß, in die man ein Loch bohrte. Und wieder quoll den Arbeitern eine Flut von Kieselsteinen entgegen, die diesmal freilich schon nach einer knappen Stunde gebändigt werden konnte und eine zweite Holzwand freigab. Dahinter aber mußte sich endlich das Grab befinden.

Rodney Young schilderte die folgenden Ereignisse in seinem

Abschlußbericht vom Herbst 1958 an die University of Pennsylvania: »Rasch war der Bohrer zur Hand und drang durch das Holz, ohne daß er jenseits noch auf Stein stieß. Nun stand es fest: Das Grab war unversehrt, das Dach nicht eingestürzt. Auch in die innere Holzwand wurde ein kleines Fenster geschnitten, gerade groß genug, um den Kopf und die Hand mit einer Taschenlampe durchzulassen. Das Grab war groß, die Atmosphäre dunstig, die Taschenlampe schwach. Zu den Wundern, die wir trotzdem zu sehen bekamen, gehörten ein Kriegswagen und ein ausgestopfter Alligator.«

Aber war es auch das Grab von König Midas? Das Skelett, das die Archäologen in den nächsten Tagen auf einem mächtigen Holzbett fanden, war das eines mehr als sechzig Jahre alten Mannes von überraschend kleinem Körperwuchs. Der Tote war, wie man bald feststellte, nur knapp anderthalb Meter groß. Der Grabschmuck bestand aus 145 Bronzearbeiten, enthielt aber weder Waffen noch irgendeinen kostbaren Schmuck aus Gold und Silber. Der ausgestopfte Alligator war wahrscheinlich ein Geschenk aus Ägypten.

Das alles widerspricht möglicherweise der Meinung mancher Archäologen, vor allem türkischer Wissenschaftler, die in diesem Tumulus das Grab des Königs Midas vermuten. Auch Young, der Ausgräber des Grabes, der es übrigens um die Zeit 750 vor Christus datierte, ist zwar davon überzeugt, ein phrygisches Königsgrab, aber keinesfalls das des vergoldeten Midas entdeckt zu haben. Denn Midas endete bekanntlich irgendwann um das Jahr 700 vor Christus, indem er angeblich vergiftetes Stierblut trank. Offiziell jedenfalls wird das Grab hinter dem kleinen anatolischen Bauerndorf Yaşihüyük im Südwesten von Ankara als das Grab des Gordios bezeichnet, des ersten Königs der Phryger, der den berühmten Gordischen Knoten geknüpft hatte. Auch das ist selbstverständlich nur eine Hypothese, denn exakt bewiesen ist hier gar nichts. Allderdings gibt es einen zumindest vagen Hinweis, der nicht ganz von der Hand zu weisen ist, soweit er Midas betrifft: Im Grab von Yaşihüyük fanden die Ausgräber auch neun hölzerne Tische, die plötzlich eine uralte Überlieferung zu bestätigen schienen. König Midas war nämlich unter anderem dafür berühmt oder berüchtigt, daß er dem Apollo-Heiligtum zu Delphi einst einen einfachen Holztisch zum Geschenk gemacht hatte. Und manche Archäologen vertreten nun die Meinung, daß diese neun Tische im Grab des unbekannten Königs ein dezenter Hinweis seien auf Midas; denn wenn Holztische als Geschenk für einen Gott ausreichend sind, so müssen sie wohl auch gut genug sein als Grabschmuck für einen toten König, der mit diesem seltsamen Brauch, Holztische zu verschenken, angefangen hatte. So zumindest argumentieren einige Wissenschaftler.

Wahrscheinlich wird das Rätsel von Yaşihüyük kaum noch einmal gelöst werden. Und auch die Ursprünge der Geschichte vom goldführenden Paktolos verlieren sich im Nebel des Mythos. Greifbar und voll praller Realität hingegen sind die Ruinen von Sardes hinter dem Dorf Sartmustafa und nacherzählbar ist die damit zusammenhängende historische Entwicklung. Denn nach dem Tod von Midas zerbrach das phrygische Königreich und ging im Großreich der Lyder auf, dessen Hauptstadt Sardes war und dessen bemerkenswertester König zweifellos ein gewisser Kroisos gewesen sein dürfte, dessen Namen wir uns heute noch entsinnen, wenn wir feststellen, ein Mensch sei reich wie ein Krösus. Und hier halten wir wieder am Schauplatz unserer Geschichte, nämlich bei den Ruinen des antiken Sardes.

Diese Ruinen liegen scheinbar wahllos verstreut neben zwei riesigen Säulen und einer ganzen Reihe von Säulenstümpfen und anderen Bruchstücken eines Heiligtums der asiatischen Göttin Kybele. Es sind Hunderte von Steinbrocken, und mit ein wenig Phantasie könnte man fast glauben, daß sich hier einmal ein Geschlecht von Riesen damit vergnügt habe, den harten lydischen Marmor scheinbar spielerisch zu zertrümmern. Ich erinnere mich noch gut an meine erste Begegnung mit dieser einsamen Ruinenstätte. Es war ein bitterkalter Wintertag; die Sonne würde erst in einigen Stunden für ein paar kurze Augenblicke über die rötlichen Hügel kommen, die diesen Schauplatz in einem Halbrund umschlossen und die jetzt noch farblos waren. In den vielen kleinen Erd- und Steinmulden auf dem Gelände zerbrach knirschend das Eis unter meinen Schritten. Und während ich noch fröstelnd zwischen den mächtigen Trümmern umherging, fiel mein Blick immer wieder auf farbige Flecken, die hellrot bis zartgrün waren und die Eintönigkeit dieses trüben Dezembermorgens auf sonderbare Weise auflockerten. Es war gefrorener Tau in merkwürdigen Ringen. Jetzt sah ich auch, daß diese kleinen Farbflecke unter der dünnen Eisschicht wie in einem Spiegel lagen, und ich erinnerte mich plötzlich an Berichte über archäologische Ausgrabungen vom Sommer 1968, bei denen ein englischer Archäologiestudent namens Andrew Ramage eine verwirrende, ja sensationelle Entdeckung gemacht hatte. Ramage war nämlich in jenem Sommer 1968 gerade damit beschäftigt, den Lehmboden unweit des Tempels der Kybele sorgfältig zu untersuchen, als er auf einige kreisrunde Vertiefungen stieß, deren Ränder ganz leicht getönt waren. Es war eine hellgrüne bis rosafarbene Tönung, und wenig später würde man wissen, daß solche Farbnuancen immer dann auftreten, wenn Metall extremer Hitze ausgesetzt wird. Außerdem gab es da noch die Legenden über Midas und Kroisos, floß der sagenhafte Goldfluß Paktolos unmittelbar an der Ausgrabungsstätte vorbei und hatte jeder der Archäologen, die damals die lydische Hauptstadt ausgruben, den gewichtigen Satz des Geschichtsschreibers Herodot im Ohr: »Die Lyder waren die ersten, die Gold- und Silbermünzen schlugen und benutzten.«

Sardes also: Ist das der Schlüssel zum Geheimnis einer der wichtigsten Erfindungen, die Menschen jemals gemacht haben? Damals im Dezember vor einigen Jahren wußte ich noch nichts von all diesen Zusammenhängen und auch nichts von jener Schiffsladung, die vor der türkischen Südküste – vor dem berüchtigten Kap Gelidonya – aus den zerfallenen Planken eines phönikischen Küstenfrachters emporgeholt worden war und die heute zum Teil im wahrscheinlich originellsten Museum für Unterwasserarchäologie ausgestellt ist. Ich wußte nichts vom Shekelfund von Ein Gedi am Toten Meer und nichts von der überraschenden Wendung, die die Geschichte über die Entdeckung von König Salomos angeblichen Erzhütten erfahren würde oder von einigen ganz bestimmten und für den logischen Zusammenhalt dieser Geschichte wichtigen Exponaten im Israel-Museum von Jerusalem und dem Archäologischen Museum in Athen. Ich wußte damals vieles nicht. Nichts über den sagenhaften Fund uralter lydischer Münzen aus Elektron in den Ruinen von Ephesos, gar nichts über den Schatz von Chora an der Westküste der Peloponnes oder über die sogenannten kretischen Geldhäuser von Aghia Triada und Kato Zakros – die damals noch gar nicht ausgegraben waren – und nur wenig über die erstaunliche Entwicklung eines technologischen Verfahrens, das uns heute ganz selbstverständlich zu sein scheint. Aber ich machte mich daran, alle diese Fragmente eines verwirrenden Puzzles ausfindig zu machen und zusammenzusetzen, Fragmente, mit denen ich bei meinem ersten Besuch in Sardes und während ich mich noch neugierig über die vereisten Farbflecke beugte, so gut wie nichts anfangen konnte.

Es begann vor Jahrtausenden an den uralten Handelsstraßen zwischen Euphrat, Tigris und Nil – und es entstand im halbverwischten Dunkel ältester Hochkulturen, als die ersten Kupferschiffe über das sagenhafte Dilmun im Persischen Golf nach Ur segelten, das damals noch eine Hafenstadt war. Es fing als mühsamer Austausch von Naturalien an, bis irgendwann im 3. vorchristlichen Jahrtausend das Metall endgültig den schwerfälligeren Naturalienhandel abzulösen begann. Ägyptische Sklavenkarawanen schleppten jetzt aus dem Sinai und aus Nubien das kostbare Metall, aus dem man die ersten, vorerst noch unhandlichen Zahlungsmittel formte, bis in die großen und prunkreichen Städte am Nil. Später würden die Phönizier in Zypern eindringen und mindestens fünf Bergbaustädte gründen, um an das begehrte Kupfer heranzukommen. Und auf dem geheimnisvollen kleinasiatischen Subkontinent besaßen die Hethiter ein Stahlmonopol, das sie sorgfältig hüteten. In Ägypten hatte man allerdings schon im 4. vorchristlichen Jahrtausend ein absolutes Goldmonopol besessen. Und der Babylonierkönig Hammurabi brachte vor rund 38 Jahrhunderten das Silber als gültiges Zahlungsmittel auf den Markt. Denn damals wurde erstmals von großen Silberbarren der ungefähre Wert dessen herabgeschlagen und an Zahlungs Statt gegeben, was man gerade einkaufen wollte. Damit in einem ursächlichen Zusammenhang steht ja auch der Fund, den die inzwischen verstorbene britische Archäologin Kathleen Kenyon auf dem Erdbuckel von Jerusalem gemacht hat, wo sie einige der ältesten Steingewichte der Welt ausgrub, alle sorgfältig gekennzeichnet und beschriftet. Gewichte, mit denen die Waren gewogen und die Silber- und Kupferstücke berechnet werden konnten, die man von den großen Barren abschlug, wenn man bezahlen wollte. Die ältesten bekannten Handwaagen kommen übrigens aus Ägypten, stammen aus dem 4. Jahrtausend vor Christus und verfügten gleichfalls über diese Steine, mit denen man Gewichte feststellen, aber auch Gold verhältnismäßig rasch und genau bemessen konnte.

Überall also, wo Archäologen bisher fündig geworden waren auf ihrer Suche nach der verlorenen Zeit, entdeckten sie auch Beweise für die ökonomischen Fertigkeiten des Menschen. Es war im Grunde ja völlig gleichgültig, ob es sich dabei um Muscheln oder Tierzähne, Felle oder Salzbarren handelte; denn alles, was bis zu einem ganz bestimmten Augenblick als behelfsmäßiges Zahlungsmittel die wirtschaftlichen Beziehungen der Menschen untereinander regelte, basierte auf dem uralten und durchaus nützlichen Prinzip des Tauschhandels mit Naturalien. Es gibt schließlich hinreichend Geschichten oder eigentlich Legenden von Königen, die für ihre Geschicklichkeit berühmt waren, mit der sie aus dieser Sehnsucht der Menschen nach ökonomischer Veränderung und Entwicklung ihren Nutzen zogen. Midas war ein Beispiel dafür und auch Kroisos, König der Lyder, von dem wir allerdings noch hören werden. Ein rundes Vierteljahrtausend vor diesen beiden kleinasiatischen Herrschern hatte sich freilich die Legende schon eines anderen Königs bemächtigt, nämlich des Juden Salomo, von dem die ältesten Überlieferungen behaupten, daß er die faszinierenden Chancen solcher Geschäftsgebarung erkannt habe; denn angeblich war es König Salomo, der eine der ersten Herstellungsstätten für Zahlungsmittel aller Art – bis auf das gemünzte Geld – aufgebaut hatte, also Schürfhalden, Gießereien und die dazugehörenden Ausfuhrhäfen. Er war lange Zeit für diejenigen Historiker, die die Entwicklung der verschiedenen Zahlungsmittel bis zum Auftauchen der ersten Münzen lückenlos nachweisen wollten, eine recht ergiebige Fundgrube. Auf die Idee, daß es sich dabei um eine Mystifikation handeln könnte, kam vorerst niemand.

Im Jahre 1938 begann der amerikanische Archäologe Nelson Glueck mit seiner Ausgrabung von Ezeon Geber, einer salomonischen Hafenstadt am Roten Meer, an deren Stelle heute das jordanische Akaba und das israelische Eilat liegen. Glueck war fest davon überzeugt, eine rund dreitausend Jahre alte Hochofenanlage entdeckt zu haben; er bezeichnete Ezeon Geber kurzerhand als das »Pittsburgh von Palästina«. Im Jahre 1965 allerdings, als die Ausgrabungen am Roten Meer abgeschlossen waren, mußte Nelson Glueck seine bemerkenswert anmutende Theorie energisch widerrufen, weil nämlich die schwarzen Höhlungen im Mauerwerk der Ruinen, die er ursprünglich als ein System von Luftkanälen und Blasebälgen für die salomonische Hochofenanlage identifiziert hatte, ganz einfach von verbrannten Querbalken herrührten. Freilich änderte das nichts an der Tatsache, daß einige der ersten Kupferhütten der Welt in dieser unwegsamen Gegend existierten, auch wenn sie gar nichts mit Salomo zu tun hatten. Zuletzt konnte beispielsweise im Herbst 1974 durch eine wissenschaftliche Expedition, die vom Bergbau-Museum in Bochum organisiert worden war, eindeutig nach-

gewiesen werden, daß es hier schon im 14. vorchristlichen Jahrhundert und damit Jahrhunderte vor Salomo Bergbau und Kupfergewinnung gegeben hatte.
In diesem Zusammenhang sollte man auch noch einen anderen Irrtum korrigieren, der sich zählebig in allen Landkarten und Nachschlagewerken hält. Es handelt sich um die sogenannten Säulen des Salomo nördlich von Eilat, die mitten im Gebiet antiker ägyptischer Kupfergewinnung liegen, das gleichfalls irrtümlich als »Salomos Minen« bezeichnet wird. Es war ein unbekannter jüdischer Soldat, der 1949 für die mächtigen Felsen, die ja tatsächlich wie rötlichfarbene Säulen aus dem schwarzverfärbten Boden emporragen, diesen inzwischen weltberühmt gewordenen Namen spontan erfunden hatte. Mit Salomo darf man das alles freilich nicht in Verbindung bringen. Trotzdem sind die kleinen Steinhaufen, die vor diesen dunkelroten Steinwänden und Steinsäulen weitverstreut über die Ebene liegen, durchaus historische Realität. Es sind nämlich die Überreste jener ägyptischen Arbeitslager, in denen lange vor Salomo und auch nach seiner Epoche die Sklaven lebten, die das kostbare Metall in mühsamer Schwerarbeit aus dem Boden holten. Und auch ein erst in jüngster Zeit ausgegrabener Tempel am Fuße der mächtigen Felsen, der einer Göttin Hathor geweiht war, sowie eine prachtvolle Schlange aus getriebenem Kupfer, die in diesem Tempel gefunden wurde, verweisen auf die Präsenz von Bergbauleuten vor und nach Salomo. Die rätselhaften Schriftzeichen in einer nur äußerst schwer erreichbaren Felswand im Hintergrund des Tempels konnten zwar bis heute nicht entziffert werden, haben aber möglicherweise mit der fast mythischen Bedeutung zu tun, die die ersten als Zahlungsmittel verwendeten Kupferbarren genossen haben. Das Kupfer dafür war in diesen Minen im Norden von Eilat gewonnen worden.
Und dazu paßt nun eine andere Geschichte, die sich 1953 an einem anderen Schauplatz des Mittelmeerraumes ereignete. Denn damals fand der Kapitän eines Fischkutters vor der un-

zugänglichen Küste der südwestlichen Türkei in einem seiner Schleppnetze den Kopf einer weiblichen Bronzestatue. Der Kapitän war über den sonderbaren Fund nicht sehr erfreut, da er das Netz erheblich beschädigt hatte. Er nahm den für ihn völlig nutzlosen Kopf nur deshalb mit an Land, weil er ihn zerschneiden und als Schrott verkaufen wollte, um wenigstens die Reparaturkosten für sein zerrissenes Schleppnetz wieder hereinzubekommen. Aber der Kapitän hatte Pech, denn durch einen dieser Zufälle, ohne die wissenschaftlicher Fortschritt mitunter kaum vorstellbar ist, erfuhren türkische Wissenschaftsbeamte von diesem Vorfall, beschlagnahmten den Bronzekopf, identifizierten ihn als Bruchstück einer Demeter-Statue, brachten ihn ins archäologische Museum von Izmir und bezahlten dem Kapitän eine sogenannte Fundprämie, die nicht viel mehr als einige Groschen ausmachte, gemessen an den Strapazen, Spesen, am Ärger, den der Kapitän mit seinem Fund gehabt hatte.
Damit könnte diese Geschichte an sich beendet sein, wenn nicht zufällig ein amerikanischer Weltenbummler und Abenteurer davon gehört hätte, der sich damals gerade in der Türkei aufhielt. Dieser Amerikaner hatte sich bisher schon in allen möglichen Berufen umgetan, war unter anderm auch Seemann und Reporter gewesen, hatte auch schon als Taucher gearbeitet und interessierte sich leidenschaftlich für die Archäologie. Jetzt, nachdem er von dieser sonderbaren Geschichte gehört hatte, ging er nach Izmir und machte sich auf die Suche nach diesem Kapitän, denn er, der Amerikaner, sagte sich, daß dort, wo man das Haupt einer Demeter aus dem Meer herausgeholt hatte, auch noch andere archäologische Funde zu machen sein müßten; vor allem dann, wenn man bewußt methodisch danach suchte. Der Name des Amerikaners war Peter Throckmorton. Das fast unglaubliche Abenteuer, das nun begann, sollte der Beginn einer außerordentlichen Karriere als Unterwasserarchäologe werden. Denn Peter Throckmorton fand zwar in Izmir den Kapitän nicht, befreundete sich aber mit dem türkischen Fotografen

und Hobby-Taucher Mustafa Kapkin; und dieser erzählte ihm von Bodrum, dem antiken Halikarnassos, und daß der Meeresboden vor diesem kleinen, verschlafenen Hafen übersät sei mit archäologischem Material, ja daß die ganze türkische Südküste zwischen Antalya und Bodrum eine hervorragende Ausgangsbasis für Unterwasserforschung sei. Die beiden Männer, die ähnliche Interessen hatten, zählten ihr Geld, stellten fest, daß sie über genügend Zeit verfügten und fuhren umgehend nach Bodrum, wo Throckmorton überrascht entdeckte, daß die türkischen Schwammtaucher mit Bleigewichten arbeiteten, die zweifellos römischen Urspungs waren. Auf seine Frage nach der Herkunft dieser antiken Bleigewichte antwortete man ihm, daß man sie einfach aus dem Meer geholt habe, es sei genügend davon vorhanden. In den folgenden Wochen unternahmen Kapkin und Throckmorton zahllose Tauchversuche vor der türkischen Mittelmeerküste und fanden dabei allein im Raum von Bodrum eine ganze Reihe von antiken Wracks aus römischer und hellenistischer Zeit, die Jahre später der Anlaß sein sollten für eine der aufwendigsten archäologischen Expeditionen auf dem Meeresboden. Aber das sensationellste Abenteuer stand den beiden Freunden noch bevor!
Irgendwann einmal erzählten ihnen die Schwammtaucher von Bodrum eine märchenhaft anmutende Geschichte von großen flachen Kupferbarren, die scheinbar zusammengeschmolzen im Meer lagen und nur durch Dynamit vom Untergrund loszusprengen seien. Diese merkwürdigen Kupferbarren, über deren Herkunft die Fischer und Schwammtaucher nichts wußten, befänden sich übrigens an einer ganz bestimmten Stelle vor dem berüchtigten Kap Gelidonya, das ungefähr dreihundert Kilometer südöstlich von Bodrum wie eine scharfe Felsennadel ins Mittelmeer hineinstößt und immer schon von den Seeleuten seiner Riffe, Untiefen und gefährlichen Strömungen wegen gefürchtet war. Throckmorton, der es sich längst abgewöhnt hatte, Erzählungen türkischer Bauern und Fischer als Lügen zu belächeln, wurde

nachdenklich. Er verglich die Erzählungen der Schwammtaucher mit den Darstellungen von Bildern altägyptischer Grabmalerei, die er damals zufällig in seiner Reisebibliothek mit sich führte, und er zeigte das Buch seinen türkischen Freunden, ließ sie die abgebildeten Beispiele von Wandmalereien aus ägyptischen Grabkammern studieren. Bald gab es keinen Zweifel mehr: Auf diesen Bildern wurden genau dieselben Barren, wie sie ihm von den Schwammtauchern detailliert geschildert wurden, als Opfergaben oder auch als Bezahlung einem Vertreter des Pharao übergeben. Es mußte sich demnach um irgendwelche früheren Zahlungsmittel handeln, deren Existenz die Altertumsforscher bisher stets nur vermutet hatten, von denen es aber bis zu dem Augenblick, da Throckmorton sich von Bodrum aus auf die Spur dieser Kupferbarren machte, kein einziges wirklich brauchbares und wissenschaftlich erfaßbares Beispiel gab.

Es dauerte nun freilich noch einige Zeit, bis Peter Throckmorton das Geld für eine Unterwasserexpedition vor dem Kap Gelidonya beisammen hatte und sich auch tatsächlich auf den Weg nach Kap Gelidonya machen konnte. Ich habe vor einigen Jahren versucht, diese Reise nachzuvollziehen. Damals fuhr ich durch den rauschenden Winterregen entlang der Südküste über atemberaubend schlechte Sand- und Steinpfade, bis dann unvermittelt diese rote Erde auftauchte, die charakteristisch ist für die Region rund um das Kap; es lag gefährlich und tückisch am Horizont; ein weißer Schaumkranz hatte sich um die Klippen gelegt. Im kleinen Hafen von Finike, der nächstgelegenen Ortschaft, dümpelte ein altersschwacher Frachter aus Istanbul und nahm Holz an Bord. Früher einmal, vor einigen Jahrtausenden, lagen hier die phönikischen Galeeren, die ägyptischen Langboote und die Barken der seetüchtigen Kreter und luden das kostbare Zedernholz aus den Bergen des Taurus. Heute noch stehen hoch oben im Gebirge die größten Zedernwälder der Welt; hier, und nicht im Libanon! Ich stand in jenem Winter lange im wirbelnden Seewind, der tief unter mir das schwarzblaue

Wasser in gischtende Vierecke zerteilte. Es ist eine geschichtsträchtige, mythendurchsetzte Landschaft, aus der dieses Kap heimtückisch hervorbricht. Mira, die Heimatstadt des heiligen Nikolaus, liegt hier mit ihren düsteren Ruinen. Heute heißt die Hafenstadt, die einst ein bedeutender Bischofssitz war und wo schon Paulus auf seiner letzten tragischen Reise nach Rom im Jahre 61 vorbeikam, Kale. Und dieses Kale wiederum befindet sich in jenem lykischen Küstenabschnitt, wo vor Jahrtausenden in Xanthos die älteste Republik der Menschheitsgeschichte etabliert wurde, wo es heute, sofern der Wintersturm die Ernte nicht zerstört, die dicksten und fruchtigsten Orangen gibt, wo einst die Armee des makedonischen Alexander bis zur Brust durch schäumendes Meerwasser marschieren mußte, weil es keinen anderen Pfad gab, wo aber auch jetzt noch einige völlig vergessene Ruinenstädte tief im Dickicht der großen Wälder verborgen sind, Olympos etwa oder Phaselis, vor allem aber auch Chimaira, wo seit Jahrtausenden eine rätselhafte Flamme aus einem Erdspalt faucht, ein Feuer, dessen Herkunft bisher noch nicht erforscht wurde und von dem man nur eines mit Sicherheit weiß: daß es mit herkömmlichen Mitteln nicht zu löschen ist. An dieser weltverlorenen, vereinsamten, wilden und schönen Küste tötete Bellerophon mit Hilfe des freundlichen Flügelrosses Pegasos ein schreckliches feuerspeiendes Ungeheuer, eben die besagte Chimaira, und das traurige Ende dieser sonderbaren Geschichte war, daß Pegasos den Bellerophon abwarf und dieser angeblich heute noch verzweifelt durch die endlosen Wälder zwischen Antalya und Finike irrt. Hier gibt es auch die lykischen Felsengräber, die wie kunstvolle Tempelanlagen in senkrecht abfallenden Wänden angebracht sind und von denen es immer noch Dutzende, ja vielleicht auch Hunderte gibt, die bisher nicht wissenschaftlich erforscht wurden. Es ist eine verwunschene Küstenlandschaft, durch die man hier auf abenteuerlichen Wegen fährt. Ich wage sogar die Behauptung, daß es im ganzen Mittelmeerraum nichts Vergleichbares gibt, und zwar im Hinblick sowohl auf die

landschaftliche Schönheit als auch auf die Möglichkeiten archäologischer Forschung und historischen Beweismaterials. Peter Throckmorton fand jedenfalls innerhalb weniger Tage, nachdem er vor dem Kap einige Tauchversuche unternommen hatte, das historische Beweismaterial, das er benötigte. Er entdeckte ziemlich dicht unter der felsigen Küste ein Schiffswrack, das diese von seinen türkischen Freunden beschriebenen, seltsam geformten Kupferbarren enthielt, das heißt, es war natürlich kein Wrack mehr, sondern äußerstenfalls die Idee, die vage Spur eines Wracks. Aber die Barren gab es. Sie lagen zuhauf auf dem Meeresgrund. Throckmorton gelang es, einen dieser Barren loszubrechen und an Land zu bringen. Er verglich seinen Fund mit den Bildern aus ägyptischen Grabkammern. Es bestand kein Zweifel: Das waren Kupferbarren, wie man sie bisher nur auf altägyptischen Grabmalereien in Theben gesehen hatte.
Die Geschichte und Bergung dieser uralten Kupferbarren gehört zu den aufsehenerregenden Ereignissen und Ergebnissen zeitgenössischer Archäologie und ist von Throckmorton selbst in seinem weltweit bekanntgewordenen Buch *Verlorene Schiffe* ausführlich beschrieben worden. Erwähnenswert ist vielleicht der Umstand, daß auch hier wie in Gordion und später in Sardes die University of Pennsylvania die notwendigen finanziellen Mittel für die überaus kostspielige Unterwasserexpedition zur Verfügung stellte, die im Frühsommer 1960 offiziell begann. Der wissenschaftliche Leiter dieser Expedition war ein junger Archäologe namens George Bass, ein trotz seiner Jugend bereits erfahrener Altertumsforscher, der allerdings noch nie unter Wasser gearbeitet hatte und erst mühsam das Tauchen lernen mußte. Er brachte sich selbst das Tauchen bei, und zwar im Schnellverfahren im Verein christlicher junger Männer in den USA; jedenfalls gelang es ihm noch im Sommer 1960, gemeinsam mit Throckmorton und dem Taucher und Naturwissenschaftler Frederic Dumas die gesamte Ladung des sagenhaften Wracks von Gelidonya zu bergen. Es waren rund dreißig Kupferbarren, die später

als sogenannte »Ochsenhaut-Barren« enorme archäologische Bedeutung erhalten sollten und von denen einige im Museum von Bodrum ausgestellt sind. Das Schiff selbst, in dessen Überresten sich dieser sensationelle Fund befunden hatte und das vor mehr als dreitausend Jahren an den messerscharfen Klippen des Kap Gelidonya gescheitert war, gehörte wahrscheinlich einem phönikischen Händler, der zwischen den Küsten des Libanon, Zyperns und Kretas unterwegs war und für seine verschiedenen Geschäfte diese Kupferbarren benötigte; als Zahlungsmittel natürlich, denn gemünztes Geld gab es damals noch keines.
Einige dieser Barren befinden sich, wie erwähnt, in Bodrum, das als Heimatstadt des Herodot und auch durch die Gigantomanie eines gewissen Mausolos berühmt wurde. Das moderne Bodrum besteht freilich nur noch aus einer Ansammlung ärmlicher Häuser, die etwas Niederdrückendes besitzt. Und als ich zuletzt in dieser Hafenstadt an der türkischen Südküste war, rumorte auch hier in den hellen Dezembernächten das graue erkaltete Meer vor der Küste, ertranken ein paar Inseln, gerade noch zu Europa gehörend, unter einem fahlfarbenen Horizont und war die Stadt selbst wie leergefegt. Das hochaufragende Mauerwerk der einstigen Johanniterburg, in der heute das Museum untergebracht ist, erhebt sich mächtig und dunkel am Rand des kreisrunden Hafens, während der Schauplatz, an dem sich einst das Mausoleum des Mausolos erstreckte – bekanntlich das älteste und eindrucksvollste aller Grabdenkmäler außerhalb der ägyptischen und wohl auch altmesopotamischen Kultur –, inmitten der armseligen Lehmhütten türkischer Fischer und Bauern liegt. Es ist eine riesige Erd- und Lehmgrube mit bräunlichem Grundwasser, darin heute noch dänische Archäologen nach weiteren Beweisen für die Existenz dieses Mausoleums suchen. Es hat etwas Ergreifendes, wenn man sich vorstellt, daß ausgerechnet hier eines der ältesten Zahlungsmittel der Menschheit besichtigt werden kann, wenngleich es nicht immer ganz einfach ist, das Museum auch wirklich geöffnet vor-

zufinden. Auf einigen der Kupferbarren kann man übrigens noch Schriftzeichen erkennen, die bis heute nicht exakt entziffert wurden, die aber wahrscheinlich über Herkunft und Eigentümer dieses beträchtlichen antiken Vermögens exakte Auskunft geben würden. Und kaum einer der Besucher, die staunend vor den eigenartig geformten Ochsenhaut-Barren im Museum von Bodrum stehen, würde auf die Idee kommen, daß die Unterwasserarchäologen einfach einen Wagenheber benützten, um die miteinander verschmolzenen Barrenhaufen vom Meeresboden zu bergen.
Spätestens seit 1961, seit dem endgültigen Abschluß der Arbeit am Wrack von Kap Gelidonya, kann man also die Existenz eines Zahlungsmittels nachweisen, das den verhältnismäßig primitiven und vor allem ziemlich unhandlichen Tauschhandel mit Naturalien bereits vor rund drei Jahrtausenden revolutioniert hat. Aber wo waren die anderen Beweise? Um wo lag der überzeugende Nachweis verborgen, daß diese Kupferbarren nicht das einzige Glied in der Beweiskette sein konnten, die das Vorhandensein von Geldwert und gemünztem Geld in antiker Zeit bestätigt? Und vor allem: Was war in Sardes geschehen, der Hauptstadt des lydischen Großreiches, wo König Kroisos seinen sagenhaften Reichtum erworben hatte?
Wir wisssen, daß die Menschen seit den Anfängen ihrer Geschichte eine fast mythische Beziehung zu all den kostbaren Metallen hatten, denen sie sich in ihrem untrüglichen Instinkt für die schwierige Kunst der Vermögensbildung und gewinnbringenden Geschäfte sozusagen blindlings anvertrauten. In Mesopotamien zum Beispiel verglich man Silber mit dem Mond, das wesentlich feurigere Gold hingegen mit der Sonne. Und weil der Mond in dreizehneinhalb Monaten die Sonne umkreist, war damals das Gold eben dreizehneinhalbmal wertvoller als das Silber, während der Wert des Silbers immerhin das Sechzigfache des Kupfers ausmachte. In Ägypten hingegen, wo man keine Silbergruben besaß, war dieses Metall naturgemäß doppelt so kostbar wie Gold. Und

es war auch in Ägypten, wo es verhältnismäßig spät, gemessen an den anderen zivilisatorischen Errungenschaften, zu einer Art Geldwirtschaft gekommen war: Man verwendete seltsam geformte Kupferbarren als gängiges Zahlungsmittel; das Aussehen dieser Barren kennen wir von thebanischen Grabmalereien und jetzt natürlich auch durch den Fund vom Kap Gelidonya. Aber auch Goldringe wurden in Zahlung gegeben. Man kann sich vorstellen, wie schwierig und zeitraubend diese Art von Geschäften gewesen ist, bei der alles erst mühsam abgewogen und ausgerechnet werden mußte, wobei es im übrigen vollkommen gleichgültig war, ob es um den Ein- oder Verkauf von Sklaven, von Getreide, Salz, Grundstücken oder sonst um irgendwelche Transaktionen ging. Und es ist vielleicht auch gar kein Zufall, daß gerade in Ägypten das erste gemünzte Geld verhältnismäßig spät in Umlauf kam. Es waren die Perser, die um das Jahr 500 vor Christus diese ersten geprägten Goldmünzen am Nil in Umlauf brachten.

Im Zwischenstromland hingegen, dem Schauplatz einer der ältesten Hochkulturen der Menschheit, wo schon eine der wichtigsten Erfindungen gemacht worden war, nämlich die der Schrift, hatte man sich bereits frühzeitig einen hohen Standard im Umgang mit allen geldähnlichen Methoden und Geschäften erworben. Es war unter König Hammurabi, also zwischen 1790 und 1750 vor Christus, daß in Babylon Silber als Zahlungsmittel in Gebrauch kam. Manche Autoren bezeichnen dieses Zahlungsmittel zwar als Münzmetall, aber das ist wohl nur ein legitimer Vorgriff auf künftige Entwicklungen. Denn der mesopotamische Shekel – dem später noch der israelische und phönikische Shekel folgen sollten – resultiert praktisch aus der Tatsache, daß man von den Silberbarren immer wieder von neuem einzelne Stücke abbrechen oder abschneiden mußte, um sie dann sorgfältig und umständlich abzuwiegen. Im Babylonischen aber bedeutet das Wort »Shekel« soviel wie »Wiegen, Abwägen, Prüfen«. Und so entstand aus der Bezeichnung für eine Tätigkeit, die im geschäftlichen Umgang mit Silberbarren ganz selbstverständlich war, der erste authentische Begriff für einen Vorläufer des gemünzten Geldes. Man unterteilte die einzelnen Silberbarren jeweils in sechzig Einheiten und legte die Preise für alle Waren und Dienstleistungen genau fest. Auch Vorläufer unserer heutigen Kreditbriefe wurden bereits vor mehr als viertausend Jahren ausgestellt, und zwar im sumerischen Ur im äußersten Süden des heutigen Irak; diese ersten Kreditbriefe sollten jene Kaufleute erhalten, die damals schon unterwegs waren. Und es ist fraglos ein Beweis für die zivilisatorische Fortschrittlichkeit dieser ältesten Hochkultur im mesopotamischen Raum, daß solche Kreditbriefe – es handelte sich dabei um Tontafeln, auf denen in Keilschrift die notwendigen Feststellungen getroffen waren – anstandslos zwischen den Küsten des Persischen Golfes und des Mittelmeeres akzeptiert wurden.

Was den israelischen Shekel betrifft, der dem gleichnamigen mesopotamischen Zahlungsmittel bis auf einen geringfügigen Unterschied im Gewicht ähnlich war und der natürlich gleichfalls aus Silber bestand, so war man spätestens in dem Augenblick ausführlich darüber informiert, als man in den sechziger Jahren unseres Jahrhunderts in einer entlegenen Höhle im Hinterland der Oase Ein Gedi am Toten Meer einen Krug mit verschiedenartig geformten Silberstücken fand. In der unmittelbaren Nachbarschaft dieses Kruges stieß man dann aber auch noch auf primitive Waagen und Gewichtsteine, so daß wieder einmal mehr der wichtige Zusammenhang zwischen diesen Silberstücken und dem unerläßlichen Abwiegen nachgewiesen werden konnte. Im Israel-Museum von Jerusalem, das auch einen aufsehenerregenden Fund aus der Zeit der frühesten Münzprägung enthält, kann man neben dem Silberschatz von Ein Gedi auch noch einen anderen interessanten Beweis für das Vorhandensein ältester Zahlungsmittel sehen, und zwar verschiedene zerbrochene Schmuckstücke aus dem 1. vorchristlichen Jahrtausend. Wir wissen ja nicht zuletzt auch aus der Bibel ziemlich genau Bescheid über den tatsächlichen Wert des israelischen Shekel und über die Preise, die zum Beispiel von den Philistern für verschiedene Dienstleistungen verlangt wurden. So etwa kostete das einfache Schärfen einer Pflugschar zwei Drittel eines Shekels, das Schärfen einer Axt hingegen ein Drittel; das Jahresgehalt eines Tempelpriesters betrug neben freier Verpflegung und kostenloser Unterkunft rund zehn Silbershekel. Wir wissen aber auch aus der Bibel, daß Abraham seine Silberstücke auf der Waage abgewogen hatte, als er sich in Kanaan ein Grundstück kaufte; wir sind sogar imstande, den Preis auszurechnen, den dieses Stück Land den Stammvater aller Israeliten gekostet hat. Dieses mathematisch wie historisch gleichermaßen beeindruckende Kunststück hängt ursächlich mit der Erwerbung eines Basaltgewichts aus dem 9. vorchristlichen Jahrhundert durch ein Museum in Haifa zusammen; es ist auf eine recht primitive Weise abgerundet, hat einen Durchmesser von zwanzig Zentimetern und ist knapp neun Zentimeter hoch; in den Basalt sind ein geflügelter Löwe und althebräische Schriftzeichen eingraviert. Unweit des Fundortes dieses Steins stieß man dann noch auf einen Siegelstein, der gleichfalls mit einem Löwen versehen ist und mit seinem Gewicht von 4,78 Kilogramm dem Gegenwert von vierhundert Silbershekel entspricht. Das aber ist ziemlich genau der Preis, den Abraham für sein Grundstück nahe dem israelischen Hebron an einen Hethiter bezahlen mußte. Wir brauchen dazu nur im Buch Genesis nachzulesen, und zwar in der Geschichte Abrahams, Kapitel 23; hier sagt nämlich Abraham zum Hethiter Ephron: »Ich zahle dir den vollen Preis des Grundstückes. Nimm ihn von mir an, damit ich meine Tote dort begraben kann.« Und Ephron erwidert dem Abraham: »Mein Herr, höre mich an! Vierhundert Silbershekel für ein Grundstück, was bedeutet das zwischen mir und dir? Begrabe deine Tote!« – Und so kaufte Abraham das »Grundstück mit der Höhle darauf und samt allen Bäumen« und begrub »seine Frau Sara in der Höhle auf dem Grundstück im Lande Kanaan«.

Auch über die landläufige Moral im Geschäftsleben jener Zeit, über Genauigkeit und Stimmigkeit etwa der vielgebrauchten Gewichtsteine finden wir in der Bibel Hinweise, so etwa in den Anhängen zum Kapitel 25 des Buches Deuteronomium. Da heißt es unter anderem: »Du darfst in deinem Beutel nicht zweierlei Gewichtsteine, einen schweren und einen leichteren, haben. Du darfst in deinem Hause nicht zweierlei Hohlmaße, ein größeres und ein kleineres, haben. Volles und richtiges Gewicht sollst du haben, volles und richtiges Hohlmaß sollst du haben . . .« – Es hat also den Anschein, als ob sogar in diesen biblischen Zeiten üble Spekulanten und Betrüger das Geschäftsleben unsicher machten, obgleich die Erfindung des gemünzten Geldes noch Jahrhunderte auf sich warten lassen sollte. Die bewegenden Fragen, die wir uns stellen müssen, handeln aber nicht von der Gewinnsucht einzelner Geschäftsleute, sondern davon, wie die Entwicklung von der mühsamen Handhabung schwerer Kupferbarren über den sogenannten Silbershekel bis hin zu den ersten kleinen, handlichen Münzen ausgesehen hat. Und wieder sind es die Archäologen, manchmal unterstützt von Bauern, Hirten, Abenteurern, manchmal vom Zufall abhängig, die uns an die Ursprünge ältester Geldgeschäfte und abergläubischen oder bloß habgierigen Umgangs mit Privatvermögen und staatlichen Schätzen zurückführen. Heute wissen wir, daß die Griechen bei ihren alltäglichen Geschäften und im sogenannten kleinen Warenverkehr hauptsächlich dünne, längliche Kupferstangen als Zahlungsmittel verwendeten, die sie »oboloi« nannten, was soviel wie »Spieße« bedeutete. Das in unserem zeitgenössischen Sprachgebrauch immer noch verwendete Wort »Obolus« ist direkt darauf zurückzuführen. Weniger bekannt dürfte hingegen sein, daß man im Altertum sechs solcher Spieße als »drachme« bezeichnete, also mit dem altgriechischen Wort für eine Handvoll, was die Herkunft des heutigen Begriffs Drachme für das griechische Geld erklärt. Jüngste archäologische Funde von der Ausgrabungsstätte Troezen im Bereich der nordöstlichen Pelopon-

nes gegenüber der Insel Aigina bestätigen dieses Wissen auf überzeugende Weise, denn dort – wie dann auch noch an anderen Plätzen im agäischen Raum – fand man in den Überresten eines Hera-Tempels ein ganzes Bündel solcher Kupferspieße, die wahrscheinlich als kostbares Weihegeschenk gedacht waren.
Überhaupt diese Leidenschaft der Griechen, ihren Göttern ausnahmslos die kostbarsten Schätze zu weihen! Es hat beinahe den Anschein, als ob dieses kluge und geschäftstüchtige Volk den Umgang mit den ersten Zahlungsmitteln der Geschichte erst über den Weg ständiger materieller Opferbereitschaft im Zusammenhang mit religiösen Mythen kennengelernt und begriffen hat. Andererseits war man realistisch genug, um die angehäuften Schätze, die ursprünglich aus Kupferspießen, Silberbarren und teilweise auch aus Gold bestanden, ungeachtet aller religiösen Gesetze jederzeit verfügbar zu halten, und zwar in diesem durchaus profanen und zugleich nützlichen Sinne, daß die Schatz- oder Geldhäuser, die immer einer bestimmten Gottheit geweiht waren, in Notzeiten als äußerste Reserve herangezogen wurden. Wenn es also um die Bewaffnung der Armee oder um die rasche Linderung einer Hungersnot ging, wurden diese Geldhäuser bedenkenlos geleert. Bemerkenswert an dieser Haltung ist ja auch, daß alle diese griechischen Schatzhäuser in idyllischer landschaftlicher Umgebung angelegt wurden, als wollten die Griechen nachdrücklich dokumentieren, wie bedeutsam ihnen die ästhetische Übereinstimmung von materiellem Vermögen und landschaftlicher Schönheit war.
Den Beweis, daß sich also auch die vorgriechische Gesellschaft dieser Vorratswirtschaft bediente, erbrachten Archäologen, die vor wenigen Jahren auf eines der wichtigsten Geldmagazine der mykenisch-minoischen Kultur gestoßen waren. Den ersten Anlaß zu diesem Fund hatte übrigens wieder einmal der Zufall geliefert. Denn vor ungefähr dreißig Jahren fand ein Bauer aus Kato Zakros, einem kleinen weltverlorenen Dorf auf der östlichsten Hochebene Kretas, bei der

Arbeit auf dem Feld einen uralten Krug, den er gelegentlich eines Besuches in der nächstgelegenen Stadt Sitia zu verkaufen suchte. Das wäre an sich noch gar nicht so ungewöhnlich gewesen, denn Kreta ist buchstäblich übersät mit solchen Fundstätten, und die Geschichte der privaten Schatzgräberei kennt gerade auf dieser Insel zahlreiche Beispiele der erstaunlichsten archäologischen Entdeckungen. Aber als das Gerücht von dem Krug – der in Wahrheit eine der ältesten Terrakotten Kretas war – bis nach Heraklion drang, wurde die Fachwelt aufmerksam. Längst schon vermutete beispielsweise der italienische Archäologe Doro Levi, der sein Leben lang auf Kreta gegraben und unter anderem auch in Phaistos und Gortys gearbeitet hatte, daß in der Gegend des ostkretischen Dorfes Zakros jener wichtige Hafen zu suchen sei, wo vor rund viertausend Jahren schon durch den Austausch von ägyptischen und später auch phönikischen Waren die Verschmelzung der minoisch-mykenischen Kultur Kretas mit den wesentlich älteren Kulturen Asiens und Afrikas stattgefunden hatte. Jetzt war es also nur noch eine Frage der Zeit und der günstigsten Gelegenheit, bis man im weiteren Umkreis dieses einsamen Dorfes zu graben beginnen konnte. Es hatte zwar bereits Anfang des 20. Jahrhunderts an der Ostküste Versuchsgrabungen gegeben, aber nun begannen italienische und griechische Archäologen mit den systematischen Ausgrabungen, die sowohl zur Aufdeckung des inzwischen berühmtgewordenen Palastes von Zakros führten als auch die tatsächliche Bedeutung des minoisch-mykenischen Hafens erkennen ließen. Und schließlich fand man auch das Schatzhaus, das man in der weiten Bucht vermutet hatte, nachdem unmittelbar vor Ausbruch des Zweiten Weltkrieges hier kostbare Kultgegenstände aus purem Gold ausgegraben worden waren; von denen dann freilich jede Spur verschwunden war. Angeblich befinden sie sich in einer Privatsammlung auf dem griechischen Festland. Das Schatz- oder Geldhaus selbst konnten die Archäologen aber identifizieren; ebenso wie jenes von Aghia Triada im Süden Kretas. Und in

Arkalochorion schließlich, einem eher nichtssagenden Bauerndorf im Innern Kretas, eine knappe halbe Autostunde von Heraklion entfernt, stieß man auf ein bedeutendes Lager mit Weihegeschenken aus Metall – darunter auch einige kostbare Stücke aus Gold und Silber –, von dem man sich allerdings hinter vorgehaltener Hand erzählt, daß der weitaus größere Teil dieser Weihegeschenke von einem Bauern geborgen worden sei, als dieser zuerst die Schatzhöhle auf dem Hügel Profitis Elias entdeckt hatte. Sein ältester Sohn, der sich als Zahnarzt niedergelassen hat, schweigt achselzuckend zu allen diesen Gerüchten, denen zufolge die minoisch-mykenischen Kultgegenstände auch sein Studium finanziert haben sollen. Beweisbar ist jedenfalls gar nichts.
Freilich ist gerade die Gegend von Arkalochorion jederzeit gut für archäologische Überraschungen, die nicht nur den Behörden, sondern auch den Wissenschaftlern Kopfzerbrechen bereiten. Die Entdeckung des Schatzes von Arkalochorion, zu dem auch die in Heraklion ausgestellte weltberühmte Streitaxt mit einer bis heute nicht entzifferten Inschrift gehörte, die Mitte der dreißiger Jahre hier gefunden wurde, ist ein gutes Beispiel dafür. Die ganze Geschichte begann Anfang des 20. Jahrhunderts, als die Kinder von Arkalochorion plötzlich von einem Tag auf den anderen mit seltsamen Gegenständen aus Bronze zu spielen begannen, die sie aus einer kleinen Höhle am Hügel Profitis Elias geholt hatten. Eines Tages befand sich unter dem merkwürdigen Spielzeug der Kinder auch eine Figur aus Gold, und es dauerte nicht lange, bis die Eltern der Kinder untereinander in einem heftigen Streit lagen, wem das kostbare Stück eigentlich gehörte. Es tauchten jetzt aber auch bei den Antiquitätenhändlern in Heraklion und Athen minoisch-mykenische Weihegeschenke auf, die meisten davon aus Gold oder Silber, und es vergingen dann noch etliche Jahre, bis die Behörden endlich auf diesen seltsamen Handel aufmerksam wurden. Angeblich war der Streit zwischen den Erwachsenen daran schuld, daß man auch offiziell auf die Spur dieses Schatzes kam, was aber nichts daran

änderte, daß die meisten Stücke längst spurlos verschwunden waren, als die ersten Wissenschafter in dem Dorf auftauchten. Trotzdem gehört auch der Rest des Fundes von Arkalochorion zu den wichtigsten Beweisen für die Existenz von Opfergaben, die auch als Zahlungsmittel Verwendung fanden.

Eine recht gute Vorstellung von der Schönheit und vom materiellen Wert solcher Schätze kann man sich gelegentlich in kleinen, unbekannten Provinzmuseen machen, so etwa im Museum der westpeloponnesischen Gemeinde Chora, das übrigens auch in Verbindung mit der sogenannten Linear-B – oder besser mykenischen – Schrift von besonderer Bedeutung ist. Dort nämlich befindet sich im ersten der drei ebenerdig gelegenen Schauräume eine Vitrine, die aus guten Gründen stets im Blickfeld des Portiers und der Wächter liegt. Der materielle Wert des Inhalts dieser einen Vitrine dürfte sich nach vorsichtigen Schätzungen in Millionenhöhe bewegen, und zwar in jeder soliden europäischen Währung. Der ideelle und historische Wert ist ungleich größer; diese Exponate stammen alle aus dem Nestorpalast von Pylos, der einige Kilometer von Chora entfernt ausgegraben wurde, und zwar von dem amerikanischen Archäologen Carl W. Blegen, der 1929 mit den Grabungen begann, sie 1939 fortsetzte und in den fünfziger Jahren vollendete; es handelt sich bei diesen Exponaten um drei große Trinkgefäße aus purem Gold, um Goldschmuck in jeder Form und schließlich um Hunderte von kleinen Goldplättchen, die vor Jahrtausenden zweifellos ein ebenso praktisches wie gängiges Zahlungsmittel waren. Alle diese Stücke sind mykenischen Ursprungs. Und man braucht nur an Mykene selbst zu erinnern, wo der griechische Archäologe I. Papadimitriou einige Schachtgräber fand, deren Grabbeigaben die seinerzeit von Heinrich Schliemann gemachten Erfahrungen bestätigten: Neben einer Fülle von gröberem Goldschmuck stieß man auch hier wie im Nestorpalast von Pylos auf zahllose winzige Goldplättchen mit einer eigenartigen Spiralverzierung, die zweifelsohne als Zahlungsmittel Verwendung gefunden hatten.

Der Schatz von Chora, der für ein Dorfmuseum eine ungewöhnliche Attraktion darstellt, besticht durch seine ästhetische Schönheit und durch den handfesten ökonomischen Wert, den er repräsentiert. Dieser Schatz ist ein Beweis für die Faszination und für die Bedeutung, die lange vor der Erfindung des gemünzten Geldes alle kostbaren Metalle ausgeübt haben. An solchen Beispielen ist heute noch genau abzulesen, daß die schöne Utopie von der klassenlosen Gesellschaft schon vor Jahrtausenden nichts weiter als ein unerfüllbarer Traum war, denn ein König – vielleicht war es Nestor –, der aus den kostbar gearbeiteten Goldgefäßen von Pylos trank, unterschied sich in jeder Hinsicht vom einfachen Mann, der seinen dürstenden Mund in frisches Quellwasser tauchte. Eine solche Erkenntnis hört sich heutzutage, da wir mit Banknoten, Schecks und Kreditkarten umzugehen gelernt haben, vielleicht ein wenig banal an. Aber im Widerschein des goldenen Schimmers, der den Schauraum eines westpeloponnesischen Dorfmuseums auf geheimnisvolle Weise verzaubert, gewinnt sie noch einmal ihre uralte Bedeutung zurück.

Und wer noch einen überzeugenderen Beweis für die Bedeutung von Schätzen jeder Art, also von Kupferbarren und Kupferstangen, von Goldringen, Silberbarren und kostbaren Schmuckstücken, von den »oboloi« und »drachmai« der hellenischen Welt für das ökonomische Selbstverständnis der Menschen haben will, braucht nur an das größte Bank- und Schatzhaus der Antike zu denken, an Delphi, das 1892 erst dadurch freigelegt werden konnte, daß die griechische Regierung das gleichnamige moderne Dorf praktisch enteignete, abreißen ließ und einige hundert Meter entfernt wieder neu anlegte; denn unter den Fundamenten der alten Bauernhäuser schlummerten die Schatzhäuser Griechenlands und Kleinasiens. Aber auch die Schatzhäuser von Delos, der heiligen Insel in der Nachbarschaft von Mykonos, gehören zu solcher Beweisführung. Und der berühmt-berüchtigte Schatz von Pergamon, aufgehäuft von einem der kriegserfahrenen

Feldherrn Alexanders des Großen, finanzierte die Neugründung eines Königreichs. Dennoch bleibt die entscheidende Frage: Wo lag der Schlüssel, der das Tor aufschließen würde zum letzten und wichtigsten Geheimnis monetärer Entwicklungsgeschichte? Welche archäologische Entdeckung würde notwendig sein, um einen wichtigen Satz von Herodot schlüssig zu beweisen? Wo also wurde wirklich das erste Münzgeld der Welt geprägt?

»Die Lyder waren die ersten, die Gold- und Silbermünzen schlugen und benutzten«, hatte Herodot geschrieben. Man wußte längst ganz genau, wann und wo diese Lyder gelebt hatten. Man kannte ihre Geschichte, die gleichfalls von Herodot ausführlich beschrieben worden war. Und man vermutete bis in die sechziger Jahre unseres Jahrhunderts ziemlich genau, wo Sardes liegt, die legendäre Hauptstadt der Lyder und ihres Königs Kroisos. Und dann gab es ja auch noch einen ganz entscheidenden Hinweis auf die Kunst dieser Lyder, Münzen zu schlagen und zu benützen, denn im Jahre 1904 hatte ein englischer Archäologe namens David George Hogarth in Ephesos einen überraschenden Fund gemacht, der erstmals auf die Anfänge des Geldes in seiner heutigen Form verwies. Hogarth, der in seiner Jugend ausgedehnte Wanderungen durch ganz Kleinasien unternommen und sich in seinen archäologischen Lehrjahren zuerst mit dem Kopieren hethitischer Inschriften beschäftigt und dann bei Flinders Petrie auf Zypern die Technik des wissenschaftlich präzisen Ausgrabens studiert hatte, war auch 1899 als Assistent seines Landsmannes Arthur Evans tätig gewesen. Einige Jahre später, 1904, wurde Hogarth vom Britischen Museum nach Ephesos entsandt, um dort die Arbeit eines anderen, weniger glücklich operierenden Archäologen fortzusetzen; dessen Name war J.T. Wood, und er hatte schon bis zum Jahre 1874 in Ephesos Ausgrabungen vorgenommen, ohne allerdings einen spektakulären Erfolg zu erzielen. Hogarth selbst berichtet in seinen Erinnerungen über den desolaten Zustand, in dem er den Schauplatz seiner künftigen Tätigkeit vorfand:

»Die Trümmerstätte sah so hoffnungslos aus, wie dies eine antike Siedlung nur sein kann – eine riesige, mit Wasser gefüllte Grube, die von einem eng verflochtenen Dickicht aus Dornbusch und Rohr überwuchert war. Als wir diesen Dschungel dann mit Axt, Feuer und Hacke ausgerodet hatten, wirkte sie womöglich noch hoffnungsloser. Indes trockneten die flachen Pfützen an der Oberfläche, als sie vom Blätterdach nicht mehr geschützt wurden, unter der Oktobersonne rasch aus, und ich begann ohne viel Umstände mit meiner Arbeit an der Basis des Tempels, an deren Errichtung König Kroisos mitgewirkt hatte.

Etwa hundert Mann wurden angeworben, und alles, was es an Ort und Stelle an Fahrzeugen gab, mußte in Dienst gestellt werden. Ich bekam Karren mit Maultieren und Pferden, Packesel mit Körben und Säcken, Schubkarren und landesübliche Körbe . . .«

Aber in der verhältnismäßig kurzen Zeit, die Hogarth zur Verfügung stand – er hatte erst Ende September 1904 mit seiner Arbeit begonnen –, schienen größere Erfolge nur schwer vorstellbar. Es war der Oktober ergebnislos vergangen, es verstrichen die letzten Novembertage, und immer noch war nicht viel mehr geschehen, als daß man den bereits von Wood entdeckten »frühesten Tempel«, wie man ihn in Unkenntnis seiner historischen Funktion nannte, freigelegt hatte. Einen konkreten Hinweis darauf, daß es sich dabei um den sagenhaften Tempel der Artemis handelte, hatte man noch nicht gefunden. Und Hogarth war auch inzwischen davon überzeugt, daß es »nur Geld- und Zeitverschwendung gewesen wäre, dieser Arbeit noch eine zweite Saison zu widmen«, als seine Arbeiter eines Tages an der Basis des freigelegten Tempels einige Deckplatten aus Kalkstein abhoben, unter denen eine kleine Tafel »aus unreinem Gold« auftauchte, die von einem geometrischen, aller Wahrscheinlichkeit nach ionischen Muster bedeckt war und deren vier Ecken Durchbohrungen zeigten. Hogarth notierte damals: »Die letzten Stunden dieses Tages vergingen wie Minuten. Jede Handvoll

Lehmmörtel, die durch die Siebmaschen gespült wurde, hinterließ wertvolle Objekte: in der Hauptsache Frauenschmuck, nämlich Ohrringe jeder Art und jeden Gewichts, Perlen von zerrissenen Halsbändern, Haarnadeln sowie Schulter- und Halsbroschen; auf einigen der letzteren waren in der feinen Granuliertechnik ionischer Goldschmiede Falken dargestellt. Mit diesen Funden tauchten einfache Geldstücke aus Elektron auf, die frisch von der Münze zu kommen schienen.« – Bemerkenswert ist Hogarths Anmerkung über die Entdekkung eines Kruges voll Münzen in der Schlußphase dieser Grabungskampagne: »In einem Falle stießen wir wohl auf etwas, was man absichtlich vergraben hatte. Es war ein kleiner Krug, der aufrecht in eine Ecke des untersten Fundaments gestellt und einst mit einem Deckel verschlossen worden war; das Band der Verschnürung haftete noch im Ton. Meine Leute hatten ihre ursprüngliche Unschuld längst verloren; illegale Antiquitätenhändler lauerten ihnen Tag und Nacht auf und brachten sie in Versuchung. Der Arbeiter, der beim Füllen seines Korbes mit Lehm diesen Krug zuerst sah, blickte sich verstohlen um, aber ich stand hinter dem armen Burschen und nahm den Fund eilig an mich. Ich sehe noch seinen traurigen Blick, als aus seinem Topf neunzehn Elektron-Münzen ältester lydischer Prägung herausfielen.«

David Hogarth hatte hier in Ephesos tatsächlich einen der größten und wissenschaftlich ergiebigsten Schätze der Antike auf kleinasiatischem Boden gefunden; es waren mehr als dreitausend Einzelstücke aus Elfenbein, Bronze, Gold und Silber. Und er war überdies auf diese uralten Münzen aus Elektron gestoßen, also auf Münzen aus einer Gold- und Silberlegierung, wie sie in dieser Form bisher noch nirgends auf den Ausgrabungsplätzen des mediterranen Raumes entdeckt worden waren. Die Münzen waren lydischen Ursprungs; es waren außerdem die ältesten Münzen, die man bisher aufgespürt hatte.

Es sollten dann freilich noch rund sechs Jahrzehnte vergehen, bis das Geheimnis dieses sensationellen Fundes geklärt wer-

den konnte und ein englischer Archäologiestudent die Entdeckung seines Lebens machte.
Ungefähr zur gleichen Zeit, als mir im winterlichen Sardes allmählich die Bedeutung der hellrosa und zartgrün verfärbten Vertiefungen im gefrorenen Erdreich unweit des Kybele-Heiligtums auffielen, die einige Jahre vorher freigelegt worden waren, begann im Israel-Museum von Jerusalem eine ständige Ausstellung von archäologischen Fundstücken, die mit der Geschichte des Landes zu tun hatten und zu denen auch einige Exponate gehörten, über die ich mich in jenem Winter einige Wochen später, direkt von Sardes kommend, voller Neugier beugte. Es handelte sich um primitive Werkzeuge zur Münzprägung, die ich jetzt, nach meinen Erfahrungen in Sardes und nachdem ich eine Fülle von Anekdoten und Geschichten über dieses Thema kennengelernt hatte, mit ganz anderen Augen betrachtete: Da lagen sie vor mir, diese zerbrechlich anmutenden und doch so widerstandsfähigen Dinge, an denen immer noch das Glück der Menschheit hängt, ein kleiner geschwärzter Hammer mit einer eher fragilen Zange, ein hellgrauer und verhältnismäßig dicker Stein mit runden Vertiefungen und feinen Rillen, ein anderer Stein, rosafarben, handtellergroß und in zwei ungleiche Hälften zerbrochen, auch er kreisrund eingedrückt und gezeichnet, und schließlich verschiedene Prägestempel, darunter einer mit wunderschön herausgearbeiteten Weizenähren. Das Licht der Neonröhren spiegelte sich im Glas der Vitrine, in der alle diese Schaustücke auf farbigem Samt ausgebreitet lagen. Im Hintergrund befanden sich in einigen Kästen noch die Silberstücke aus Ein Gedi und jene zerbrochenen Schmuckstücke aus dem 1. vorchristlichen Jahrtausend, alles Beweise für eine langwierige und mühsame Entwicklung, deren Ergebnis mit diesen eigenartig verformten, hellgrauen Steinen vor mir lag. Wie nutzlos und nebensächlich sie doch aussahen im Vergleich zur flimmernden und verzaubernden Schönheit des aufgehäuften Schmucks, wie unansehnlich sie wirkten in dieser kostbaren Umgebung! Und doch hatten sie

mehr Macht und Elend, Glück und Wohlstand, Niedertracht und Neid in die Welt entlassen und möglich gemacht, als es aller Schmuck in diesem Raum des Museums je vermocht hätte. Ich musterte die Weizenähren auf einem der Prägestempel. Sie wirkten wie neu, waren meisterhaft geschnitten und fein ziseliert. Was für ein Widerspruch! Denn dieses Symbol der Fruchtbarkeit und eines idyllischen Lebens, das einst auf Münzen prangte, die längst verschollen sind, hatte mitgeholfen, menschliche Abhängigkeit zu vertiefen und das Unheil in der Welt zu vermehren.

Ich verbrachte in jenem Winter mehrere Tage in Jerusalem und kam immer wieder ins Museum, verzaubert von den uralten Werkzeugen einer fast magischen Kunst. Es war wie ein Zwang, dem ich mich ausgesetzt fühlte. Allmählich begriff ich den tieferen Sinn einer jahrtausendealten Entwicklung, die irgendwann in vorgeschichtlicher Zeit mit dem Austausch von Muscheln und Fellen, Salz und Tierzähnen begonnen hatte, die dann einen ersten Höhepunkt in der Kostbarkeit nubischen Goldes und mesopotamischen Silbers erreicht hatte und die schließlich in der fragwürdigen Bequemlichkeit jener Kupferbarren gemündet war, wie wir sie durch die von Throckmorton entdeckte und von Bass geborgene phönikische Schiffsladung vom Kap Gelidonya kennen. Was für Mühsal und welche Fülle schweißtreibender Umständlichkeit lag doch auf diesem langen Weg, an dessen vorläufigem Ende die primitiven Werkzeuge stehen, mit denen man sozusagen ohne jede Schwierigkeit alle Geldgeschäfte der Welt erledigen kann! Und das ist wohl auch der Augenblick, da von Kroisos erzählt werden muß, von seiner sprichwörtlichen Habgier und vom Erfindungsreichtum seiner lydischen Untertanen in Sardes, die seine Habgier auf eine Weise befriedigten, daß die Legende von seinem Reichtum unsterblich werden sollte.

Es begann wie so oft mit einer Expedition von neugierigen und ungemein hartnäckigen Archäologen. Das war noch in der Zeit vor dem Ersten Weltkrieg, und es waren amerikanische Altertumsforscher, die im südwestlichen Anatolien ziemlich rasch zwei Säulen eines Tempels freilegten, der zweifellos einmal der asiatischen Gottheit Kybele geweiht gewesen war, also der älteren Vorläuferin der griechischen Artemis. Der genaue Schauplatz dieses Fundes lag rund hundert Kilometer östlich von Izmir, das damals noch unter seinem alten griechischen Namen Smyrna bekannt war. Für die amerikanischen Archäologen gab es keinen Zweifel, daß sie auf Sardes gestoßen waren, also auf die legendäre Hauptstadt der Lyder.

Aber dann brach der Erste Weltkrieg aus, die Archäologen gingen in die USA zurück, die Ausgrabungen von Sardes gerieten in Vergessenheit. Erst im Jahre 1958 kamen wieder Altertumsforscher und Ausgräber in die Gegend von Sardes und machten sich daran, eines der letzten Rätsel aus der Antike zu lösen. Aber alles, was man in den ersten Jahren fand, war zwar von außerordentlichem wissenschaftlichem Wert, bestätigte die Erzählungen des Herodot und auch die Erkenntnisse der Historiker, die sich mit diesem Thema beschäftigten, hatte aber so gut wie gar nichts mit Kroisos und der von den Lydern gemachten Erfindung des Münzwesens zu tun. Man stieß auf guterhaltene Abschnitte der einstmals berühmten persischen Königsstraße, die von Sardes über Susa und weiter nach Persepolis geführt hatte, man grub eine der ältesten und schönsten Synagogen außerhalb Israels aus, mit prachtvollen Mosaiken und Marmorverkleidungen, die aus dem 2. nachchristlichen Jahrhundert stammten, man fand erstaunliche Überreste aus römischer und byzantinischer Zeit, und eines Tages entdeckten die Archäologen ungefähr zehn Kilometer nördlich der antiken Ruinenstätte sogar einen riesigen Friedhof. Eigentlich waren es gewaltige Krüge, die nun freigelegt wurden, Krüge, die eine durchschnittliche Höhe von hundertachtzig Zentimetern hatten und deren Durchmesser groß genug war, um darin einen erwachsenen Mann unterzubringen. Und tatsächlich fand sich in jedem dieser Krüge auch der Beweis dafür, daß sie in der Zeit zwischen

2 500 und 2 200 vor Christus als Grabstätten gedient hatten, nämlich Knochenreste und Grabbeigaben; es gab auch kaum noch eine Diskussion darüber, daß dieser Friedhof mit den ältesten Anfängen von Sardes zusammenhing. Aber jenes Zeitalter, das für die amerikanischen Archäologen von besonderem Interesse gewesen wäre, konnte noch immer nicht archäologisch erfaßt und ausgewertet werden.
Wonach wurde eigentlich gesucht und welche Zusammenhänge waren bisher bekannt? Da gab es zuerst einmal die lydischen Münzen aus Elektron im Tempel der Artemis zu Ephesos, auf die David Hogarth im Spätherbst des Jahres 1904 gestoßen war. Da war ferner die Aussage des Herodot, daß die Lyder die Schöpfer des Münzwesens waren. Und da waren schließlich die zahllosen Münzfunde auf allen möglichen archäologischen Schauplätzen rund um das Mittelmeer, deren Anfänge alle auf eine ganz bestimmte Zeit beschränkt waren, ab einem ganz bestimmten Zeitalter schlagartig aufhörten und nie älter waren als zweieinhalbtausend oder zweitausendsechshundert Jahre. Das aber konnte doch wohl nichts anderes bedeuten, als daß der Übergang vom Tauschhandel und der umständlichen Bezahlung mit Kupferbarren, Goldplättchen, Silberstücken und Kupferspießen zur allgemeinen Verwendung von Geldmünzen, wie wir sie heute noch kennen, irgendwann zwischen dem 8. und dem 7. vorchristlichen Jahrhundert stattgefunden hatte; und zwar in diesem kleinasiatischen Raum, der geographisch das Königreich der Phryger und das nachfolgende lydische Großreich umschloß; und vom mythischen Goldfluß Paktolos durchflossen wurde, der seinen Reichtum jener berühmtgewordenen Geschichte mit dem vergoldeten Midas verdankte.
Überlegen wir uns einmal, was in diesem Zusammenhang die moderne Geschichtswissenschaft meint: »In Lydien und damit in nächster Nähe der kleinasiatischen Griechen war Ende des 8. vorchristlichen Jahrhunderts die Erfindung des gemünzten Geldes gemacht worden. Sie ersetzte die schwerfällige Zumessung des Edelmetalls als reiner Ware, mit der

sich bisher der Verkehr, selbst im hochentwickelten Alten Orient, behelfen mußte, durch ein leicht zu handhabendes Instrument: die symbolhafte, durch Zeichen herbeigeführte Abkürzung umständlichen Zählens und Wiegens.« – Diese Sätze stammen von dem deutschen Historiker Alfred Heuss. Egon Friedell, der geniale Dilettant aus Wien, dessen Interpretation alter Geschichte nicht unterschätzt werden sollte, schrieb in den dreißiger Jahren einmal: »In den ionischen Küstenstädten Kleinasiens wurde um den Anfang des 7. vorchristlichen Jahrhunderts das Geld eingeführt.« – Und wenn man sich nun vergegenwärtigt, daß alle diese von Griechen besiedelten ionischen Küstenstädte Kleinasiens wie Smyrna, Phokaia, Elaia, Antandros, Ephesos lediglich ein paar Tagesreisen vom lydischen Sardes entfernt waren, dann erscheint die Annahme, daß es Jahrzehnte gedauert haben soll, bis das Münzgeld aus Sardes in griechische Hände kam, als wenig wahrscheinlich. Ende des 8. Jahrhunderts war diese Erfindung gemacht worden; Anfang des 7. Jahrhunderts benützten sie schon die Griechen ... aber wir stoßen Ende des 8. Jahrhunderts immer nur auf mythische Könige, auf legendäre, historisch nicht exakt verifizierbare Ereignisse, die in der uns überlieferten Form keinen wirklichen Zusammenhang erkennen lassen mit der epochalen Erfindung. Oder verbirgt sich hinter den »vergoldeten Händen« des Midas ein Hinweis auf die erste Münze der Welt? Aber Midas war Phryger, und Herodot spricht ausdrücklich von den Lydern als den Erfindern des Geldes! Und wie verhält es sich mit Gyges, jenem lydischen König, der Vorgänger des Kroisos und unmittelbarer Nachfolger und Erbe des Midas war? Von Gyges wissen wir an historischen Fakten unter anderem, daß er im Kampf gegen die kimmerische Invasion, in deren Verlauf Midas durch Selbstmord endete, irgendwann in der zweiten Hälfte des 7. Jahrhunderts den Tod fand; aber ungefähr zur gleichen Zeit hatte ein griechischer Tyrann aus Ephesos in die Familie des Königs Gyges eingeheiratet. Und in Ephesos jedoch sind bekanntlich die bislang ältesten Münzen lydischer Herkunft

gefunden worden. Was wäre also naheliegender, als daß dieses neuartige Zahlungsmittel aus Elektron vor allem und zuerst einmal unter den nächsten Angehörigen und Verwandten der lydischen Könige kursierte? Hat demnach Gyges oder einer seiner unmittelbaren Nachfolger etwas mit der Erfindung des gemünzten Geldes zu tun?
Das alles hört sich vielleicht ein wenig verwirrend an. Denn wenn die Annahme der meisten Historiker stimmt, daß schon Ende des 8. vorchristlichen Jahrhunderts im lydischen Sardes die ersten Geldmünzen geprägt worden sind, dann widerspricht das eigentlich jeder praktischen Erfahrung im Umgang mit der politischen Macht. Erinnern wir uns: Ende des 8. vorchristlichen Jahrhunderts lebte noch Midas, war das phrygische Königreich noch die dominierende politische Kraft in diesem Raum und waren die Lyder nur ein relativ unbedeutendes Volk. Hatte also möglicherweise die Erfindung, deren Geschichte ich hier zu erzählen versuche und die ihren historischen Erfindern, also den Lydern, enorme ökonomische Vorteile gebracht haben muß, auch eine tiefgreifende Veränderung der politischen Situation verursacht? Haben die ersten Geldstücke, die in Sardes geprägt worden sind, mitgeholfen bei der Zerstörung Phrygiens? Und waren die Kimmerer, diese von der Nordküste des Schwarzen Meeres über Kleinasien hereinbrechenden Barbarenstämme, nur der äußere Anlaß für eine umwälzende Neuverteilung der politischen Ordnung im Großraum Phrygien-Lydien, die dann auch noch durch die völlig neuartige ökonomische Situation gefestigt wurde? Denn wer über materielles Vermögen verfügt, besitzt in der Regel auch politischen Einfluß.
Es sind viele Fragen, die nur ungenügend beantwortet werden können. Und es ist kein Zufall, daß ein so angesehener Experte wie der englische Althistoriker M. I. Finley vor einigen Jahren in einem aufsehenerregenden Aufsatz über die problematische Übereinstimmung von historischen und archäologischen Quellen den »Dialog zwischen Historikern, Numismatikern und Archäologen immer noch unbefriedi-

gend« genannt hat. Finley bezeichnet als wichtigste Voraussetzung für die Verbesserung der Situation, »bessere Techniken für die Datierung auszuarbeiten«. – Denn gerade in der Diskussion über Geld- und Münzprägung gibt es erst seit dem 18. Jahrhundert systematische Studien. Erschwert wird diese Datierung auch dadurch, daß auf den antiken Münzen keine Daten und – vor der hellenistischen Periode – auch keine Porträts existieren. Das alles aber bedeutet in der letzten Konsequenz, daß man den Beginn der Münzprägung nur ungefähr angeben kann, und zwar in der Zeit zwischen Ende des 8. und Anfang des 7. Jahrhunderts vor Christus.

Was letztlich bleibt und wirklich zählt, ist wie immer die kontinuierliche Arbeit der Archäologen. Die Amerikaner, die seit 1958 unbeirrt in Sardes Grabungen durchführen, waren vor allem an einem Fund interessiert, nämlich an Überresten der sagenhaften goldenen Stadt des Kroisos, jenes Königs also, der es so hervorragend verstanden hatte, aus der Erfindung eines seiner Vorgänger den größtmöglichen Gewinn zu schlagen. Denn soviel zumindest steht außer Zweifel, daß Kroisos, der von 560 bis 546 vor Christus regierte und der letzte lydische König war, durch die Ausbeutung des goldführenden Paktolos, durch seine Geschäftsbeziehungen mit dem Orient und nicht zuletzt auch durch die Perfektionierung der frühesten Form unserer modernen Geldwirtschaft unermeßliche Reichtümer ansammeln konnte. Jetzt galt es nur noch, einen überzeugenden archäologischen Beweis dafür zu erbringen.

Die Amerikaner gruben fast ein Jahrzehnt lang in Sardes, ohne daß ihnen der endgültige Nachweis für die Existenz dieser »goldenen Stadt« gelungen wäre. Resignierend machte man sich allmählich mit dem Gedanken vertraut, daß die Überreste des lydischen Sardes bei einem der vielen Erdbeben, von denen Anatolien immer wieder heimgesucht wird, in den nahegelegenen Fluß – den Paktolos der Antike – abgerutscht wären und spätestens die Byzantiner auch noch die letzten Spuren beseitigt hätten, als sie auf den Grundmauern des römischen Sardes eine neue Stadt errichteten. Aber dann, während der Grabungssaison von 1967, stießen die Archäologen unter der Leitung von George Hanfmann auf einen Kultstein der Göttin Kybele sowie auf lydische Skulpturen, die mit großer Wahrscheinlichkeit aus der Zeit des 6. vorchristlichen Jahrhunderts stammen. Man fand auch einen kleinen goldenen Ohrring, und es gibt in diesem Zusammenhang die hübsche Geschichte von den Postkarten, auf denen dieser Ohrring abgebildet war und die von den Archäologen in alle Welt verschickt wurden. Immerhin war dieser Ohrring der bisher einzige Gegenstand aus kostbarem Metall, den man in Sardes gefunden hatte; wahrscheinlich dachten sich die Archäologen in einem Anflug von Galgenhumor, daß sie dadurch ihren Geldgebern und Gönnern wenigstens theoretisch beweisen könnten, bei der recht kostspieligen Suche nach der Stadt des Kroisos auf dem richtigen Weg zu sein.

Es kam die Grabungskampagne von 1968. In der Theorie wußte man so gut wie alles über die Person des Kroisos. Auch seine merkwürdigen Transaktionen waren bekannt; er hatte den Goldgehalt der damaligen Münzen, der zwischen fünf und zwanzig Prozent schwankte, einfach dadurch ausgeglichen, daß er das sogenannte bimetallische System in Anwendung brachte. Denn Kroisos war schlau genug, um aus den Schwankungen des Goldgehalts der ältesten Münzen, die gleichsam die erste Währungskrise der Weltwirtschaft verursachten, seinen persönlichen Vorteil zu ziehen. Er dachte nämlich gar nicht daran, den Goldgehalt zu erhöhen, sondern ersetzte einfach die wertvolleren Goldmünzen durch eine größere Anzahl von Silbermünzen, deren geringerer Metallwert wiederum durch eine höhere Stückzahl ausgeglichen werden mußte, und so nützte er auf diese einfache Weise als rücksichtsloser Finanzmann die Möglichkeiten einer gezielten Inflationspolitik skrupellos aus. Andererseits war er freilich ein großzügiger Mäzen, gab er Unsummen aus für den Bau von Heiligtümern und Tempeln und förderte er alles Hellenische . . . nur: Woher nahm er das viele Geld?

Wie war das alles, was man theoretisch wußte, durch Fakten zu beweisen?
In diesem Sommer des Jahres 1968 schlug endlich die große Stunde im Leben des jungen britischen Archäologiestudenten Andrew Ramage, der in Sardes seine Praxis als zukünftiger Ausgräber absolvierte. Er selbst schilderte später die Augenblicke seiner entscheidenden Entdeckung. Demnach kroch er in unmittelbarer Nähe des bereits ausgegrabenen Kultheiligtums der Kybele auf Händen und Füßen über den Lehmboden, vertieft in eine dieser mühsam und herzlich uninteressanten Tätigkeiten, ohne die Archäologie freilich nicht vorstellbar ist und die unter anderem darin bestehen, daß man mit winzigen Bürsten und Pinseln und oft auch mit den bloßen Händen stundenlang, tagelang, wochenlang den Boden absucht, stets von der vagen Hoffnung beseelt, irgendwann einmal auf ein bemerkenswertes Stück zu stoßen. Nichts anderes tat also auch Ramage. Und dann stutzte er plötzlich, um sogleich wieder mit erhöhter Aufmerksamkeit das lehmige Erdreich zu bearbeiten. Während er nun ungemein sorgfältig und wohl auch ein wenig irritiert ein paar kreisrunde, leicht verfärbte Vertiefungen freilegte, auf die er unvermittelt gestoßen war, hatte er auch schon, ohne es vorerst noch zu wissen, das Geheimnis von Sardes gelöst. Denn was in diesem Sommer 1968 unter seinen Händen zum Vorschein kam und was Ramage nun mit wachsendem Optimismus aus der Erde grub beziehungsweise in dem lehmigen Untergrund entdeckte, war tatsächlich ein Teil der ältesten bis dahin bekannten Münzprägewerkstätte der Welt. Ramage wollte anfangs noch gar nicht so recht an sein Glück glauben und berichtete eher scherzhaft von seinem Fund. Aber dann, im Verlaufe weniger Tage fand man nicht weniger als dreihundert solcher verfärbter Vertiefungen, die in mehreren Schichten übereinanderlagen und bei einem Durchmesser zwischen 15 und 30 Zentimetern eine Tiefe von etwa 10 bis 15 Zentimetern aufwiesen. In einigen dieser ringförmigen Vertiefungen wurde jetzt auch Bleischlacke gefunden. Die leichte

Verfärbung, die allen Vertiefungen eigentümlich war, nahm zu, je tiefer man grub. Jetzt wurden auch die notorischen Skeptiker unter den Expeditionsteilnehmern von der allgemeinen Nervosität angesteckt, die sich der meisten Archäologen bereits in den ersten Tagen dieser Entdeckung bemächtigt hatte. Es dauerte nicht lange, bis man auf das erste Gold stieß, die ersten Schmelzöfen freilegte und Metallverkrustungen in den Überresten uralter Blasebälge fand, die auch die letzten Zweifel beseitigten. Denn was man hier aufgespürt hatte, war der sehnsüchtig erwartete schlüssige Beweis für ein ebenso raffiniertes wie im Grunde einfaches Schmelz- und Prägeverfahren, wie es in dieser speziellen Form von den antiken Anfängen bis ins Mittelalter hinein gebräuchlich gewesen ist. Dieses Verfahren bestand unter anderem darin, daß eine kleine Vertiefung, wie man sie hier in Sardes zu Hunderten gefunden hatte, mit gebranntem Lehm und Asche verkleidet wurde; in diese Form kamen Roherze und Schlacke, die durch ein einfaches Holzfeuer und mit Hilfe von Blasebälgen zum Schmelzen gebracht wurden; beim Schmelzvorgang oxydierten dann die gewöhnlichen Metallbeimengungen und sanken auf den Grund der Gußform ab, während das Rohgold, das Rohsilber zurückblieben. Nunmehr brauchte es nur noch mit einem Prägestempel versehen werden, um als Münzgeld in Umlauf zu gehen.
Spätere Analysen dieser in Sardes entdeckten Überreste einer ersten Schmelz- und Prägewerkstatt bestätigten übrigens, was die Archäologen bereits während der Ausgrabung angenommen hatten: Alle Funde, die im Sommer 1968 gemacht worden waren, datierten einwandfrei aus der Zeit zwischen 570 und 550 vor Christus.
Seit jenem ereignisreichen Sommer wird in Sardes natürlich unermüdlich weitergegraben. Manchmal dringen auch jetzt noch Nachrichten von wichtigen Entdeckungen an die Öffentlichkeit. Zuletzt in den siebziger Jahren, als der wissenschaftliche Leiter der Ausgrabungen, George Hanfmann, bekanntgeben konnte, daß er aller Wahrscheinlichkeit nach die

Burg des Kroisos gefunden hatte. Auch andere Ruinen wurden ausgegraben, deren Ursprünge bis ins 7. Jahrhundert zurückführen, aber das hat mit unserer Geschichte eigentlich schon nichts mehr zu tun. Vielleicht sollte man noch erwähnen, daß allerjüngste archäologische Funde eine langgehegte Vermutung der Historiker bestätigen, und zwar konnte nachgewiesen werden, daß schon in der ersten Hälfte des 7. Jahrhunderts im griechischen Korinth die Idee des Münzwesens übernommen und entscheidend weiterentwickelt wurde. Man schuf eine sogenannte Kurrentmünze aus Silber und unterteilte sie in Drachme und Oboloi, das heißt, man übernahm die alten Bezeichnungen, die einst für die Kupferspieße gültig waren. In Athen initiierte ein Zeitgenosse des Königs Kroisos, nämlich Solon, eine tiefgreifende Münzreform, durch die nicht nur ein neues Maßsystem eingeführt, sondern auch der Geldumlauf beschleunigt wurde. In Sparta wiederum, wo man gleichfalls sehr früh die lydische Erfindung übernommen hatte, wurde mit dem berüchtigten Eisengeld eine politisch motivierte Währung eingeführt, die nur in Sparta selbst Gültigkeit besaß. In ökonomischer Hinsicht bedeutete diese Währungspolitik, daß Sparta auf dem Standard vor der Erfindung des Münzwesens stehenblieb. Aber derlei Überlegungen führen schon wieder weit fort vom Abenteuer der Archäologie.

PERSONENREGISTER

C

D

E

F

G

H

I

J

K

L

M

N

T

V

W

X

Y

Z

ORTSREGISTER

A

B

Q

R

S

LITERATURVERZEICHNIS

Alkim, Bahadir: Anatolien. Genf 1968

Bandinelli, R. Bianchi: Klassische Archäologie. München 1978

Behn, Friedrich: Ausgrabungen und Ausgräber. Stuttgart 1955

Belzoni, Giovanni: Narrative of the Operations and Recent Discoveries within the Pyramids, Temples, Tombs, and Excavations in Egypt and Nubia. 1820

Botta, Paul Emile: Monuments de Ninive, découverts et décrits par Botta, mesurés et dessinés par E. Flandin. Paris 1867-50

Ceram, G. W.: Götter, Gräber und Gelehrte. Hamburg 1950

Chadwick, Henry: Die Kirche in der antiken Welt. Berlin 1972

Chadwick, John: Die mykenische Welt. Stuttgart 1979

Champollion, Jean François: L'Egypte sous les Pharaons. 1814

Corti, Egon Cäsar Conte: Untergang und Auferstehung von Pompeji. München 1940.

Deuel, Leo: Das Abenteuer Archäologie. München 1963

Evans, Arthur: The Palace of Minos. London 1921-28

Fagan, Brian M.: Die Schätze des Nil. München 1977

Finley, M. I.: Atlas der Klassischen Archäologie. München 1979

Glueck, Nelson: The Other Side of the Jordan. 1940

Grant, Michael: Der Untergang des römischen Reiches. B.-Gladbach 1977

Grotefend, Georg Friedrich: Beiträge zur Erläuterung der persepolitanischen Keilschrift. Hannover 1837

Hamblin, Dora Jane: Türkei. B.-Gladbach 1973

Herodot: Historien. 2 Bde. München 1977

Hogarth, David: Accidents of an Antiquary's life. 1910

Koldewey, Robert: Das wiedererstehende Babylon. Leipzig 1914

Layard, Austin Henry: Auf der Suche nach Ninive. München 1975

Maier, Franz Georg: Neue Wege in die alte Welt. Hamburg 1977

Margueron, Jean-Claude: Mesopotamien. Genf 1970

Mariette, Auguste: The Monuments of Upper Egypt. 1877

Overbeck, Johannes: Die antiken Schriftquellen zur Geschichte der bildenden Künste. 1868

Pausanias: Beschreibung Griechenlands. Zürich 1967

Platon, Nikolas: Kreta. Genf 1968

Pörtner, Rudolf: Alte Kulturen ans Licht gebracht. Düsseldorf 1975

Petrie, William M. Flinders: The Pyramids and Temples of Gizeh. 1883
Rawlinson, Henry Creswicke: The Persian cuneiform inscriptions at Behistun. 1846
Schliemann, Heinrich: Mykene. Bericht über meine Forschungen und Entdeckungen in Mykene und Tiryns. 1973[3]
Smith, George: Assyrian Discoveries. 1875
Throckmorton, Peter: Versunkene Schiffe, gehobene Schätze. Zürich 1976
Winckler, Hugo: Nach Boghazköy! Ein nachgelassenes Fragment. Der Alte Orient, XIV, 3 (1913)

BILDQUELLENNACHWEIS:

Archiv für Kunst und Geschichte, Berlin III
Bildarchiv Preußischer Kulturbesitz, Berlin I, IV, VIII B.
Bilderdienst Süddeutscher Verlag, München II, V, VI A, VI B, VII, VIII A